Studienskripten zur Soziologie

2o Scheuch/Kutsch, Grundbegriffe der Soziologie
    Bd. 1 Grundlegung und Elementare Phänomene
    ca. 2oo Seiten

21 Scheuch/Kutsch, Grundbegriffe der Soziologie
    Bd. 2 Komplexe Phänomene und
    Systemtheoretische Konzeptionen
    ca. 16o Seiten. In Vorbereitung

23 H.Sahner, Schließende Statistik
    (Statistik für Soziologen, Bd. 2)
    188 Seiten, DM 6,8o

26 K.Allerbeck, Datenverarbeitung in der
    empirischen Sozialforschung

    Eine Einführung für Nichtprogrammierer
    187 Seiten, DM 7,8o

31 E.Erbslöh, Interview
    (Techniken der Datensammlung, Bd. 1)
    119 Seiten, DM 5,8o

37 E.Zimmermann, Das Experiment
    in den Sozialwissenschaften
    3o8 Seiten, DM 11,8o

39 H.J.Hummell, Probleme der
    Mehrebenenanalyse
    16o Seiten, DM 6,8o

Weitere Bände in Vorbereitung

Zu diesem Buch

Sozialwissenschaftliche Experimente spielen
vor allem in der Sozialpsychologie eine große
Rolle. In der Soziologie kann die Logik des
Experiments als Paradigma für die Datenerhebung und Datenanalyse (z. B. bei Umfragen
oder dem interkulturellen Vergleich) dienen.

Das Experiment wird meist in Übungen zur
empirischen Sozialforschung behandelt. Der
Stoff wurde im allgemeinen so dargestellt,
daß keine Vorkenntnisse notwendig sind. Das
Skriptum kann sowohl als Ergänzung zur Übung
als auch für eine Reihe weiterer Fragestellungen herangezogen werden.

Obwohl dieses Studienskriptum eher aus sozio-
logischer Perspektive geschrieben worden ist,
dürfte es gleichfalls für Sozialpsychologen,
Pädagogen und Wirtschaftswissenschaftler von
Interesse sein.

Das Experiment in den Sozialwissenschaften

Von Dipl.-Volksw. E. Zimmermann

Institut für vergleichende
Sozialforschung
der Universität zu Köln

1972

Springer Fachmedien Wiesbaden GmbH

Dipl.-Volksw. Ekkart Zimmermann

1946 in Ebersdorf/Schleiz geboren. Sommer 1964 bis Sommer 1965 Stipendiat des
American Field Service in Columbus/Ohio.
Frühjahr 1966 Abitur in Wuppertal-Elber-
feld. 1966 bis 1970 Studium der Soziologie, Nationalökonomie und Sozialpsychologie an der Freien Universität Berlin und
der Universität zu Köln. Seit Dezember
1970 Assistent am Institut für vergleichende Sozialforschung der Universität zu Köln.

ISBN 978-3-519-00037-2   ISBN 978-3-322-93057-6 (eBook)
DOI 10.1007/978-3-322-93057-6

Umschlaggestaltung: W.Koch, Stuttgart

Vorwort

> "Es gibt die zweifelhafte Geschich-
> te eines Forschers, der genau der
> Millschen Methode der Übereinstim-
> mung folgte. Die Versuchspersonen
> waren berauscht von Scotch und Was-
> ser, Whisky und Wasser und Gin und
> Wasser. Er gab dem Wasser die
> Schuld" (Ross und Smith, 1968,
> S. 344).

In dieser Arbeit sollen Logik und Reichweite der experimen-
tellen Methode herausgearbeitet werden. Auf Vorteile des
Experimentes, das als Forschungsplan mit den schärfsten
Kontrollanforderungen als Paradigma für wissenschaftliches
Vorgehen dienen kann (aber nicht immer muß!), wie auch auf
Probleme (vor allem die Schwierigkeit, experimentelle Er-
gebnisse zu verallgemeinern) wird ausführlich eingegangen.

Absicht dieser Arbeit ist es, eine Sensibilisierung gegenüber bestimmten Fragestellungen und den hierfür in Frage
kommenden Forschungsplänen zu erreichen. Dies gilt besonders für die Inferenzmöglichkeiten der jeweiligen Designs.
Daneben soll ein Wegweiser durch die weitverzweigte experimentelle (Methoden-)Literatur gegeben werden.

Fast vollständig ausgeklammert wird die psychologische Test-
theorie. Ebenso wird auf rein psychologische Literatur wenig
eingegangen. Etwa zwei Drittel der Arbeit beschäftigen sich
mit Fragestellungen auf der "Mikroebene", ein Drittel mit
Fragen auf der "Makroebene" (wenn man diese Einteilung hier
überhaupt anwenden will). Inhaltliche Beispiele für die einzelnen Versuchsanordnungen sind durchweg im Text erwähnt. Ansonsten wird jeweils auf entsprechende Quellen verwiesen.

Zum Aufbau ist zu bemerken, daß die ersten 7 Kapitel sozusagen vor die Klammer gehören. Um Wiederholungen im weiteren Verlauf der Darstellung zu vermeiden, wurden die jeweiligen Überlegungen in relativ eigenständigen Kapiteln zu Anfang behandelt. Kap. 8. über Versuchsanordnungen ist das Hauptkapitel dieses Buches. Kap. 9. ergänzt die in Kap. 8. geschilderten Strategien auf mehreren Dimensionen. Wird schon in der zweiten Hälfte von Kap. 8. mit den quasi-experimentellen Anordnungen der soziologische Aspekt gegenüber dem sozialpsychologischen mehr ins Spiel gebracht, so ist das in Kap. 10.-12. über die Beziehungen von Experiment und Survey, Experiment und interkulturellem Vergleich sowie Experiment und multivariater Analyse fast ausschließlich der Fall. In Kap. 13. über die reaktiven Effekte experimenteller Versuchsanordnungen wird der sozialpsychologische Aspekt wieder aufgenommen. Kap. 14. schließlich beinhaltet einige Überlegungen zu der ethischen Problematik, die das Experimentieren mit menschlichen Versuchsobjekten mit sich bringen kann.

Anstatt zwei oder drei Versuchsanordnungen bis ins letzte Detail zu analysieren, wurde hier ein anderer Weg eingeschlagen: Durch die Diskussion zahlreicher Anordnungen soll deutlich werden, welche Alternativstrategien sich für vergleichbare Fragestellungen anbieten. Der Akzent liegt in dieser Darstellung auf allgemeinen Überlegungen, die dann im konkreten Fall zu einer Ergänzung des "Handwerkskastens" führen. Dies erscheint uns zweckmäßiger, statt e i n e n "Handwerkskasten" mit notwendigerweise begrenztem Inhalt vorzuführen.

Generell wurde versucht, auch schwierigere Überlegungen in verständlicher Weise darzustellen. Weiterführende Literatur ist an den jeweiligen Stellen angegeben.

Herrn Professor Dr. E. K. Scheuch, Herrn Dipl.-Volksw. H.
v. Alemann sowie vor allem Herrn Dipl.-Volksw. F. Böltken
und Herrn Dipl.-Volksw. H. Sahner möchte ich meinen Dank
aussprechen für zahlreiche Anregungen, die zur Eliminierung
von Störgrößen führten. Die "unabhängige Variable" für die
verbliebenen Störgrößen ist selbstverständlich beim Verfas-
ser zu suchen. Frl. M. Zimmermann danke ich für die mühe-
volle Reinschrift des Manuskriptes.

Köln, im Mai 1972   Ekkart Zimmermann

Inhaltsverzeichnis

1. Historischer Abriß

1.1. Anfänge des wissenschaftlichen Experiments

Erste Versuche, durch systematische Beobachtung mittels der
menschlichen Sinne und des menschlichen Verstandes die Erscheinungen der Wirklichkeit auf experimentelle Weise zu untersuchen, finden sich zu Beginn der Renaissance. Vereinzelt
lassen sich allerdings schon früher Experimente nachweisen -
die naturphilosophische Ausrichtung als solche war schon bei
den griechisch-ionischen Philosophen in Kleinasien zu finden -, doch der Durchbruch des Experiments als Form wissenschaftlicher Erkenntnis ist erst mit der Renaissance anzusetzen (vgl. Dingler, 1928, III. Teil, sowie Parthey und
Wahl, 1966, S. 17-94).

Seit dieser Zeit (vgl. bei Boring, 1957, das Kapitel "Origin
of Modern Psychology within Philosophy", S. 157-272; für die
Bedeutung L e o n a r d o   d a   V i n c i s ,   G a l i -
l e i s ,   D e s c a r t e s '   und   D i d e r o t s   für
die Entwicklung des Experiments s. bei Parthey und Wahl,
1966), genauer seit F r a n c i s   B a c o n s   Schrift
"Novum Organum", setzte eine wahre Flut von Experimenten ein,
deren erkenntnistheoretischer Wert erst durch den Streit von
H u m e   und   K a n t   (s. Kap. 1.2. und 1.3.) in ein anderes Licht gerückt wurde.   F r a n c i s   B a c o n , dessen Namensvetter, der Franziskanermönch   R o g e r   B a -
c o n ,   bereits im 13. Jahrhundert eine "scientia experimen-
talis" (s. bei Schulz, 1970, S. 24) gefordert hatte, postu-
lierte sogar die Anwendbarkeit seiner experimentellen Methode auf alle Wissenschaften (s. bei Schulz, 1970, S. 28-29;
vgl. auch die Einschränkungen bei Parthey und Wahl, 1966,
S. 48). Zwar machte schon die Scholastik wie vor ihr andere
Philosophien Gebrauch von der beim Experiment neben der Kontrolle der Stimuli und Faktoren grundlegenden Vorstellung der

Kausalität, an der Alleinursache aller kausalen Phänomene,
nämlich Gott, wurde aber nicht gerüttelt. "Alles aber, was
in Bewegung ist, wird von einem anderen bewegt."[1] Letzte
Ursache dieses Regresses war immer Gott.

1.2.   Hume

Die Wende von einer Metaphysik im ontologischen Gewande zur
Empirie vollzog sich dann im englischen Empirismus. Kausalität wird von H u m e   nicht mehr deterministisch verstanden, sondern nur noch als "gewohnheitsmäßige Verknüpfung im
Denken". Gleichzeitig verschiebt sich der Primat eindeutig
auf die Sinne, die allein den Schiedsrichter bei der Frage
nach Ursache und Wirkung spielen. Hume baut hierbei auf
L o c k e   auf, der schon früher behauptete, alle Erkenntnis könne sich nur auf Erfahrung gründen. Für Hume stellt
sich Kausalität als "eine gewohnheitsmäßige Verknüpfung im
Denken oder in der Einbildung zwischen einem Gegenstand und
seinem üblichen Begleiter"[2] dar. Man kann Kausalität nämlich
nie beweisen, sondern immer nur einen mehr oder weniger gros-
sen Grad an "connexion" (Hume) zwischen verschiedenen Phänomenen beobachten.

1.3.   Kant

H u m e ,   für den Erkenntnis nur über die Sinne möglich war,
fand seinen wissenschaftlichen Gegner in K a n t .   Wenn wir

---

1) Thomas von Aquin, Summa Theologica, I,2,3, zit. bei Schulz
   (1970, S. 13).

2) David Hume, An enquiry concerning human understanding, zit.
   nach Schulz (1970, S. 16). S. bei Hume besonders die Essays
   II, III, VI und VII.

Kausalität nie beweisen können, dann muß - so schloß Kant -
der Begriff der Kausalität eine Vorstellung in unserem Denken sein, die über die reine Erfahrung hinausgeht. Nach Kant
kommt Erkenntnis erst dadurch zustande, daß unsere Sinneseindrücke nach einem Prinzip zu ordnen sind, das als notwendig gedacht (= postuliert) werden muß. Kant zog den Schluß,
daß Kausalität etwas sein müsse, was der Erfahrung voraus-
geht, um die Erscheinungen der Wirklichkeit überhaupt erklären zu können. In der Kant eigenen Terminologie lautete seine Behauptung: Kausalität ist ein synthetisches Urteil a priori.

Als Beweis dienten ihm die Sätze der Mathematik und der Geo-
metrie, die, obwohl unabhängig von den Sinneseindrücken gewonnen, doch in der Wirklichkeit gültig sind. Neu gegenüber
Hume war bei dieser Wende, daß radikal geleugnet wurde,
menschliche Erkenntnis sei dadurch möglich, daß man sich allein auf seine Sinneseindrücke verläßt.

Übrigens hat sich dieser Streit im zwanzigsten Jahrhundert
in modifizierter Form wiederholt. P o p p e r (s. z.B.
1959, 1963) zieht seit den dreißiger Jahren gegen die "Neo-
Positivisten" (z.B. der Wiener Schule) zu Felde, indem er
den Primat der Theorie bei der Gewinnung von Erkenntnissen
betont. Allein bestimmte Annahmen - also Annahmen a priori,
um mit Kant zu reden - würden die Entscheidung zwischen unterschiedlichen Sinnesdaten ermöglichen, niemals die Sinne
allein. Erst theoretische Annahmen erlauben es, die ungeord-
neten Daten der Erfahrung aufzuschlüsseln und nach Ursache
und Wirkung Ausschau zu halten.

Gilt einerseits in Fortführung der Gedanken von Hume Kausalität nur als probabilistische Beziehung,[1] so wird andererseits die Behauptung Kants weitgehend geteilt (vgl. Blalock, 1964), eine Ordnung und Erklärung der Sinnesdaten sei immer nur durch Rückgriff auf theoretische Sätze möglich, die vor der Erhebung und Auswertung der Sinnesdaten aufzustellen sind.

Die hier angeschnittene Diskussion läßt sich knapp so resümieren: "Die Kausalvorstellung ist nicht E r g e b n i s , sondern V o r a u s s e t z u n g empirischer Erkenntnis" (Schulz, 1970, S. 20). Der Begriff der Kausalität dient damit als heuristisches Werkzeug, das beim Aufschlüsseln der Sinnesdaten nach Ursache und Wirkung Hilfestellung leistet.

Auf einige formale Kriterien, die bei einer Kausalaussage erfüllt sein müssen, wird in Kap. 4. einzugehen sein. Im übrigen werden die Bedingungen, die es erlauben oder verbieten, kausale Aussagen zu machen, bei der Darstellung verschiedener Formen des Experiments oder anderer wissenschaftlicher Strategien im Verlauf der Darstellung immer wieder diskutiert.

1.4.   "Gesellschaftliche Experimente"

Im 19. Jahrhundert finden sich verstärkt "gesellschaftliche Experimente", die im Gefolge der französischen Revolution wie auch der Schriften der Utopisten der angehenden Neuzeit wie M o r u s , C a m p a n e l l a und B a c o n

---

1) Auch eine Variablenbeziehung mit einer Wahrscheinlichkeit von 0,99999...., die de facto gleich 1 wäre und damit deterministischen Charakter hätte, ist nach der modernen Wissenschaftstheorie (Popper, 1959) höchstens probabilistischer und "vorläufiger" Art.

zu sehen sind. Die Sozialexperimente von F o u r i e r
und O w e n seien hier nur als Beispiele genannt.

Bei den von M a r x so genannten "utopischen Soziali-
sten", zu denen Fourier gehörte, ging es meist darum, eine
liebgewordene Idee in einem Sozialgebilde zu verwirkli-
chen,[1] das von allen Bezügen nach außen losgelöst sein
sollte. Bei Fourier waren es die Phalanstères, die in der
Lage sein sollten, sich selbst zu versorgen. Nicht nur, daß
alle diese "Experimente" auf genossenschaftlicher Grundlage
scheiterten (wenn auch nicht immer daran, daß sich die Behauptungen als falsch erwiesen), es handelte sich nach heutigen Kriterien (s. dazu Kap. 3.) gar nicht um Experimente.
Weder lag eine hinreichende Präzisierung vor, welche Behauptung, welche Faktoren getestet werden sollten, noch war
die bei einem Experiment unbedingt nötige Kontrolle aller
Einflüsse, die die behauptete Beziehung zwischen Ursache
und Wirkung stören könnten, gegeben. "Experiment" wurde hier
vielmehr im Sinne des Alltagsverständnisses von "ungeheurem
Wagnis" gebraucht, so wie z.B. Francis Chichester "experi-
mentiert", wenn er allein um die Welt segelt.

1.5.   Experimente in der Industrie

Aus dem Bereich der Industrie sind "Experimentatoren" wie
A b b e (Verkürzung der Arbeitszeit) und F o r d (Ver-
kürzung der Arbeitszeit, Fließband) anzuführen, die ihre
Versuche zu Beginn des 20. Jahrhunderts machten.

---

1) Pagès (1967, S. 420) spricht deshalb von "aktivistischem
   Experimentieren", was nicht mit "action research" (s.
   Kap. 9.2.) zu verwechseln ist.

Dabei ging es meist darum, Vermutungen, die sich auf einen begrenzten Erfahrungsbereich stützen konnten, in die Praxis umzusetzen, wobei man sich erfolgreich wähnte, wenn die Wirkungen eintraten, die man sich wünschte, etwa eine höhere Produktivität bei einer geringeren Anzahl von Arbeitsstunden bei Ford.

Daß bei dieser Art von "Experiment" eine hinreichende Kontrolle anderer Einflußgrößen nicht gegeben war, wurde zunächst nicht reflektiert. Welche Unterstellungen sich in eine scheinbare Wissenschaftlichkeit einschlichen, wurde drastisch deutlich in den H a w t h o r n e - Experimenten Ende der zwanziger und Anfang der dreißiger Jahre. Keine der vielfältig variierten Arbeitsbedingungen wirkte sich auf die Arbeitsproduktivität aus. Lediglich die Tatsache, daß die Arbeiterinnen sich als Versuchspersonen fühlten und die Aufmerksamkeit der Geschäftsleitung vermuteten, bewirkte einen Anstieg der Produktivität. "Zufällig" waren bei diesem Versuch Forscher dabei, die diese Entdeckung erfolgreich in ihre weiteren Forschungen einzubauen wußten. Auf diesen "Hawthorne-Effekt" oder auch volkstümlicher "Versuchskanincheneffekt" bzw. "Meerschweincheneffekt" wird später noch einmal bei den sogenannten reaktiven Effekten in einem Experiment einzugehen sein (Kap. 8.2.1. und 13.).

Auch bei Experimenten, die mit großem Propagandaaufwand als solche angepriesen werden, etwa dem Neuen Ökonomischen System in der DDR (seit 1963) oder dem Experiment von Verkehrsminister Leber mit Tempo 100 km,[1] sollte man fragen, ob tatsäch-

---

1) Vgl. hierzu Campbell (1969b) und Campbell und Ross (1970).
   In dieser Untersuchung ließ sich tatsächlich der Nachweis
   einer erfolgreichen Geschwindigkeitsbegrenzung - gemessen
   an einer geringeren Zahl von Verkehrstoten - führen, wenn
   auch nur nach Einführung zusätzlicher spezifizierender
   Faktoren.

lich alle für ein Experiment relevanten Merkmale vorliegen.
Zwar gibt man sich einen unbedingt wissenschaftlichen An-
strich und präsentiert Unmengen von - vielfach nicht aussagefähigen - Daten (oder Daten, die auch auf andere Beziehungen hindeuten können), doch ist zu fragen, ob nicht der
Propagandaaufwand bereits eine bedeutsame Störgröße darstellt.

In "totalitären" Staaten bietet sich hier noch eher die Möglichkeit einer erfolgreichen Rückmeldung. Der Kostenaufwand
für unzureichende Sozialexperimente ist allemal beträchtlich, auch in westlichen Gesellschaften.

Nach diesem kurzen Verweis auf Experimente im gesellschaftlichen Bereich, sollen anschließend einige "soziologische
Kronzeugen" zitiert werden, bevor die Frage nach einer Definition des Experiments wie auch einer Abgrenzung gegen andere Definitionen und sprachliche Vieldeutigkeiten aufgenommen wird.

2.   Die experimentellen Methoden von Mill

Für die Logik des Experiments ist das Buch von J o h n
S t u a r t   M i l l   "A System of Logic" (s. 1965), in
dem Mill den, wie oben angedeutet, unzureichenden induk-
tionistischen Standpunkt vertritt, so etwas wie ein "veral-
teter Klassiker", "Klassiker", weil einige der Regeln auch
heute noch eine begrenzte Gültigkeit haben, "veraltet" deshalb, weil die Entwicklung der Logik des Experiments eine
Vielzahl von spezifizierenden Bedingungen zutage gefördert
hat, an deren Existenz bei Mill noch nicht oder kaum zu denken war.

Mill nennt vier[1] Möglichkeiten kausaler Aussagen beim Expe-
riment. Diesen Aussagen werden jeweils die wesentlichsten
Modifikationen hinzugefügt, die man beim heutigen Stand der
Wissenschaft anbringen muß.

2.1.   Methode der Übereinstimmung

"Wenn zwei oder mehr Fälle der zu untersuchenden Erscheinung
nur einen Umstand gemeinsam haben, dann ist der Umstand, der
das alleinige übereinstimmende Merkmal sämtlicher Fälle ist,
die Ursache der betreffenden Erscheinung."[2]

---

1) Die 5. Methode bei Mill (bei Mill selbst die 3.) ist eine
   Kombination der ersten beiden. Im Extremfall läßt sich
   mit dieser Methode eine deterministische Variablenbeziehung (= hinreichend und notwendig, s. Kap. 4.2.) nachweisen (vgl. Boring, 1969, S. 1-2).

2) Mill, A System of Logic, Bd. I, New York und London,
   1899, zit. nach Cohen und Nagel (1934, S. 251).

Die nachfolgende Abbildung zeigt sofort den Mangel dieser
Methode.

A: T, U, V, W, X --------$\rightarrow$ Y

B: $\sim$T, $\sim$U, $\sim$V, $\sim$W, X --------$\rightarrow$ Y

Abb. 1. Mills Methode der Übereinstimmung

Nach Mill wäre das gemeinsame Merkmal beider Fälle, nämlich
X, die Ursache für Y, also hinreichendes Merkmal (s. dazu
Kap. 4.2.) für das Auftreten von Y. Dagegen lassen sich aber
folgende Einwände machen:

1. Es ist nicht einzusehen, warum nicht irgendwelche anderen - u. U. für A und B sogar verschiedene - Merkmale,
   die hier nicht vertreten sind, oder Kombinationen daraus kausale Wirkung haben sollten.

P h i l l i p s [1]   führt zwei weitere Einwände an.

2. Es wird sehr schwer sein, sich einen Fall zu denken, bei
   dem zwei Individuen nur ein Merkmal gemeinsam haben. Mei-
   stens bedeutet die Tatsache, daß ein Merkmal vorhanden
   ist, auch gleichzeitig das Vorhandensein anderer Merkma-.
   le. Hier sei nur an komplexe Phänomene wie soziale Schichtung oder Intelligenz erinnert.

---

1) Phillips (1970) variiert für alle vier Methoden ein anschauliches Beispiel und trägt einige Kritikpunkte vor.

3. Außerdem kann man keine Kausalaussage beweisen, also als
absolut gesicherte Erkenntnis bezeichnen. Oben wurde schon
kurz auf den probabilistischen Charakter wissenschaftlicher Aussagen hingewiesen.

Ferner mag eingewandt werden:

4. Der Geltungsbereich dieser und der nachfolgenden Methode
Mills ist dadurch eingeschränkt, daß Mill hier nur von
der zweiwertigen Logik (ein Merkmal liegt entweder vor
oder nicht) ausging, die für die (Sozial-)Wissenschaften
unentbehrliche Quantifizierung von Merkmalsdimensionen
jedoch nicht berücksichtigte.

Aus der Kenntnis der komplexen Anforderungen, die heute an
eine Kausalaussage gestellt werden, ließen sich noch weitere Kritikpunkte ableiten, doch mögen die genannten Einwände
genügen. Im übrigen sei auf das Motto zu Beginn dieser Arbeit verwiesen, das die Möglichkeiten des Fehlschlusses bei
dieser Methode illustriert.

Betrachtet man die Methode der Übereinstimmung als heuristisches Hilfsmittel bei der Analyse möglicher Kausalstrukturen,
so mag diese Technik in Verbindung mit anderen Techniken
durchaus ihre Berechtigung haben. Bei deskriptiven Studien
liefert sie u.U. Hinweise auf bedeutsame Variablen.

Brauchbarer und theoretisch fundierter ist die Differenzmethode.

2.2.   Methode der Differenz

"Wenn ein Fall, in dem die untersuchte Erscheinung vorkommt, und ein anderer, in dem sie nicht vorkommt, alle Umstände außer einem gemeinsam haben, wobei dieser eine Umstand nur im erstgenannten Fall auftritt, dann ist der Umstand, durch den sich die beiden unterscheiden, die Wirkung oder Ursache oder ein unentbehrlicher Teil der Ursache der Erscheinung."[1]

Graphisch veranschaulicht, stellt sich die Logik des Vorgehens so dar:

$$A: \quad T,U,V,W,\ X \ ---------> \quad Y$$

$$B: \quad T,U,V,W,{\sim}X \ ---------> \ {\sim}Y$$

Abb. 2. Mills Methode der Differenz

Hier würde man - folgt man Mill - schließen, daß X Ursache ("notwendiges Merkmal") für das Auftreten von Y wäre, denn im sonst gleichen Fall B fehlt X. An dieser Methode, die der sogenannten "klassischen Versuchsanordnung" (Experimentalgruppe und eine Kontrollgruppe, s. Kap. 5.6. und vor allem 8.2.1. und 8.2.2.) ähnelt, ist hauptsächlich folgendes zu kritisieren:

----

1) Cohen und Nagel (1934, S. 256). Was Mill hier mit "Wirkung" meint, wird in einem weiteren Zitat deutlich:"Entweder man forscht nach der Ursache einer gegebenen Wirkung oder nach den Wirkungen oder Eigenschaften einer gegebenen Ursache" (Mill, zit. bei Greenwood, 1965, S. 174-175).

1. Wieder dürfte es schwerfallen, in der Wirklichkeit einen solchen Fall zu finden, bei dem sich zwei Individuen oder Gruppen nur in einem Merkmal unterscheiden, in allen anderen aber - abgesehen von der Differenz in der Tatsache, die man erklären will (Y = Erklärungsobjekt = abhängige Variable) - gleich sind.

Setzt man aber statt der tatsächlichen Gleichheit in allen anderen Merkmalen nur eine Zufallsstreuung dieser Merkmale voraus, die ihre verzerrenden Einflüsse gegenseitig neutralisiert, dann erscheint die Leistungsfähigkeit dieser Methode in einem neuen Licht (vgl. Kap. 6.3.4.).

2. Der Fall ist denkbar, daß man zwar zwei Fälle wie in Abb. 2 findet, aber nicht sagen kann, was Ursache (= unabhängige Variable) und was Wirkung (= abhängige Variable) ist. Allerdings gilt dieser Einwand weit über diese spezielle Methode Mills hinaus.

Interpretiert man Mills Behauptung vom "unentbehrlichen Teil der Ursache der Erscheinung" als probabilistisch, dann erweist sich die Methode der Differenz als wesentlich brauchbarer für Kausalaussagen als die Methode der Übereinstimmung. Läßt man überdies noch die anderen Faktoren bei der Methode der Differenz nach dem Zufallsprinzip streuen, so wird deutlich, wie nahe Mill schon an der Kernversuchsanordnung des sozialwissenschaftlichen Experiments war (vgl. Kap. 5.6.2., 8.2.1. und 8.2.2.).

2.3.   Methode der gleichlaufenden Variationen

"Eine Erscheinung, die auf irgendeine Weise stets dann variiert, wenn eine andere Erscheinung auf eine besondere Art
und Weise variiert, ist entweder eine Ursache oder eine Wirkung der betreffenden Erscheinung oder steht mit ihr durch
irgendeine Kausaltatsache in Zusammenhang."[1]

P h i l l i p s   hebt an dieser Methode hervor, daß zum er-
stenmal quantitative Hypothesen - zumindest andeutungsweise - ins Blickfeld geraten. Es geht nicht mehr nur um Fragestellungen, die nach den Auswirkungen eines Merkmals im
Vergleich zur Nichtexistenz dieses Merkmals fragen, sondern
um Vergleiche stärkerer oder schwächerer Beziehungen bei der
Variation zweier Merkmale. Mill weist in aller Vorsicht darauf hin, daß es sich entweder um Ursache oder Wirkung handeln kann. Nicht selten wird dieser Vorbehalt, etwa bei der
Interpretation des Korrelationskoeffizienten, übersehen.

Ob Mill bei dem Nachsatz "oder steht mit ihr durch irgendeine Kausaltatsache in Zusammenhang" schon an die Existenz
intervenierender Variablen gedacht hat oder nur die Aussage seines Vordersatzes abschwächen wollte, ist hier nicht
entscheidbar. In jedem Fall gilt auch bei dieser Methode
der übliche Einwand vom probabilistischen Charakter kausaler Beziehungen. Vergleicht man jeweils Merkmalspaare miteinander, dann ist die Methode der gleichlaufenden Variationen eine Variante der Differenzmethode (Boring, 1969, S.2).

---

1) Cohen und Nagel (1934, S. 261-262).

2.4.   Methode der Residuen

"Wenn man von einer Erscheinung jenen Teil abzieht, von dem
man aus früheren Induktionen weiß, daß er die Wirkung bestimmter Voraussetzungen ist, dann ist der Rest des Phänomens die Wirkung der noch verbleibenden Voraussetzungen."[1]

Hierbei handelt es sich um eine Methode, die auf einer anderen Ebene liegt, denn es geht im Grunde nur um die Anwendung
einer Rechenregel. Um einen Residualfaktor überhaupt zu vermuten, müßte man als Zeitgenosse Mills erst einmal von einer
seiner drei anderen Methoden (oder noch besser: Kombinationen daraus) Gebrauch machen (vgl. auch Ackoff, 1962, S.
339-340).

Nehmen wir einmal wie Mill eine einfache Addierbarkeit der
Einflußfaktoren an, was schon eine bedeutsame Annahme darstellt.

Beispiel:
Wenn man bei einem Vergleich von Universitätsstudenten und
Polizeibeamten wüßte, daß Studenten liberalere politische
Einstellungen haben und wüßte, daß Studenten mehr Schulbildung genossen haben und überdies noch aus Elternhäusern aus
der oberen Mittelschicht kämen, dann könnte man nach dieser
vierten (bei Mill: fünften) Methode Mills vermuten, daß die
restlichen Einflußgrößen für die Unterschiede in den politischen Einstellungen durch Subtraktion zu ermitteln sind,
z. B. die Möglichkeit, daß Studenten eher aus einer Großstadt kommen, Polizisten eher vom Lande.

---

1) Cohen und Nagel (1934, S. 264).

Wir sehen schon, diese vierte Methode kann aus sich heraus nicht "erklären". Bei der Erklärung des dritten Faktors "Herkunft aus der Großstadt oder vom Lande" würde man im Rahmen der Millschen Analyse eine abgeschwächte Form der Differenzmethode anwenden.

Wie schon bei der ersten und zweiten Methode scheint auch hier eine endliche, also begrenzte Zahl von Einflußfaktoren vorausgesetzt zu werden. Haben wir es dagegen mit einer unendlichen Zahl von Einflußfaktoren zu tun, sind wir immer wieder aufs neue auf die Methode der Residuen verwiesen.

Schließlich ist wie auch bei den anderen Methoden denkbar, daß zwei Merkmale nur g e m e i n s a m und g l e i c h - z e i t i g wirken, d. h. interagieren. I n t e r a k - t i o n s e f f e k t e (vgl. Kap. 6.2. und 8.2.1.) würden hier komplizierend wirken. Schwierig ist nur die Beantwortung der Frage, ob die Phänomene der Wirklichkeit additiven Charakter oder Interaktionscharakter oder beides haben.

Das moderne Analogon zur Methode der Residuen ist die Varianzanalyse, bei der auch versucht wird, bislang unerklärte Varianz in der oder den abhängigen Variablen durch neue unabhängige Merkmale zu erklären.

C o h e n und N a g e l (1934, Kapitel 13) kommen nach ihrer Analyse des Millschen Kanons zu dem Schluß, daß die genannten Methoden weder für eine Entdeckung der relevanten Variablen noch für Kausalnachweise ausreichen. Bestenfalls lassen sich damit unzureichende Kausalbehauptungen eliminieren (vgl. auch Blalock, 1964, S. 14 ff.).

Ausführlich analysieren auch T o w n s e n d (1953, S.
89-106) und A c k o f f (1962, S. 311-341) die Vor- und
Nachteile der Millschen Regeln (vgl. auch Greenwood, 1945,
S. 20-28 sowie Parthey und Wahl, 1966, S. 61-66). T o w n -
s e n d diskutiert die einzelnen Methoden unter heuristischen Gesichtspunkten wie auch als Verfahren des Kausalnachweises, A c k o f f verweist auf die Nachteile der Millschen Methoden auf dem Hintergrund entwickelterer statistischer Verfahren.

2.5.   Mill, Comte, Durkheim: Urteile über die Chancen des Experiments in den Sozialwissenschaften

Der Soziologe M i l l zweifelte an der Anwendbarkeit seiner Methoden in den Sozialwissenschaften. Er sah seine In-
duktionsregeln als nur für die Naturwissenschaften brauchbar
an, da in der sozialen Realität die Bedingungen viel zu komplex seien, als daß sie eine Anwendung experimenteller Verfahren gestatten würden. Außerdem unterliege die soziale Realität einem unaufhörlichen Wandel der Ereignisse, der es unmöglich mache, soziale Phänomene experimentell zu erfassen.

Bei C o m t e besteht die Ablehnung des Experiments in
den Sozialwissenschaften darin, daß er mit ihm eine Störung
der Sozialbezüge verbindet. In dem Verweis auf die Künstlichkeit einer experimentellen Situation im Bereich des Sozialen
stimmt seine Kritik mit der M i l l s überein.

Eine ähnliche Position deutet sich später bei D u r k -
h e i m an. "Wenn es hingegen nicht in unserem Belieben
steht, die Ereignisse hervorzurufen, und wenn wir sie nur
so zusammenbringen können, wie sie sich spontan ereignet ha-

ben, dann verwendet man die Methode des indirekten Experimentierens oder die vergleichende Methode."[1]

Blickt man auf die Entwicklung der multivariaten Analyse (s. Kap. 12.), dann ist Durkheims Nachsatz nur zuzustimmen, verfolgt man den Aufschwung der experimentellen Sozialpsychologie, dann zeigt sich, wie skeptisch Durkheim die Realisierungsmöglichkeiten des Experiments einschätzte.

Die genannten Argumente werden uns später (s. Kap. 5.) noch einmal begegnen, wenn einige Einwände diskutiert werden, die gegen eine Anwendung des Experiments in den Sozialwissenschaften vorgebracht werden.

Im folgenden soll eine Definition des Experiments geliefert werden, wobei anderen Definitionen nur am Rande Beachtung geschenkt werden soll. Hier geht es nicht darum, eine möglichst elegante Definition zu finden, vielmehr sollen notwendige und hinreichende Kriterien für ein Experiment angeführt werden. Einige der Kriterien, die bislang eher kursorisch berührt wurden, sollen systematisch behandelt werden. Dieselben Kriterien tauchen später wieder auf, wenn Versuchsanordnungen diskutiert werden.

---

1) Zit. bei Pagès (1967, S. 424), der einige weitere interessante Verweise aus der Geschichte des Experiments bringt. Vgl. auch Durkheims "Regeln" (1965, S. 205 ff.). Allerdings scheint Durkheims Position nicht kategorisch ablehnend (vgl. z. B., 1965, S. 206).

3.   Zur Definition des Experiments

Der Begriff "Experiment" ist reich an Konnotationen.
S c h u l z   (1970, S. 22 ff., vgl. auch Parthey und Wahl,
1966, S. 25-26) nennt allein fünf verschiedene Verwendungs-
formen aus der Alltagssprache und der Sprache der Wissenschaft (Experiment als: 1. versuchsweises Verfahren = trial
and error; 2. wissenschaftliche Vorgehensweise; 3. Verfahren
der Beweisführung, auch "Gedankenexperiment"; 4. "Bezeichnung
für Versuchsanordnungen mit einem ... Element der Künstlichkeit"; 5. waghalsige Unternehmung, Neuerung usw.). Die genannten Bedeutungen überschneiden sich z. T. bzw. bedingen
einander wie im Fall 2-4.

3.1.   Merkmale und Definitionen des Experiments

Die Merkmale unter 2 bis 4 finden sich wieder in wissenschaftlichen Definitionen des Experiments. So definiert z. B.
G r e e n w o o d   (1945, S. 28; 1965, S. 177) das Experiment als "Beweis für eine Hypothese, der zwei Faktoren in
eine ursächliche Beziehung zueinander bringen will, indem er
sie in unterschiedlichen Situationen untersucht. Diese Situationen werden in bezug auf alle Faktoren kontrolliert mit
Ausnahme des einen, der uns besonders interessiert, da er
entweder die hypothetische Ursache oder die hypothetische
Wirkung darstellt". Vier Merkmale fallen an dieser Definition auf, die starke Ähnlichkeit mit der Differenzmethode
von   M i l l   (s. oben Kap. 2.2.) aufweist:

> 1. Hypothese;
> (2. zwei Merkmale);
> 3. unterschiedliche Situationen;
> 4. Kontrolle bis auf einen Faktor,

der entweder Ursache oder Wirkung ist. Das zweite Merkmal
ist eigentlich aus den Merkmalen drei und vier abzuleiten
(und im übrigen auch zu restriktiv, vgl. die faktoriellen
Versuchspläne in Kap. 8.4.7.), weshalb es hier im Klammern
gesetzt wurde. An anderer Stelle nennt G r e e n w o o d
(1965, S. 178) auch tatsächlich nur die drei Merkmale. Die
genannten Merkmale kehren wieder in der Definition von
F e s t i n g e r (1953, S. 137): "A laboratory experiment
may be defined as one in which the investigator creates a
situation with the exact conditions he wants to have and in
which he controls some, and manipulates other, variables."

Eine Kurzdefinition des Experiments als "Beobachtung unter
kontrollierten Bedingungen" (Greenwood, 1965, S. 184; Chapin,
1965, S. 221; s. auch Kaplan, 1964, S. 144; Edwards, 1954,
S. 260) erfreut sich nicht minder großer Beliebtheit, ist
aber in der Erwähnung bloß zweier Merkmale, nämlich Beobachtung und kontrollierte Bedingungen, noch zu unspezifisch.

N a g e l (1961, S. 450-459, s. Kap. 5.2.) verweist auf
ein zusätzliches Kriterium, nämlich die Wiederholbarkeit,
wobei man darüber streiten kann, ob das nicht bereits bei
G r e e n w o o d mit dem Terminus "Kontrolle" gemeint
ist. Wiederholt hat sich nämlich in der Sozialpsychologie
gezeigt, daß Replikationen von Experimentalstudien nicht
die ursprünglichen Ergebnisse bestätigten. Insofern könnte
man in dem Kriterium der "Wiederholbarkeit" ein notwendiges
Kriterium für das Experiment sehen. U. U. mögen unterschiedliche Resultate zweier gleicher Versuchsanordnungen auf
nicht-kontrollierte Einflüsse zurückzuführen sein. Es könnten also beide Ergebnisse "richtig" sein, wenn man die Störgrößen kontrolliert. Dann müßte sich das gleiche Ergebnis
finden lassen. Weil aber die Kontrolle von Störgrößen notwendiger Bestandteil eines Experiments ist und weil man eine
mangelnde Kontrolle u. U. erst durch ein unterschiedliches

Resultat in einem Wiederholungsexperiment aufdeckt, erscheint
es zweckmäßig, auch das Kriterium der Wiederholbarkeit in die
Definition mithineinzunehmen.

O r n e   (1962, S. 776) nennt als weiteres Kriterium des Experiments die "ökologische Validität" (Brunswik, 1949, 1955,
1956), d. h. die Generalisierbarkeit vom Labor auf nicht-experimentelle Situationen. Auf diese zusätzliche Anforderung
an ein Experiment wird in Kap. 7.2. und Kap. 8.3.4.1. zurückzukommen sein.

Weitere Definitionen und Literaturverweise finden sich u.a.
bei   B r e d e n k a m p   (1969, S. 332-335),   W i g -
g i n s   (1968, S. 392),   S e l g   (1966, S. 26-33) und
T i m a e u s   (1971, S. 1-3). Einige der Fachtermini dieser Arbeit werden kurz erläutert im Glossar des von   K ö -
n i g   herausgegebenen Bandes (1965).   O p p   (1970, S.
40) benutzt bei seiner Definition des Experiments das Klas-
sifikationsschema von   N a g e l   (s. Kap. 5.2.).

Andere Autoren betonen darüber hinaus zu Recht, daß es beim
Experiment nicht um eine besondere Form der Datenerhebung,
sondern nur um eine   s p e z i e l l e   A r t   d e r
U n t e r s u c h u n g s p l a n u n g   geht (vgl. Kunz,
1969, S. 238). Dieser Gesichtspunkt wird vor allem in dem
Hauptkapitel dieser Arbeit, Kap. 8., deutlich. Wichtig ist
beim Experiment der manipulative Eingriff in die soziale
Realität. Andere Techniken der Sozialforschung sind dagegen
durch bloße Auswahl bestimmter Aspekte der Realität gekennzeichnet.

3.2. Experiment vs. Beobachtung

Die oben angeführte Kurzdefinition des Experiments als "Beobachtung unter kontrollierten Bedingungen" ist nicht nur unpräzise,[1] sondern deutet eine Beziehung zweier Methoden der
Sozialforschung an, über deren Rang unklare Vorstellungen zu
finden sind. Sieht N a g e l   (1961, s. Kap. 5.2.) in der
kontrollierten Beobachtung eine notwendige, keinesfalls aber
eine hinreichende Voraussetzung für eine "kontrollierte Untersuchung" ("controlled investigation"), so scheint bei
K ö n i g   (1965, S. 47) die Perspektive genau umgekehrt.
Hat bei Nagel die Beobachtung "nur" den Rang eines - allerdings unverzichtbaren - Hilfsmittels für wissenschaftliche
Untersuchungen, so behauptet König, die Beobachtung sei dem
Experiment "überlegen", wie auch die Beobachtung in den Naturwissenschaften häufiger benutzt werde als das Experiment.
Allerdings liefert König keinerlei Zahlen für diese Behauptung. Ein Mißverständnis scheint es zu sein, wenn man aus
der Tatsache, daß man ohne kontrollierte Beobachtung nicht
auskommt, diese also allen wissenschaftlichen Methoden vor-
ausgeht bzw. bei allen anzutreffen ist, schließt: folglich
sei die Beobachtung "das übergeordnete Mittel der Forschung"
(König, 1965, S. 47). Dann könnte man auch der Statistik einen ähnlichen Rang zuerkennen (vgl. auch die Ausführungen
von Boudon nach Pagès, 1967, S. 741-742). So unerheblich diese Ungenauigkeit eigentlich ist, so sehr bleibt doch zu betonen, daß wissenschaftliche Aussagen eben nicht bei reinen Beobachtungen stehen bleiben, sondern Kausalaussagen machen

---

1) Präziser ist da die Definition von W u n d t   (1913,
   S. 25), der zu den "Klassikern" des Experiments zählt:
   "Das Experiment besteht in einer Beobachtung, die sich
   mit der willkürlichen Einwirkung des Beobachters auf die
   Entstehung und den Verlauf der zu beobachtenden Erschei-
   nungen verbindet."

wollen, für die eine kontrollierte Beobachtung immer nur
Hilfsmittel sein kann.[1]

3.3.   Experiment vs. Test

Eine weitere Abgrenzung ist nötig gegenüber dem Test (s. hierzu z. B. Anastasi, 1961; Lienert, 1967, und die Einführung
von Drenth, 1969), obwohl sich hier oft Überschneidungen mit
dem Experiment ergeben (zur Test-Definition s. Lienert, 1967,
S. 7 sowie generell S. 7-21). Wenn es bei einem Test darum
geht, eine Kausalbeziehung zu untersuchen, dann wäre ein solcher Test durchaus als Experiment zu bezeichnen. Zusätzliche
Voraussetzung ist die Kontrolle anderer Faktoren. Dies und
die explizite ex ante-Formulierung einer Kausalbeziehung ist
aber bei einem Test häufig nicht anzutreffen. Vielmehr werden
oft zwei oder mehrere "ähnliche" Versuchsgruppen oder Versuchspersonen bestimmten Tests unterworfen, wobei sich dann
Schwierigkeiten ergeben, wenn man die Unterschiede in der
"abhängigen" Variable irgendwelchen Einflüssen zurechnen soll.
Bei einem Test werden diese Unterschiede üblicherweise bestimmten   i n d i v i d u e l l e n   E i g e n a r t e n,
Persönlichkeitsvariablen im weitesten Sinne, zugeschrieben
(vgl. auch Selg, 1966, S. 26-33). Die Kontrolle anderer Faktoren, die überhaupt nur die Untersuchung einer Kausalbeziehung ermöglicht hätte, ist nicht immer gewährleistet. Intelligenztests seien hier nur als warnendes Beispiel erwähnt.

Im Rahmen von Experimenten wird von Tests häufig Gebrauch gemacht (vor und/oder nach der Präsentierung des experimentellen Stimulus). Dagegen ist nichts einzuwenden, solange es

---

1) Vgl. auch das Schema bei Schulz (1970, S. 76) und seine
   Ausführungen auf S. 75 sowie Holzkamp (1968, S. 254).

sich um geeichte, standardisierte Tests handelt. Diese Tests müssen gültig sein (vgl. dazu Lienert, 1967, Kapitel 11; Michel, 1964; Cronbach, 1964, S. 96-125; Drenth, 1969, S. 180-235), also tatsächlich das messen, was man mit ihnen messen will. Ist dies der Fall, dann ergänzen Tests Experimente in nützlicher Weise. Ist dies dagegen nicht der Fall, dann sollte man besser keine Kausalaussage wagen.

Diese Problematik wird später noch einmal auftauchen, wenn bestimmte Versuchsanordnungen diskutiert werden, bei denen Vorhermessungen und Nachhermessungen, vielfach in Form von Tests, durchgeführt werden. S c h u l z (1970, S. 82). charakterisiert beide Verfahren folgendermaßen: "Das Experiment weist eine Kausalbeziehung nach, der Test geht von der Beziehung als erwiesener Tatsache aus und benutzt sie, um Personen oder Gruppen auf (verdeckte) Eigenschaften zu prüfen."

3.4.   <u>Eigene Definition des Experiments</u>

Nach diesen Ausführungen erscheint es zweckmäßig, das Experiment zu definieren als

> wiederholbare Beobachtung unter kontrollierten Bedingungen, wobei eine (oder mehrere) unabhängige Variable(n) derartig manipuliert wird (werden), daß eine Überprüfungsmöglichkeit der zugrundeliegenden Hypothese (Behauptung eines Kausalzusammenhangs) in unterschiedlichen Situationen gegeben ist.

Faßt man das Definiens zusammen, so kann man auch von einer besonderen Form[1] der Untersuchungsplanung sprechen. Die Manipulierbarkeit   m e h r e r e r   unabhängiger Variablen ist mit in die Definition aufgenommen worden, weil komplexere Versuchsanordnungen (s. z.B. Kap. 8.4.7.) dies tatsächlich im Sinne unserer Definition zulassen. Obwohl die Anwendung dieser relativ strengen Definition des Experiments Präzisierungsvorteile mit sich brächte, werden wir - um uns dem Sprachgebrauch anzupassen - im Laufe dieser Arbeit immer wieder auch dann von "Experiment" reden müssen, wenn es sich nach dieser Definition eigentlich um kein Experiment handelt. In der Literatur wird z.B. auch eine Versuchsanordnung mit rein explorativem Charakter als (Erkundungs-)Experiment bezeichnet (zu den "Typen" des Experiments s. Kap. 9.).

Nachdem bereits mehrfach von Kausalität die Rede war, wollen wir uns im folgenden kurz mit der Kausalitätsproblematik beschäftigen.

---

1) Nach einer Kurzformel des Experiments, die aber Details unterschlägt, ist das Experiment durch "Stimulus- und Faktorenkontrolle" (vgl. auch die Definitionen von Greenwood und Festinger, Kap. 3.1.) gekennzeichnet.

4.   Kausalität

Angesichts der umfangreichen Literatur zu diesem Thema können hier nur wenige Probleme berührt werden. Einige Kriterien sollen diskutiert werden, die das Phänomen der Kausalität kennzeichnen. Hier sei darauf verzichtet, eine notwendigerweise problematische Definition von Kausalität zu entwickeln.[1] Stattdessen seien hier nur einige Aspekte aus der
wissenschaftstheoretischen Diskussion berührt.[2]

4.1.   Charakteristische Merkmale kausaler Beziehungen

Zunächst gilt, daß Kausalität nie total empirisch beweisbar
ist. Kausalität ist - streng genommen - nie zureichend beob-
achtbar. Zwischen der theoretischen Sprache, in der man -
wie schon   K a n t   - Kausalität als Postulat, als Hilfskonstruktion, fassen kann, und der empirischen Ebene klafft
eine Lücke,[3] und sei sie im Falle naturwissenschaftlicher
Gesetze auch noch so klein.

---

1) S. hierzu z. B. die umfangreiche Definition von Stegmüller, wobei die Brauchbarkeit der Kriterien aber auch z.T.
   in Frage gestellt wird (z.B. von Schulz, 1970, S. 63 ff.).
   Stegmüller versteht unter Kausalgesetzen "quantitative,
   deterministische, mittels stetiger mathematischer Funktionen darstellbare Mikro-Sukzessions-Nahwirkungsgesetze,
   die sich auf ein homogenes und isotropes, von bestimmten
   Erhaltungsprinzipien beherrschtes Raum-Zeit-Kontinuum beziehen" (zit. bei Schulz, 1970, S. 62). Auf einige der hier
   genannten Merkmale wird in der folgenden Diskussion eingegangen.

2) S. zum folgenden auch Blalock (1964).

3) Vgl. hierzu Bunge (1959, S. 46-48), Nagel (1961, S. 316-
   324) und Simon (1957, S. 10-13). "Da Kausalgesetze hypo-
   thetischen Charakter haben, können sie in strengem Sinne
   nie empirisch getestet werden" (Blalock, 1964, S. 13).

An welchen Merkmalen ist ein kausales Phänomen erkennbar?
Zwar liegt bei jeder Kausalbeziehung ein gemeinsames Auftreten zweier Merkmale (= Korrelation) und eine zeitliche Abfolge vor, doch sind weder Korrelation noch Folge allein ausreichend für eine Kausalaussage.

Das gemeinsame Auftreten zweier Merkmale sagt noch nichts darüber aus, was Ursache und was Wirkung ist bzw. ob nicht dritte Variablen die Korrelation als Scheinkorrelation entlarven oder sie spezifizieren (s. Kap. 12.).

Es gilt der Satz:

Jede Kausalaussage muß von (zwei oder mehreren) korrelierenden Phänomenen ausgehen (notwendige Bedingung), doch reicht eine hohe Korrelation allein nicht aus für eine Kausalaussage. [1]

Das gleiche gilt, wie angedeutet, von dem folgenden Satz:

Jede Kausalaussage muß eine zeitliche Abfolge beinhalten, doch reicht eine Folge allein nicht aus für eine Kausalaussage.

<u>Beispiel:</u>
Zwar folgt der Tag auf die Nacht, doch verursacht die Nacht nicht den Tag.

Der Fehlschluß von einem zeitlichen Ablauf auf einen ursächlichen wird auch mit dem lateinischen Terminus "post hoc ergo

---

1) Dasselbe trifft für eine Vorhersage zu. Diese kann zutreffend sein, ohne daß das zugrundeliegende Gesetz bekannt ist ("Projektion" im Gegensatz zur "Prognose", die auf einer Gesetzesaussage beruht).

propter hoc" bezeichnet. S i m o n (1957, S. 12) betont
deshalb auch,entscheidend sei die Asymmetrie in der Variablenbeziehung und nicht die zeitliche Abfolge.

Neben einem gemeinsamen Auftreten bzw. einer gemeinsamen
Veränderung zweier Merkmale, auch K o v a r i a t i o n genannt, und einer zeitlichen Abfolge dieser beiden Phänomene
müssen aber noch zwei weitere Bedingungen erfüllt sein, wenn
Kausalbeziehungen nachweisbar sein sollen. Zum einen muß es
sich um i s o l i e r t e S y s t e m e handeln, deren Variablen man - wie z. B. im Experiment - unter Kontrolle hat.

Zum andern müssen alle möglichen Fehler zufällig streuen, also nicht systematisch untereinander variieren.

Liegen diese vier Bedingungen vor:

>   1. Korrelation von (zwei oder mehreren)
>   Merkmalen;

>   2. zeitliche Abfolge;

>   3. isoliertes System (= Kontrolle der
>   relevanten Variablen) und

>   4. zufällige Streuung der Fehler,

dann kann man davon sprechen, daß z. B. ein X ein Y produ-
ziert, also eine Asymmetrie in der Merkmalsbeziehung vorliegt. Allerdings kann diese Asymmetrie auch wechselseiti-
ger Natur sein, wenn man unterschiedliche Zeitpunkte betrachtet. So kann X im Zeitpunkt t_o Y hervorrufen, und Y im Zeitpunkt t_1 X veranlassen. Man spricht dann von r e z i -
p r o k e r K a u s a l i t ä t . Ein Beispiel liefert nä-

herungsweise die H o m a n s'sche Regel der Wechselwirkung von Interaktion und Sympathie (vgl. auch das Boyle-
Mariottesche Gesetz).

4.2. <u>Notwendige und hinreichende Bedingungen</u>

Eine mehr wissenschaftstheoretische Frage ist nun, ob Kausalaussagen unbedingt deterministischen Charakter haben
müssen. In der Realität, zumal derjenigen, die die Sozialwissenschaften zum Gegenstand haben, erscheint es zweckmäßiger, von wahrscheinlichkeitstheoretischen Aussagen auszugehen. Man ist nämlich meist nicht in der Lage, die oben
aufgezählten vier Bedingungen genau zu erfüllen. Besonders
die Kontrolle a l l e r   w i c h t i g e n Variablen
des Systems wie die Forderung, daß die Fehler zufällig streu-
en müssen und keine systematische Verzerrung aufweisen, be-
reiten Schwierigkeiten. Man kann von kausalen Beziehungen
sprechen, wenn die theoretische Struktur gegenüber zusätzlich eingeführten Variablen invariant bleibt.

Eine deterministische Aussage ist dann möglich, wenn - nochmals - die obigen vier Kriterien erfüllt sind. Wenn man alle
relevanten Variablen in dem jeweiligen System kontrolliert
hat, so bedeutet dies, X und nur X ist die alleinige Ursache
für das Auftreten von Y. Das heißt, immer dann, wenn X auftritt oder eine Veränderung von X, dann folgt auch Y oder eine Veränderung von Y. Es besteht keine Möglichkeit einer unabhängigen Variation beider Merkmale. Ein Zahlenbeispiel mag
eine solche Variablenbeziehung veranschaulichen:

	X		
	+	−	
Y +	100	0	100
Y −	0	100	100
	100	100	200

Abb.3. Zahlenbeispiel für eine notwendige und hinreichende
Beziehung zweier Merkmale

In diesem deterministischen Fall sind notwendiges und hinreichendes Kriterium erfüllt (s. dazu im folgenden).

Eine probabilistische Aussage hätte dagegen z. B. folgendes Aussehen:

	X		
	+	−	
Y +	80	0	80
Y −	20	60	80
	100	60	160

Abb. 4. Zahlenbeispiel für eine notwendige Beziehung zweier
Merkmale

Zwar muß X vorliegen, damit Y überhaupt eintritt (wo X = 0,
d. h. nicht vorliegt, ist auch Y = 0), doch fällt einer von
5 Fällen (20 von 100) jeweils aus der Kausalbeziehung heraus. X ist höchstens noch notwendiges Kriterium für das Auftreten von Y.

Eine wahrscheinlichkeitstheoretische oder auch statistische
Formulierung von Merkmalsbeziehungen bietet den Vorteil der
Anwendbarkeit auf die Phänomene der sozialen Realität.

Nochmals: gegen eine deterministische Formulierung von Merkmalsbeziehungen sprechen also mehrere Gründe:

1. Zwischen Postulaten im Bereich der theoretischen Sprache
   und beobachtbaren Phänomenen im Bereich der Empirie besteht eine fundamentale Differenz.

2. Man weiß nie hinreichend genau, ob man wirklich alle wichtigen Variablen kontrolliert hat und damit der Forderung
   nach einem isolierten System Genüge leistet.

Wie die multivariate Analyse zeigt (s. Kap. 12.), kann eine
zusätzliche Variable, die außer acht gelassen wurde, eine an-
gebliche Kausalbeziehung stark verändern.

Bei einer probabilistischen Beziehung versucht man festzustellen, ob die Mittelwerte von X und Y systematisch miteinander variieren, was unter der Voraussetzung der Kontrolle
anderer relevanter Variablen und der Irrtumsglieder auf eine
Kausalbeziehung hindeuten kann.

Zum Abschluß dieses Kapitels soll nur noch eine kurze Definition der Termini "notwendig" und "hinreichend" gegeben werden (s. auch bei Blalock, 1964, S. 31, sowie bei Selltiz et
al., 1966, S. 80-94). Folgende Fälle sind denkbar:

1. X ist eine notwendige und hinreichende Bedingung für Y,
   d. h. entweder beide Merkmale tauchen gemeinsam auf oder
   überhaupt nicht (Abbildung 3).

2. X ist eine notwendige, aber keine hinreichende Bedingung
   für Y, d. h. X muß vorhanden sein, doch braucht Y nicht
   immer auf X zu folgen (Abbildung 4).

3. X ist eine hinreichende, aber keine notwendige Bedingung
   für Y, d. h. Y liegt immer vor, wenn X vorliegt, doch
   kann Y auch unabhängig davon auftreten.

		X		
		+	−	
Y	+	80	20	100
	−	0	60	60
		80	80	160

Abb. 5. Zahlenbeispiel für eine hinreichende Beziehung
        zweier Merkmale

Wenn X eintritt, dann folgt auch Y. Den Fall, daß X zwar
eintritt, Y aber nicht folgt, gibt es nicht bei einem
hinreichenden Kriterium. Dafür ist aber möglich, daß X
zwar nicht vorhanden ist, Y aber trotzdem auftritt. Die
unbesetzte Zelle hat sich hier von rechts oben aus der
Abbildung 4 (notwendiges Kriterium) nach links unten
(hinreichendes Kriterium) verlagert.

4. X ist nur z. T. notwendig und/oder hinreichend für Y,
   d. h. X muß gewöhnlich vorliegen, wenn Y auftreten soll.

Der vierte Fall stellt eine Kombination aus den vorhergehenden Fällen dar, wobei in diesem Fall der probabilistische Charakter der Merkmalsbeziehung stärker betont
ist. Das heißt, keine der vier Zellen wird absolut null
sein, wenn sich auch in - allerdings ziemlich unwahr-
scheinlichen - Fällen in der Realität Annäherungen ergeben mögen.

Bei der Darstellung experimenteller Versuchsanordnungen und
der sich dabei jeweils bietenden Analysemöglichkeiten wird
auf einige der Bedingungen für Kausalphänomene zurückzukommen sein. Bevor Techniken der Kontrolle beim Experiment erläutert werden, soll im folgenden kurz auf einige Argumente
der Skeptiker eingegangen werden, die (1) eine V e r -
w e n d u n g s m ö g l i c h k e i t   d e s   E x p e -
r i m e n t s   i n   d e n   S o z i a l w i s s e n -
s c h a f t e n   b e z w e i f e l n   oder (2) zumindest
b e d e u t s a m e   Unterschiede zwischen der Logik des
naturwissenschaftlichen und sozialwissenschaftlichen Experiments behaupten.

5.　　Naturwissenschaftliches und sozialwissenschaftliches

Experiment

Beide Einwände machen zwar auf entscheidende Gesichtspunkte
aufmerksam, sind in dieser Schärfe letztlich aber nicht zu
halten. Zwar spielt bei sozialwissenschaftlichen Experimenten die Frage der externen Validität (s. auch Kap. 7.3. sowie Kap. 8.3.4.1.) eine erheblich größere Rolle als im Falle der Naturwissenschaften, doch ist das noch kein prinzipieller Einwand gegen die Anwendbarkeit des Experiments in den
Sozialwissenschaften. Auch sind die angeblichen Unterschiede zwischen naturwissenschaftlichem und sozialwissenschaftlichem Experiment nur Unterschiede in der Quantität bestimmter verzerrender Größen und   n i c h t   qualitativer Art.

Im folgenden sollen einige der hauptsächlichen Einwände auf
ihre Stichhaltigkeit untersucht werden. Einige dieser Einwände werden bei der späteren Darstellung in Variationen
wieder auftauchen.

Die Einwände überschneiden sich z. T., teilweise folgen sie
auch auseinander. Insgesamt stellen sie eine Reihe von Miß-
verständnissen bzw. nicht bewiesenen Behauptungen dar.

Zwei hauptsächliche Einwände lassen sich anführen, weitere
Einwände können als Unterfälle dieser Argumente angeführt
werden.

Zum einen wird die Künstlichkeit des Experiments in den Sozialwissenschaften betont. Zum anderen werden Unterschiede
in der Logik zwischen naturwissenschaftlichem und sozialwissenschaftlichem Experiment behauptet, weil die Objekte sozialwissenschaftlicher Erkenntnis nicht wie die naturwissenschaftlichen Erkenntnisobjekte isolierbar und manipulierbar

seien. Daraus würden, so wird behauptet, auch Differenzen in
der Vorgehensweise folgen. Wenn man so will, ist das zweite
Argument aus dem ersten ableitbar: Experimente in den Sozialwissenschaften seien in einem besonderen Ausmaß künstlich
und damit unnatürlich, was eine andere Vorgehensweise als in
den Naturwissenschaften nahelege bzw. die Anwendung von Experimenten unmöglich mache.

Nun zu einigen Argumenten im einzelnen. In der Darstellung
beziehen wir uns teilweise auf O p p (1970, s. auch die
dort angegebene Literatur), der einige der Argumente zusammenstellt und untersucht.

5.1.   <u>Künstlichkeit des Experiments in den Sozialwissen-
        schaften</u>

Experimentelle Situationen und Anordnungen seien im Vergleich
zu Situationen der sozialen Realität künstlicher Art.[1]

Dagegen ist zunächst einmal mit O p p einzuwenden, daß
bei der Fragestellung: "künstlich oder natürlich" allemal
die Perzeption der beteiligten Vpn (Versuchspersonen) entscheidend ist. Außerdem kann eine Versuchsanordnung durch
einen geschickten Vl (Versuchsleiter) so gestaltet werden,
daß sie eben nicht oder nur in begrenztem Maße künstlich ist,
zumindest in ihrem Einfluß auf die zu untersuchende abhängige Variable. Solange das Untersuchungsobjekt durch einen La-
borversuch nicht wesentlich verfälscht wird, sticht dieses

---

1) Vgl. auch den Hinweis von Schulz (1970, S. 26/27, Fußnote
   14) auf die "experimentell" untersuchten nicht-beobacht-
   baren bzw. (u.U.) nicht-existenten Transurane. Offenbar
   verhilft auch eine - im Sinne der These - extrem künstliche "Experimental"situation zu Erkenntnissen.

Argument nicht. Allerdings werden damit erhebliche Anforderungen an experimentelle Versuchsanordnungen gestellt. Der
Einwand läßt sich zwar auf viele vorliegende Experimente in
den Sozialwissenschaften anwenden, die sich durch eine besonderes Maß an Künstlichkeit auszeichnen und für deren Verall-
gemeinerungsfähigkeit wenig spricht, doch handelt es sich um
keinen prinzipiellen Einwand.

Andererseits kann in der (künstlichen) Isolierung unabhängiger Variablen auch ein Vorteil liegen, worauf z. B.
F e s t i n g e r (1953, S. 139) des öfteren hingewiesen
hat.

Bei dem Streit um die Künstlichkeit des sozialwissenschaftlichen Experiments werden demnach extreme Positionen bezogen, wobei die Frage der Beweislast offen ist.

Eine Aufwertung von Experimentaldaten besteht darin, daß
man die in der künstlichen Umwelt des Laboratoriums gewonnenen Ergebnisse anhand von in der Realität gewonnenen Daten überprüft und möglicherweise den Aussagegehalt der Experimentaldaten einengt, d. h. auf zusätzliche in der Realität vorliegende Bedingungen aufmerksam macht (die dann in
Nachfolgeexperimenten wieder im Labor zu untersuchen wären).
Oder es zeigt sich eine Übereinstimmung in den wesentlichen
Faktoren zwischen Laboratorium und "sozialer Realität" (wobei auch das Laboratorium eine "soziale Realität" - vgl. dazu Kap. 8.3.4.1. - darstellt). Möglich ist auch eine totale
Divergenz von Experimental- und Felddaten.

Die These von der Künstlichkeit der Experimentalsituation kann
man u. U. zurückführen auf das Argument von der Eigenart des
sozialwissenschaftlichen Objektbereichs. Die oben angeführten
Argumente über den Wandel der Bedingungen in der sozialen Realität (M i l l), die eine Wiederholung von Experimenten

nicht zuließen,[1] und über die Komplexität der sozialen Realität, die Experimente mit sinnvollen Ergebnissen unmöglich
mache (C o m t e und D u r k h e i m), sind hierbei
hauptsächlich zu diskutieren.

5.2. Nagels "Arten der kontrollierten Untersuchung"

N a g e l (1961, S. 450-459) hat eine hierfür recht brauchbare Klassifikation entwickelt. Für ein "kontrolliertes Experiment" (Nagel, s. dazu auch Kap. 3.) seien zwei Merkmale
wesentlich:

> die Manipulation irgendeiner oder mehrerer
> unabhängiger Variablen und

> die Wiederholbarkeit der so gewonnenen Er-
> gebnisse.

Diese Voraussetzungen seien in strengem Sinne in den Sozialwissenschaften nicht gegeben. Der Forscher habe nicht das
Geld und die Macht, um Bedingungen zu egalisieren. (Außerdem wäre er damit auch wieder eine der zu kontrollierenden
Variablen.[2])

Zusätzlich würde ein Eingriff in die soziale Realität diese
derartig verändern, daß die ursprüngliche Realität nicht mehr
herstellbar ist, eine Wiederholung im strengen Sinne also unmöglich wird. Dieses letzte Argument hat M i l l bereits
in ähnlicher Weise vorgetragen.

---

1) Mill scheint außerdem nur an gesamtgesellschaftliche Experimente gedacht zu haben, die natürlich auch heute
   (noch) nicht möglich sind (vgl. auch in Kap. 8.4.1. den
   Verweis auf "Verwaltungsexperimente").
2) Nagel spricht davon, daß "the study of society is part of
   its own subject matter" (1961, S. 450).

N a g e l   untersucht dann zwei Fragestellungen. Einmal, ob
ein kontrolliertes Experiment eine   n o t w e n d i g e
Bedingung für wissenschaftliche Erkenntnis ist, wobei er zu
dem Schluß kommt, daß auch ohne kontrollierte Experimente
wissenschaftliche Erkenntnisse möglich sind. Ein Beispiel
liefert die Astronomie, die zu gültigen Erkenntnissen auch
ohne Experimente kommt, wenn auch - und das ist wichtig -
die Logik des Experiments   a n a l o g   angewandt werden
muß.

Nagel spricht dabei von "controlled investigation", die
selbst wiederum als notwendiges, aber noch lange nicht hinreichendes, Kriterium auf kontrollierte Beobachtung zurückgreifen muß. Auch die Voraussetzung der Wiederholbarkeit muß
dann (im Gegensatz zur prinzipiellen Überprüfbarkeit) nicht
mehr unbedingt gegeben sein.[1] Unwichtig ist dabei auch, ob
die Manipulation der unabhängigen Variablen auf künstliche
oder natürliche Weise geschieht (vgl. auch Kap. 9.3.).

Notwendige Voraussetzung für wissenschaftliche Erkenntnis
ist also "controlled investigation". Ein kontrolliertes Experiment stellt dagegen restriktivere Anforderungen.

Nagel tritt damit der überspitzten Formulierung entgegen,
nur durch Experimente ließen sich wissenschaftlich bedeutsame Aussagen gewinnen.

Die zweite von Nagel untersuchte Fragestellung ist die nach
den Möglichkeiten für kontrollierte Studien in den Sozialwissenschaften. Sie wird von Nagel bejaht. Auf die dafür notwendigen Kriterien wird später (vgl. Kap. 6. und 7.) einzugehen sein.

---

1) Für die für die "kontrollierte Untersuchung" charakteristische Vorgehensweise s. Nagel (1961, S. 452-453). Wir
   werden in dem Kapitel über Versuchsanordnungen (8.) auf
   ähnliche Techniken zurückkommen.

Zwar gibt auch Nagel zu, daß eine große Klasse von Phänomenen (vorläufig) sozialwissenschaftlichen Experimenten nicht zugänglich ist, doch sei die Künstlichkeit des Experiments kein prinzipieller Einwand. Nur muß dann im Anschluß jeweils die "externe Validität", d. h. die Gültigkeit der Ergebnisse in der sozialen Realität, nachgewiesen werden. Laborexperiment und Feldexperiment (u. a.) ergänzen sich also (s. auch Kap. 9.2.).

5.3.   <u>Zur These von der übergroßen Komplexität der Realität</u>

Gerade das Argument von der Komplexität der Realität kann man auch als Vorteil für das Experiment auslegen. Das Experiment hilft dann bei der Reduzierung von Unwissen. Man erfährt etwas über die Bedeutsamkeit von Variablen in der Realität, wenn man zunächst einmal von der Komplexität dieser Realität abstrahiert. Freilich darf man diesen Einwand nicht zur petitio principii machen: die "externe Validität" der gewonnenen Ergebnisse bleibt ein wichtiges Kriterium für ihre Bewertung.

Weiter wird argumentiert, die Wirklichkeit sei so komplex, daß überhaupt nur ein Teil der Variablen erfaßbar sei. Auch hier handelt es sich möglicherweise um ein Argument, das gerade für das Experiment sprechen kann. Ein anschauliches Beispiel stellen die Theorien des kognitiven Gleichgewichts (s. Abelson et al., 1968) dar, die auf experimentellem Wege von anfangs sehr simplen Bedingungen zu einer Vielzahl recht komplexer Bedingungen fortgeschritten sind, die gerade in der Realität eine Rolle spielen. An diesen Theorien läßt sich sehr gut der dauernde Rückbezug von experimenteller Analyse und sozialer Realität zeigen.

Außerdem ist die Realität vielleicht gar nicht so unendlich
komplex, wie immer behauptet wird. Stimme der Einwand von
der Komplexität des Objektsbereiches, dann müsse er, so
O p p ,   auch für alle anderen (offensichtlich erfolgreichen) sozialwissenschaftlichen Methoden gelten. Tatsächlich
ist dieser Anspruch auch, allerdings in totaler und damit
wenig brauchbarer Form, von   A d o r n o   erhoben worden.[1]

Opp diskutiert noch zwei weitere, aber nicht gänzlich neue
Argumente. Zum einen wird von dem indeterminierten Charakter der sozialen Welt gesprochen, worauf Opp zu Recht den
Einwand der Beweislast erhebt. Dann müssen für diese angeb-
liche Unbestimmtheit der sozialen Wirklichkeit, die Gesetzmäßigkeiten verhindere,[2] erst einmal Beweise erbracht werden.

Es erscheint durchaus legitim, hier die Beweislast umzukeh-
ren. Dies ist aber nicht legitim für den Fall, daß für Gesetzmäßigkeiten auf Grund von experimentell gewonnenen Daten auch die Gültigkeit für die Realität außerhalb des Labors behauptet wird. Hier geht es um die externe Gültigkeit,
die der Experimentator oder andere Interpreten seiner Ergebnisse selbst nachweisen müssen.

Das andere Argument in dieser Reihe stammt von   B o u -
d o n   (1967, s. bei Opp, 1970, S. 44-45), der behauptet,
sozialwissenschaftliche Experimente könnten immer nur einfache Strukturen abbilden, und diese seien nun einmal nicht
in der Wirklichkeit vorhanden. Der Nachsatz wurde oben schon

---

1) Vgl. z.B.: "Das Ganze, das die greifbaren Phänomene prä-
   formiert, (geht) selbst niemals in partikuläre Versuchsanordnungen ein" (1962, S. 256, auch zit. bei Siebel,
   1965, S. 182).

2) Bei Sorokin (1956, S. 185) findet sich ein ähnlicher Einwand.

diskutiert, auf den Vordersatz läßt sich auch wieder mit
dem Hinweis auf Experimente im Bereich der kognitiven Gleichgewichtstheorien antworten.

Die zweite oben erwähnte Hauptgruppe von Argumenten, die eine Differenz zwischen naturwissenschaftlichem und sozialwissenschaftlichem Vorgehen behaupten, wurde schon z. T. im Zusammenhang mit der Unterscheidung von N a g e l diskutiert. Bei der Erörterung bestimmter Versuchsanordnungen
(s. auch Kap. 5.6.) und der zu kontrollierenden Einflußfaktoren wird sich zeigen, daß diese Differenz tatsächlich vorliegt und zu erhöhten Kontrollen bei einem sozialwissenschaftlichen Experiment anhält.[1] Andererseits werden auch
naturwissenschaftliche Versuchsanordnungen u. U. durch unbe-
absichtigte Rückwirkungen des Versuchsobjektes und/oder der
Meßinstrumente gestört. Das Fieberthermometer, dessen Anwendung bereits auf die zu messende Temperatur verzerrend ein-
wirkt, ist nur eines von vielen Beispielen. Andere Fälle finden sich im Bereich der Nuklearphysik (vgl. z. B. die "Un-
schärferelation" von H e i s e n b e r g).

5.4.   Zusammenfassung

Die behaupteten Einwände sind nicht stichhaltig, wenn sie
auch nicht alle abgetan werden können, denn das Kriterium
der e x t e r n e n   V a l i d i t ä t   von Experimenten, die vor allem in den Argumenten in Kap. 5.3. angezwei-
felt wird, ist nicht minder wichtig als das der internen

---

1) Doch erscheint der Schluß Siebels (1965, S. 225), für das
   sozialwissenschaftliche Experiment gelte eine andere Logik als für das naturwissenschaftliche Experiment, trotz
   der umfangreichen Bemühung des Autors nach dem oben Gesagten als "Kurz-Schluß".

Validität (d. h., daß die Experimente überhaupt das gemessen haben, was sie im Laboratorium messen sollten - vgl. Kap. 7.1.).

Prinzipiell steht aber kein Argument der Anwendung von Experimenten in den Sozialwissenschaften entgegen. Nur unterscheiden sich sozialwissenschaftliches und naturwissenschaftliches Experiment darin, daß d i e K o n t r o l l e v e r z e r r e n d e r F a k t o r e n i m F a l l e d e s s o z i a l w i s s e n s c h a f t l i c h e n E x p e r i m e n t s s c h w i e r i g e r i s t .

Allerdings gibt es auch aus dem Bereich der Naturwissenschaften höchst amüsante Fälle, wo sich erwies, daß man doch vorsichtiger im Umgang mit bestimmten Versuchsobjekten sein mußte als zunächst angenommen worden war. Zum Beispiel stellten sich in einem Fall die angeblichen beweglichen Teilchen auf dem Kontrollschirm als Zigarettendunst des Forschers heraus. In einem anderen Fall spielte Forscherschweiß die Rolle einer plausibleren Alternativerklärung.

Viele soziale Phänomene sind tatsächlich vorläufig noch derartig k o m p l e x f ü r u n s e r v o r h a n d e n e s W i s s e n u n d I n s t r u m e n t a r i u m , daß Experimente erst in "wenigen" Bereichen sehr erfolgreich eingesetzt werden können. Der prozentuale Anteil von Experimenten im Vergleich zu anderen Forschungsmethoden ist in den Sozialwissenschaften geringer als in den Naturwissenschaften anzusetzen, wobei sich allerdings innerhalb der Naturwissenschaften sehr erhebliche Unterschiede ergeben.

Dies scheinen uns die beiden e i n z i g e n w i c h t i g e n U n t e r s c h i e d e zu sein. Beides sind q u a n t i t a t i v e Unterschiede, Unterschiede in der

Gewichtung und nicht in der Qualität.[1]

<u>5.5.</u>   <u>Weitere Behauptungen über das sozialwissenschaftliche
       Experiment</u>

Zum Abschluß des Kap. 5.   seien noch einige weitere Einwände gegen das sozialwissenschaftliche Experiment angeführt.
O p p   erwähnt noch moralische Einwände gegen die Anwendung
von Experimenten. Dies wird uns später beschäftigen, wenn etwas über die Problematik der Täuschung der Vpn durch den Vl
gesagt wird (Kap. 14.).

Das Argument von den fehlenden Ressourcen des Forschers
schließlich, der immer nur für die soziale Realität unwich-
tige Variablen manipulieren könne, begegnete uns ja schon
oben. Die Frage ist dann, was "wichtige" und was "unwichti-
ge" Variablen sind. Wenn man unter wichtigen Variablen nur
Variablen auf der Systemebene versteht, dann werden sich Experimente schwerlich realisieren lassen. Diesen Schluß zog
schon M i l l .   Damit zeigt sich auch, daß der Anwendungsbereich von Experimenten nicht unendlich ist. Doch vergrößert sich der Anwendungsbereich insofern, als man durch
die wechselseitige Ergänzung von Laborexperiment, Feldexperiment und Feldstudie die Anwendbarkeitsgrenze für das Experiment weiter hinausschieben kann.

Einige der vorgetragenen Überlegungen seien noch einmal kurz
veranschaulicht am Vergleich zweier Kernanordnungen, die detailliert erst später (Kap. 8.) dargestellt werden.

---

1) Vgl. hierzu auch Greenwood (1965, S. 180 ff.) und Holzkamp (1968), der sich gegen eine Gleichsetzung des sozialwissenschaftlichen Experiments mit dem restriktiven
   naturwissenschaftlichen Vorbild wendet.

5.6.   "Typische" experimentelle Anordnungen

5.6.1.   Naturwissenschaftliche Versuchsanordnung

Die in den Naturwissenschaften gebräuchlichste[1] Versuchsanordnung besteht aus einer Vorhermessung (M_1), der Einführung des experimentellen Stimulus (X) und einer Nachhermessung (M_2).

$$M_1 \qquad X \qquad M_2$$

Abb. 6. "Typische" naturwissenschaftliche Versuchsanordnung mit Vorher- und Nachhermessung

Anders als in den Sozialwissenschaften (s. Kap. 8.1.2.) ist
in den Naturwissenschaften mit dieser Anordnung die Kontrolle anderer Faktoren möglich. Dies liegt daran, daß in den Naturwissenschaften im allgemeinen weniger große Raum-Zeit-spe-
zifische Einflüsse wirken als in den Sozialwissenschaften, so
daß isolierte Versuchsbedingungen eher realisierbar sind.

Untersucht man z. B. die Wirkung eines Magneten (X) auf völlig zufällig verteilte Eisenfeilspäne, dann kann man - die
üblichen standardisierten Bedingungen vorausgesetzt - ziemlich sicher sein, daß der Effekt, nämlich die Ordnung der Eisenfeilspäne entsprechend dem Magnetfeld, tatsächlich diesem
X und keinem anderen zuzuschreiben ist. Eine "Kontrollgruppe"
ist in diesem Fall nicht nötig.

Anders beim sozialwissenschaftlichen Experiment, bei dem im
Falle nur einer Gruppe die Schlußfolgerungen wesentlich be-
schränkter sind.

----

1) In diesem Sinne ist "typisch" zu verstehen.

5.6.2.   Sozialwissenschaftliche Versuchsanordnung

Da die Zahl der nicht kontrollierten und/oder nicht kontrol-
lierbaren Faktoren im sozialwissenschaftlichen Experiment im
allgemeinen größer ist als im naturwissenschaftlichen Experiment, weiß man bei einer Versuchsanordnung mit nur einer Gruppe nicht, ob der experimentelle Stimulus tatsächlich eine später zu beobachtende Veränderung in der abhängigen Variable -
gemessen durch Vergleich der Nachhermessung mit der Vorhermessung - verursacht hat. Zumindest ist die Wahrscheinlichkeit, X einen bestimmten Effekt zuschreiben zu können, im sozialwissenschaftlichen Experiment im allgemeinen geringer, da
auch in der standardisierten Versuchsumgebung des Labors erhebliche Störgrößen unkontrolliert bleiben.

Die häufigste und im allgemeinen zunächst auch adäquateste
Lösung, den Einfluß der Störgrößen zu reduzieren, besteht
darin, eine zusätzliche Versuchsgruppe, die sogenannte Kontrollgruppe, einzuführen, die möglichst der anderen Gruppe
gleich ("Idealfall": eineiige Zwillinge aus der gleichen sozialen Umgebung) sein sollte, dem experimentellen Stimulus
aber nicht ausgesetzt wird.

$$M_1 \qquad X \qquad M_2$$

$$M_1 \qquad\qquad M_2$$

Abb. 7. "Typische" sozialwissenschaftliche Versuchsanordnung
mit Vorher- und Nachhermessung von Versuchs- und Kontrollgruppe

Die Logik dieser Erweiterung der ursprünglichen Anordnung ist
durch einen Gesichtspunkt bestimmt: Selbst wenn man nicht die
Einflüsse der Störvariablen abstellen kann, so kann man zumindest versuchen, diese Einflüsse in Versuchs- und Kontroll-

gruppe möglichst anzugleichen, also konstant zu halten. Der gemeinsame Nenner der beiden Gruppen wird vergrößert. Die dadurch kontrollierten Störfaktoren sind zwar noch wirksam, doch läßt sich n a c h der Kontrolle dieser Faktoren der eventuell verbleibende zusätzliche Effekt in Y mit größerer Wahrscheinlichkeit X zuschreiben.

Welche Techniken sich für diese Vergrößerung des gemeinsamen Nenners jeweils anbieten, wird in Kap. 6.3. behandelt. Hier ist zunächst nur wichtig, daß sich mit der Einführung einer Kontrollgruppe tatsächlich eine Vielzahl von Faktoren in den Sozialwissenschaften auf äußerst effiziente Weise kontrollieren läßt, wenngleich nicht alle Faktoren. Nicht ganz zu Unrecht hat man die Kontrollgruppenanordnung mit Vorher- und Nachhermessung - wohl wegen ihrer kontrolltechnischen Güte - auch "klassische" Versuchsanordnung (vgl. auch Kap. 2.2. sowie Kap. 3.1.) genannt.

Allerdings entstehen bei vielen Fragestellungen durch die doppelte Messung (vorher und nachher) zusätzliche Probleme, z. B. bei Experimenten, die die Wirkung bestimmter Informationen auf Personen mit bestimmten Einstellungen untersuchen. Eine Versuchsperson kann durch die Vorhermessung erstmals darauf aufmerksam gemacht werden, daß sie bestimmten Objekten ("Stimuli") gegenüber bestimmte Einstellungen hat. Oder die Vp setzt sich nach der Vorhermessung überhaupt erst mit bestimmten Problemen auseinander, d. h. entwickelt eine Einstellung. Die als Kontrolle gedachte Vorhermessung und Nachhermessung der gleichen Gruppe kann sich in anderer Hinsicht als zusätzlicher Störfaktor erweisen. Auf die mit der Kontrollgruppenanordnung entstehenden Probleme und die Möglichkeiten zu ihrer Lösung wird in Kap. 8.2. einzugehen sein. Hier sollten im Anschluß an einige Behauptungen über das naturwissenschaftliche und das sozialwissenschaftliche Experiment zunächst nur einmal paradigmatisch Anordnungen beider Gebiete vorgeführt werden.

Nochmals: die Eigenart des sozialwissenschaftlichen Objektbereichs fordert ein zusätzliches Maß an Kontrolle, das z.T.
durch die Einführung einer Kontrollgruppe gewährleistet wird
(für das sich aber auch noch andere Strategien anbieten). Nur
wäre es ein Fehlschluß, aus diesen erhöhten Kontrollschwierigkeiten eine   p r i n z i p i e l l e   Verschiedenheit
von naturwissenschaftlichem und sozialwissenschaftlichem
Experiment ableiten zu wollen.

Verschiedene Arten des Experiments, die diese Kontrollanforderungen in unterschiedlichem Maße erfüllen, sollen - wie
gesagt - erst in Kap. 8. erläutert werden. Zunächst soll
g e n e r e l l   näher auf das Merkmal der Kontrolle eingegangen werden. Auf dem Hintergrund der statistischen Wahr-
scheinlichkeitstheorie sind hierfür einige Verfahren entwickelt worden. Da - wie bereits erwähnt - Kontrolle ein we-
sentliches Merkmal des Experiments ist, werden die nachfolgend
kurz beschriebenen Techniken bei den verschiedenen Versuchsanordnungen immer wieder auftauchen. Selbst komplizierte
Störgrößen lassen sich "theoretisch" mit diesen Techniken
kontrollieren, wenn sich die tatsächliche Kontrolle allerdings auch oft als sehr schwierig herausstellt.

6. Zur Kontrolle des Experiments

Kontrolliert werden sollen immer nur bestimmte Klassen von Variablen. K i s h (1959)[1] hat eine hierfür brauchbare Klassifikation entwickelt (vgl. dazu auch die Typologie von Wiggins, 1968, S. 393-396).

6.1. Die Variablen-Typologie von Kish

An e r s t e r Stelle ist die unabhängige Variable zu nennen, die im Experiment variiert werden soll, um ihren Einfluß auf die abhängige Variable zu messen.

Unter die z w e i t e Gruppe fallen Variablen, die ebenfalls potentielle Einflußgrößen auf die abhängige Variable darstellen, aber vom Vl entweder kontrolliert werden können oder aber während des Experiments keinen Einfluß auf die abhängige Variable haben und insofern auch nicht die Variation von Y erklären können.

Zwei weitere Arten von Variablen verdienen daneben Beachtung. In beiden Fällen sind sie entweder dem Forscher unbekannt oder (noch) nicht meßbar. Auf jeden Fall kann der Forscher ihren Einfluß auf die abhängige Variable nicht abschätzen, selbst wenn er von ihrer Existenz weiß.

In die d r i t t e Variablengruppe fallen dabei Variablen, die zwar Auswirkungen auf die abhängige Variable haben, aber nicht in Beziehung stehen zu der im Experiment manipulierten unabhängigen Variablen.

---

1) Vgl. auch die Ausführungen von Blalock (1964, S. 22-26).

Unter die   v i e r t e   Gruppe fallen im Gegensatz zu der
dritten Variablen, die in systematischer Beziehung zu der
manipulierten unabhängigen Variablen stehen. U. U. manipuliert also der Forscher nicht allein die unabhängige Variable X, sondern z. B. auch die für X und Y gemeinsame Ursache,
z.B. W.

Ein "ideales" Experiment besteht darin, das Auftreten von Variablen aus den Gruppen 3 und 4 möglichst auszuschließen. Wie
B l a l o c k   vermerkt, kann man Meßfehler, die bei Experimenten auftauchen, auch begrifflich durch die beiden genannten Variablengruppen fassen, d. h. eine Veränderung in der
abhängigen Variablen Y ist keinesfalls allein einer bekannten und manipulierten Variablen X zuzuschreiben.

Alle im folgenden zu nennenden Kontrolltechniken dienen dazu,
aus den Variablen der Gruppen 3 und 4 Variablen der zweiten
Gruppe zu machen.

Wenn   T o w n s e n d   (1953, S. 58) sagt, daß kein Experiment besser sein könne als das schlechteste dabei angewandte
Kontrollverfahren, so unterstreicht das die Bedeutung der Kontrolltechniken für das Experiment. Kontrolltechniken dienen
also u.a. dazu,

> (1) Variablen aus der vierten Gruppe auszu-
>   schalten und

> (2) möglichst auch Variablen aus der dritten
>   Gruppe in die zweite Gruppe zu transfe-
>   rieren.

Ist die Einhaltung der ersten Forderung an sich unverzichtbar,
so läßt sie sich in der Praxis doch schwerlich realisieren.

Auch der zweiten Forderung sollte der Forscher möglichst gerecht werden. Dies gilt auch für Experimente, die bewußt so angelegt sind, daß nur eine unabhängige Variable unter anderen in ihrem Einfluß auf die abhängige Variable untersucht werden soll. Man kann in diesem Fall jedoch nichts über die Erklärungskraft einer solchen unabhängigen Variablen im Verhältnis zu anderen unabhängigen Variablen sagen, solange man nicht weiß, ob man tatsächlich die bedeutsamste unabhängige Variable gemessen hat oder nur eine relativ nebensächliche.

Im folgenden sollen einige Kontrollverfahren erwähnt werden, wobei auf entsprechende Vor- und Nachteile einzelner Kontrolltechniken kurz hingewiesen wird. Im weitesten Sinn sollten alle beim Experiment verwendeten Prozeduren den Charakter einer kontrollierten Untersuchung haben, wie wir oben (Kap. 5.2.) schon sahen. Mit jeder dieser Techniken sollen die Einflüsse anderer Variablen als der manipulierten unabhängigen Variablen kontrolliert werden. Innerhalb dieser Kontrolltechniken wiederum ergeben sich je nach der Zielsetzung beachtliche Unterschiede.

Im Anschluß an die obige Variablentypologie sei der Blickwinkel leicht verschoben, um den oben schon angedeuteten Zusammenhang zwischen Variablenarten und bestimmten Fehlerarten zu erläutern.

6.2.   <u>Varianzanalyse</u>

Dabei kann auf das statistische Verfahren und die Voraussetzungen der Varianzanalyse (im Deutschen auch Streuungszerlegung genannt) hier nicht eingegangen werden (s. dazu z.B. Kerlinger, 1965, Kapitel 11, 12, 13; Sahner, 1971, S. 141-168; Edwards, 1971, Kapitel 9 ff.; Fisher, 1960; Lindquist, 1953; Mittenecker, 1966; Mayntz et al., 1969, S. 179-184;

Linder, 1969, sowie als sehr klare Einführung McCollough und Atta, 1971, S. 340-360). In der Varianzanalyse wird versucht, den Anteil der Variation der Werte in der abhängigen Variable zu bestimmen, der auf die Variation der unabhängigen Variable zurückgeht.

Wenn man annimmt, daß viele Phänomene im Bereich der Sozialwissenschaften durch mehrere, meist auch unterschiedlich gewichtige, Faktoren beeinflußt werden (Wiggins, 1968, S. 390), dann muß man auch ein Verfahren haben, das es erlaubt, die Erklärungskraft einzelner Faktoren abzuschätzen. Genau dies leistet die Varianzanalyse. Dabei wird die gesamte Streuung der Y-Werte zerlegt in eine

> (1) durch X verursachte (erklärte) Varianz
>   und in die

> (2) Restvarianz, die sich aus der Fremdva-
>   rianz und der Fehlervarianz zusammen-
>   setzt.

S y s t e m a t i s c h e   i n t e r n e   F e h l e r, die die sogenannte F r e m d v a r i a n z verursachen, tauchen dann auf, wenn sich die Vpn und die Individuen der Kontrollgruppe neben der unabhängigen Variablen noch in anderen, nicht kontrollierten und für die Variation der abhängigen Variable bedeutsamen Variablen unterscheiden. Je mehr es gelingt, diese Faktoren zu kontrollieren, desto eher läßt sich die Veränderung in der abhängigen Variable auf den experimentellen Stimulus zurückführen. Als Merkregel empfiehlt sich das "Maximinkonprinzip" von K e r l i n g e r (1965, S. 338, 342): <u>Maxi</u>mierung der Zwischenvarianz zwischen den Vergleichsgruppen, <u>Mini</u>mierung der Binnenvarianz (restliche systematische Faktoren) und <u>Kon</u>trolle der Fehler, d. h. möglichst Zufallsstreuung.

Hat man den Einfluß systematischer Faktoren im Experiment kontrolliert, so darf man selbstverständlich nicht den Schluß ziehen, daß der Einfluß dieser Faktoren auch in der Realität kontrolliert sei. Man gewinnt also für Behauptungen, die außerhalb des Labors gültig sein sollen, "nichts", wenn man im Labor mögliche Einflußfaktoren kontrolliert. Man erreicht nur künstlich eine Trennung von Einflußgrößen, die es dem Forscher erlaubt, durch systematische Variation die relative Bedeutung einzelner unabhängiger Variablen zu ermitteln. Dabei sind a d d i t i v e Effekte und I n t e r a k t i o n s effekte zu unterscheiden.

Als Interaktionseffekt bezeichnet man die g e m e i n s a m e Wirkung zweier oder mehrerer unabhängiger Variablen. Das heißt, anders als bei den additiven Effekten, für die kennzeichnend ist, daß jede unabhängige Variable a l l e i n eine Veränderung in der abhängigen Variable bewirkt, werden die Interaktionseffekte durch die Bedingung charakterisiert, daß solche Variablen nur dann einen Einfluß haben, wenn g l e i c h z e i t i g eine andere (oder mehrere) Bedingung(en) erfüllt ist (sind), andere Variablen also auftreten. Möglich ist darüber hinaus auch folgender Fall: Eine Variable wirkt sowohl additiv als auch als Interaktionsvariable (s. z.B. die Theorie der Statusinkonsistenz, Zimmermann, 1971).

Der s y s t e m a t i s c h e   e x t e r n e   F e h l e r liegt in der Abweichung der experimentellen Bedingungen von den Bedingungen der Realität, auf die die Experimentalergebnisse möglichst anwendbar sein sollen, denn in der Wissenschaft sind universell gültige Sätze das Ziel. Gelingt es, systematische Fehler, die die interne Validität (s. dazu auch Kap. 7.1.) und externe Validität eines Experiments gefährden, zu kontrollieren, so bleiben immer noch zufällige Fehler übrig (für verschiedene Fehlersystematisierungen s. Bredenkamp, 1969, S. 337-340).

6.3.   Kontrolltechniken

Kontrolltechniken sollen die Chance für Alternativerklärungen experimenteller Daten reduzieren und damit die interne
Validität (= tatsächliche Messung dessen, was im Experiment
gemessen werden soll) sichern. Im folgenden sollen die ge-
bräuchlichsten Kontrolltechniken genannt werden. Bei der
Darstellung der verschiedenen Versuchspläne werden diese
Kontrolltechniken bzw. ihre Varianten erneut erwähnt werden.

Folgende Techniken zur Kontrolle von Fehlern lassen sich
unterscheiden.

6.3.1.   Ausschaltung

Soll ein Experiment z. B. in einem durch Lärm stark beein-
trächtigten Versuchsraum stattfinden, dann empfiehlt es
sich, eine solche Störquelle total auszuschalten, z. B.
durch zusätzliche Schallisolierung. Bei der Ausschaltung
dieser Art von Störgrößen können sich höchstens technische
Probleme ergeben.

Wird Ausschaltung hier noch wörtlich verstanden, so ist im
folgenden darunter die Neutralisierung einer Störgröße zu
verstehen. Die Störgröße bleibt zwar bestehen, wird aber
durch eine Gegenstrategie in ihrem Einfluß (u. U. bis auf
den Zufallsfehler) kalkulierbar. Ausschaltung als Neutralisierung anstelle von Eliminierung ist die für das sozialwissenschaftliche Experiment typischere Vorgehensweise.

6.3.2. Abschirmung (Screening)

Ist die Ausschaltung einer Störquelle nicht total durchführbar, kann man sich dadurch helfen, daß man versucht, die Störquelle durch ein anderes Merkmal zu überlagern, z.B. bei Lärm durch leise Studiomusik. Wichtiger als diese beiden, eigentlich selbstverständlichen, Techniken, die beide noch Störgrößen o h n e   direkten inhaltlichen Bezug zur abhängigen Variablen ausschalten, sind die folgenden Techniken.

6.3.3. Parallelisierung (Matching)

Bei der Parallelisierung (Matching) versucht man, den vermuteten oder bekannten Einfluß weiterer unabhängiger Variablen im Experiment auszuschalten, indem man im Hinblick auf bestimmte Variablen jeweils "gleiche" Versuchseinheiten schafft. Hierbei kann rein numerisch ein Problem entstehen, wenn nicht genügend Versuchseinheiten vorhanden sind, um eine Parallelisierung in mehr als zwei oder drei wesentlichen Merkmalen zu erzielen. Außerdem sinkt der Grenznutzen mit jedem zusätzlichen parallelisierten Faktor, da die kontrollierten Faktoren meist miteinander korrelieren (Selltiz et al., 1966, S. 105).

Beim Matching lassen sich zwei Techniken unterscheiden: die der p a r a l l e l i s i e r t e n   P a a r e (matched pairs, auch Präzisionskontrolle genannt) und der p a r a l l e l i s i e r t e n   G r u p p e n (matched groups, auch Kontrolle durch die Häufigkeitsverteilung genannt). Im ersteren Fall (der nach dem vorherrschenden Sprachgebrauch und in dieser Arbeit auch nur als Matching bezeichnet wird) sollen Versuchs- und Kontrollpersonen jeweils gleiche Werte auf den kontrollierten Variablen einnehmen. Im zweiten Fall kann die Unterschiedlichkeit der Merkmalsträger größer sein, denn hier wird die Gleichverteilung bei den Kontrollvariablen nur für

Versuchs- und Kontrollgruppe i n s g e s a m t verlangt.
Unwichtig ist dann, ob ein bestimmtes Individuum in der Kontrollgruppe auch die gleichen Werte in den Kontrollvariablen
erzielt wie ein anderes Individuum in der Experimentalgruppe. Entscheidend ist nur, daß die Verteilung der Werte über
die beiden Gruppen insgesamt die gleiche ist.

Die angestellten Überlegungen seien an einem fiktiven Zahlenbeispiel verdeutlicht. Nehmen wir an, Konformitätsverhalten soll in einer entsprechend manipulierten Situation
untersucht werden. Der Forscher wisse auf Grund früherer Ergebnisse, daß die Faktoren "Geschlecht" und "Schulbildung"
Konformitätsverhalten mitbeeinflussen, und will sie durch
eine der beiden Matching-Techniken kontrollieren.

			Experimentalgruppe			Kontrollgruppe		
(a)	Parallelisierte Paare		m	w		m	w	
	Schulbildung	hoch	20	20	40	20	20	40
		niedrig	15	15	30	15	15	30
			35	35	70	35	35	70
(b)	Parallelisierte Gruppen		m	w		m	w	
	Schulbildung	hoch	15	25	40	20	20	40
		niedrig	20	10	30	15	15	30
			35	35	70	35	35	70

Abb. 8. Fiktives Zahlenbeispiel für die beiden Matching-
Techniken

In beiden Fällen ist die Gesamtzahl der Vpn N = 70. Im ersten Fall, bei den parallelisierten Paaren, ist jedes korrespondierende Feld in der Kontrollgruppe gleich häufig wie in der Experimentalgruppe besetzt. Im zweiten Fall, bei den parallelisierten Gruppen, gilt Gleichheit nur noch für die Randverteilung, nicht mehr für die Zellenbesetzungen.

Im Falle der matched groups sind die Anforderungen also geringer. Man kann allerdings nur Aussagen über die jeweiligen Gruppendurchschnitte bzw. die Gruppe insgesamt machen. Einen Fehlschluß begeht man in diesem Fall, wenn man Aussagen über die Gruppenmitglieder selbst macht.

Ein weiterer Nachteil der Kontrolle durch die Häufigkeitsverteilung liegt darin (Selltiz et al., 1966, S. 107-108), daß es zu erheblichen Unterschieden bei der K o m b i n a - t i o n verschiedener Merkmale kommen kann, was - wie angedeutet - zu Fehlschlüssen führen muß, wenn man das Individuum als Aussageeinheit wählt.

Insgesamt wird zu Recht von der Kontrolle durch die Häufigkeitsverteilung behauptet: "Die Kontrolle durch die Häufigkeitsverteilung ist ein Versuch, einige der Vorteile des Matching zu nutzen, ohne mit dem Verlust zahlreicher Einheiten zu bezahlen, wie es gewöhnlich bei der Präzisionskontrolle der Fall ist" (Selltiz et al., 1966, S. 107).

Da man immer nur wenige Variablen durch Matching kontrollieren kann, weil

    (1) die Zahl der Versuchspersonen im allgemeinen begrenzt ist und

    (2) man außerdem theoretisch nicht immer weiß, welche Variablen man "matchen" sollte,

ist man auf ein Verfahren angewiesen, das es ermöglicht,
Einflußgrößen auch dann zu neutralisieren, wenn man von ihrer
Existenz nichts weiß oder davon weiß, sie aber nicht matchen
kann, oder wenn - nochmals - die Fallzahl für ein erfolgrei-
ches Parallelisieren zu gering ist. Außerdem empfiehlt sich
die nachfolgend zu diskutierende Strategie zur Kontrolle der
Variablen, deren Einfluß auf die abhängige Variable nicht so
groß ist, als daß man unbedingt matchen müßte (s. dazu Kap.
6.3.5.).

6.3.4. <u>Randomisierung</u>

Dieses für viele statistische Tests grundlegende sogenannte
Randomisierungsverfahren geht von der Wahrscheinlichkeits-
theorie aus. Für ausführlichere Darstellungen sei hier auf
die Literatur über Samples verwiesen (z.B. Kerlinger, 1965).
Es wurde im wesentlichen von F i s h e r (1960) entwik-
kelt, wenn sich auch Vorläufer angeben lassen.

Das Randomisierungsverfahren kann gerade dann angewandt werden, wenn der Wissensstand des Forschers (noch) nicht sehr
umfassend ist, doch muß folgende Bedingung unbedingt erfüllt
sein: Jedes Individuum (oder allgemeiner: jede Merkmalsausprägung) muß die gleiche und von den anderen Individuen unabhängige Chance haben, ausgewählt zu werden. Durch das Randomisierungsverfahren soll eine maximale Zufallsstreuung der
systematischen Faktoren erreicht werden, die andernfalls zu
einer Vermischung mit dem zu testenden Faktor führen und die
Gültigkeit des Experiments beeinträchtigen können. Je größer
die Zufallsstreuung ist, umso eher liegt eine Normalvertei-
lung vor.

Erstrebt man eine Faktorenkontrolle durch Randomisierung,
dann hat man die Wahl zwischen zwei Möglichkeiten. Man kann

entweder eine Zufallsauswahl aus der relevanten Grundgesamtheit ziehen und die Individuen dann nach dem Zufall auf die
Versuchs- und Kontrollgruppe aufteilen oder zwei Zufallsaus-
wahlen aus der Grundgesamtheit treffen, wobei die eine die
Versuchsgruppe und die andere die Kontrollgruppe bildet. Werden im Experiment mehr als zwei Gruppen untersucht, so lassen
sich die beiden Strategien analog anwenden.

Das oben gewählte Zahlenbeispiel diene auch für den Fall der
Randomisierung zur Verdeutlichung.

			Experimentalgruppe			Kontrollgruppe	
			m	w		m	w	
(c)	Randomi-sierung							
Schulbil-dung	hoch	20	22	42	22	17	39
	niedrig	14	14	28	15	16	31
		34	36	70	37	33	70

Abb. 9. Fiktives Zahlenbeispiel für die Randomisierungstechnik

In diesem Beispiel sind anders als bei den parallelisierten
Gruppen auch die Randverteilungen unterschiedlich (was aber
nicht notwendigerweise der Fall sein muß). Bei dem gewählten
Beispiel würde Matching der bloßen Randomisierung vorzuziehen sein (s. dazu im folgenden), da die beiden zu kontrollierenden Variablen sicherlich Faktoren sind, die nicht zufällig, sondern "systematisch" die Variation der abhängigen Variable mitverursachen. Zwar sind durch Randomisierung auch
noch andere Faktoren kontrollierbar, doch ist hier die Match-
ing-Technik effizienter, da wichtige Einflußgrößen wie Geschlecht und Schulbildung kontrolliert werden müssen und auch
kontrollierbar sind. Sie sind bestimmbar, ohne dem Zufalls-

fehler ausgesetzt zu sein, was bei der Randomisierung der
Fall ist.

Mit der erfolgreichen Anwendung des Randomisierungsverfahrens
werden auch die Einwände derjenigen hinfällig, die wie z. B.
S o r o k i n   (1956, S. 177)[1] die Verwendungsmöglichkeiten
des sozialwissenschaftlichen Experiments skeptisch einschätzen, weil sie die Kontrollprobleme für nahezu unüberwindlich
halten. Eine perfekte Randomisierung würde gleiche Mittelwerte, Standardabweichungen und Verteilungen (bzw. gleiche Häu-
figkeitsverteilungen) bei allen Gruppen und bei a l l e n
Variablen - mit der Toleranz des Zufallsfehlers - gewährleisten.

6.3.5.   <u>Randomisierung vs. Matching</u>

Im Unterschied zum Matching braucht dem Forscher bei der
Randomisierung   n i c h t   bekannt zu sein, welche Vari-
ablen kontrolliert werden sollen. Unwichtig ist auch, ob der
Forscher aus ökonomischen Gründen oder aus vorübergehender
Unkenntnis auf das Randomisierungsverfahren zurückgreift.
Entscheidend ist lediglich eine Zufallsverteilung (bzw. der
Zufallsverteilung angenäherte Verteilung) der Merkmalsaus-
prägungen der entsprechenden Variablen.

Zwei generelle Argumente (neben einigen anderen weniger gewichtigen, s. hierzu insgesamt die Diskussion bei Cox, 1958,
S. 70-90) geben dem Matching gegenüber der bloßen Randomisierung den Vorzug, wenn auch im allgemeinen die ideale Strategie in einer Kombination beider Verfahren besteht:

---

1) S. allerdings auch dort S. 186, wo Sorokin sich sogar für
   die Anwendung experimenteller Verfahren in den Sozialwissenschaften ausspricht.

1. Eine bloße Randomisierung empfiehlt sich umso weniger, je
   größer der Einfluß der zu kontrollierenden Variablen auf
   die abhängige Variable ist. Liegt in der Realität außerdem bereits eine Parallelisierung von gewichtigen Einflußgrößen vor (z.B. u.U. die Variable "Geschlechtszugehörig-
   keit"), so versteht sich die Verwendung des Matchingverfahrens von selbst. Wird im Falle bedeutsamer zusätzlicher unabhängiger Variablen allein auf Randomisierung gesetzt und ist diese nicht v o l l s t ä n d i g gewährleistet (womit in der Realität immer zu rechnen ist),
   so ist die Gültigkeit eines Experiments schwer beeinträchtigt, wenn man der manipulierten unabhängigen ("experimentellen") Variable zuschreibt, was in Wirklichkeit auf den
   Einfluß unzureichend kontrollierter Variablen zurückgeht.
   Im Falle der Unkenntnis über die explikative Bedeutung
   bestimmter Variablen bleibt dem Forscher keine andere
   Wahl: Er ist auf die Randomisierung verwiesen.

2. Sollen bestimmte Merkmale, die nur in Extremwerten auftreten, kontrolliert werden, sollte der Forscher ebenfalls
   vom Matchingverfahren Gebrauch machen. Handelt es sich dagegen auch bei einer extrem verteilten Merkmalsausprägung
   einer Variable um eine relativ unbedeutende Variable -
   dies unterstellt bereits einen hohen Informationsstand des
   Forschers -, so reicht Randomisierung normalerweise aus.

Die Fehlerquellen bleiben selbstverständlich noch unkontrollierter, wenn die Kombination aus 1. und 2. vorliegt und der
Forscher lediglich die Randomisierungstechnik anwendet.

Randomisierung und Matching ergänzen sich also, was auch für
alle anderen Kontrolltechniken gilt (vgl. auch das Schema bei
Selg, 1966, S. 46,sowie die Ausführungen von McGuigan, 1968,
S. 119-143, besonders das Diagramm auf S. 138, das einige der
hier vorgeschlagenen Strategien noch einmal illustriert).Hier-

bei kann nach den obigen Ausführungen folgende Faustregel
gelten:

Solange der Forscher von w i c h t i g e n anderen Einflußgrößen auf die abhängige Variable weiß, sollte er die
Einflüsse dieser Variablen durch das Matchingverfahren kontrollieren. Für die restlichen Einflußgrößen kommt das Randomisierungsverfahren zur Anwendung.[1]

Ordnet man die wichtigsten Kontrolltechniken nach abnehmen-
der Effektivität und Realisierungsmöglichkeit, so ergibt sich
im allgemeinen folgende Rangfolge:

      1. Randomisierung und Matching
      2. Randomisierung
      3. Matching

Das heißt, bloße Randomisierung ohne zusätzliches Matching
gewährleistet normalerweise immer noch eine bessere Kontrolle als reines Matching, wenn auch die Kontrolle durch Matching bei vielen Fragestellungen unbedingt notwendig ist.

Über die schon genannten Gründe hinaus ist Matching als Kontrolltechnik auch anzuraten, wenn in einem Experiment der
Einfluß einer im Vergleich zu anderen unabhängigen Variablen
schwächeren unabhängigen Variablen demonstriert werden soll.
Dann läßt sich mit Hilfe des Matchingverfahrens eine Verfei-
nerung des Meßinstruments erreichen (vgl. Selltiz et al.,
1966, S. 98), die sich mit dem Randomisierungsverfahren nicht
erreichen ließe. Für diesen speziellen Fall gebührt ebenfalls
dem Matchingverfahren der Vorrang.

---

1) Auf die ähnlichen Funktionen von Matching und geschichte-
   ter Auswahl sowie Quotenauswahl beim Sample sei hier nur
   hingewiesen.

Nochmals ist zu betonen, daß sich durch das Randomisierungsverfahren nur erfolgreicher prüfen läßt, ob die im E x -
p e r i m e n t   variierten unabhängigen Variablen tatsächlich Einfluß auf die abhängige Variable haben.   I n   d e r
R e a l i t ä t   können natürlich auch Faktoren, die durch
Matching und Randomisierung kontrolliert werden, Einflüsse
auf die abhängige Variable ausüben.

Da die Kontrolltechniken der Parallelisierung und Randomisierung bei den noch zu diskutierenden einzelnen Versuchsanordnungen immer wieder auftauchen werden, sie hier die Erörterung dieser Verfahren abgebrochen. Resümierend sei noch einmal betont, daß beim Experiment ein Ausmaß an Kontrolle gefordert wird, das bei anderen sozialwissenschaftlichen Forschungsstrategien nicht erreicht werden kann.

Im übernächsten Kapitel soll der Frage nachgegangen werden,
inwieweit bestimmte Versuchsanordnungen diesen Kontrollfor-
derungen gerecht werden. Dies beantwortet dann auch die Frage, welche Art von Schlüssen unter welchen Bedingungen zulässig ist.

Zunächst ist allerdings ein weiteres generelles Kapitel vor-
zuschalten.

7.   Einflußfaktoren auf die Gültigkeit eines Experiments

         (nach Campbell und Stanley)

C a m p b e l l   (1957) hat eine überaus nützliche Merkliste von verzerrenden Einflüssen zusammengestellt, die die
im Experiment intendierte Kausalaussage gefährden können. In
späteren Werken wurde diese Merkmalsliste in systematischer
Weise von   C a m p b e l l   und   S t a n l e y   ausgear-
beitet (1966, S. 5-6). Dieses Werk liegt seit 1970 auch auf
deutsch vor. Campbell und Stanley haben Fragen der Versuchsanordnungen mit beinahe "besessener" Präzision und Perfek-
tion analysiert. Der in seiner Dichte nicht leicht zu lesen-
de Beitrag von Campbell und Stanley soll hier auf die in unserem Zusammenhang wichtigen Aspekte reduziert werden. Der
interessierte Leser sei ausdrücklich auf die vorzügliche Darstellung der beiden Autoren verwiesen. Hier kann nur ein
Bruchteil der dort angestellten Überlegungen aufgenommen werden.

7.1.   Einflußfaktoren auf die interne Validität

Folgende Einflüsse können den Aussagezusammenhang zwischen
der manipulierten (unabhängigen) und der abhängigen Variablen
gefährden. Alle Störgrößen mit Ausnahme von (6) beziehen sich
auf die bereits in Kap. 5.6.2. kurz dargestellte "typische"
sozialwissenschaftliche Anordnung, bei der bei der Versuchs-
und Kontrollgruppe eine Vorher- und eine Nachhermessung durchgeführt wird. Die Beschreibungen der verschiedenen Arten von
Einflußgrößen folgt weitgehend den Definitionen von   C a m p-
b e l l   und   S t a n l e y .   Inhaltliche Beispiele werden bei den verschiedenen Versuchsanordnungen in Kap. 8. angeführt, wobei die hier zunächst nur summarisch eingeführten
Störgrößen in verschiedenen Versuchsanordnungen mehrfach belegt werden.

(1) Z e i t e i n f l ü s s e ("h i s t o r y") - diejenigen speziellen Ereignisse, die zwischen der ersten
und der zweiten Messung zusätzlich zur experimentellen
Variable auftreten;[1]

(2) b i o l o g i s c h - p s y c h o l o g i s c h e
V e r ä n d e r u n g e n   i m   U n t e r s u -
c h u n g s o b j e k t ("m a t u r a t i o n" bzw.
bei Abbauprozessen "decay") - alle Prozesse, die unabhängig von irgendwelchen besonderen Ereignissen allein
durch die Zeit auf die Vp einwirken (z.B. Vp wird während des Experiments hungrig, müde usw.);

(3) M e ß e f f e k t e ("t e s t i n g") - die Auswirkungen einer ersten Messung oder eines ersten Tests auf
eine zweite Messung bzw. Test;

(4) V e r ä n d e r u n g e n   i n   d e n   M e ß i n -
s t r u m e n t e n ("i n s t r u m e n t a t i o n")
- oder auch Veränderungen bei den Beobachtern, Scorern,
die Veränderungen im Meßprozeß hervorrufen (z.B. Lerneffekte oder Ermüdungseffekte - dieser Punkt ist den Effekten unter Punkt 2 vergleichbar, nur diesmal auf den
Vl und seine Hilfspersonen bezogen);

(5) s t a t i s t i s c h e   R e g r e s s i o n ("s t a -
t i s t i c a l   r e g r e s s i o n") - wirkt sich
dort aus, wo Gruppen wegen ihrer extremen Punktzahl aus-
gesucht worden sind und der Variationsspielraum der abhängigen Variablen entsprechend eingeengt ist;

---

1) Im weitesten Sinn fallen alle Störgrößen unter diese Kategorie.

(6) **A u s w a h l v e r z e r r u n g e n** (**"s e l e c - t i o n"**) - äußern sich in einer Auswahl allzu verschiedener Personen für die zu vergleichenden Gruppen;

(7) **A u s f ä l l e   u n t e r   d e n   V p n   i m   V e r l a u f   d e s   E x p e r i m e n t s** (**"e x - p e r i m e n t a l   m o r t a l i t y"**) - und zwar unterschiedlicher Ausfall von Individuen aus den Vergleichsgruppen;

(8) **I n t e r a k t i o n   v o n   A u s w a h l v e r - z e r r u n g e n   u n d   b i o l o g i s c h - p s y - c h o l o g i s c h e n   V e r ä n d e r u n g e n** (**"s e l e c t i o n - m a t u r a t i o n   i n t e r - a c t i o n"**) - wird in einigen Versuchsanordnungen mit quasi-experimentellem Charakter (s. z.B. Kap. 8.3.2.) mit dem Einfluß der experimentellen Variablen verwechselt.

Diese Effekte können sich nach Campbell und Stanley verzerrend auf die interne Validität eines Experiments auswirken. Dabei geht es um die Frage, ob die experimentell manipulierte Variable tatsächlich einen Unterschied bestimmter Größe (was sich durch Signifikanztests messen läßt, vgl. Kap. 8.2.1.1.) zwischen verschiedenen Gruppen (Experimental- und Kontrollgruppen) hervorgerufen hat (interne Validität gegeben) oder ob eine oder einige der genannten Einflußgrößen interferiert haben (Kriterium der internen Validität nicht erfüllt).

Die Interpretation eines experimentellen Ergebnisses ist also dann intern gültig, wenn mit dem Experiment tatsächlich das gemessen wird, was gemessen werden sollte. Die Chance der internen Gültigkeit vergrößert sich, je genauer die Operationalisierung die theoretischen Zusammenhänge wiedergibt (vgl.

auch Kap. 8.3.4.1.) und je größer die Zahl der widerlegten Alternativhypothesen ist (Wiggins, 1968, S. 390).[1]

7.2.   <u>Verhältnis von interner und externer Validität</u>

Die externe Validität wird dagegen definiert als das Ausmaß, in dem sich die experimentell gewonnenen Ergebnisse auf Populationen außerhalb des Labors generalisieren lassen, inwieweit man nicht nur Aussagen z.B. über die als Vpn ausgewählten Studenten macht, sondern über die Population der Studenten allgemein, aus der die Vpn ausgewählt wurden. Intendiertes Fernziel sozialwissenschaftlicher Experimente schließlich sind Aussagen über menschliches Verhalten (vgl. auch das Kriterium der "ökologischen Validität" von Brunswik, Kap. 8.3.4.1.).

Interne und externe Validität stehen in einem asymmetrischen Verhältnis zueinander. Wenn ein Ergebnis extern gültig sein soll, dann muß vorher die Bedingung der internen Validität erfüllt sein. Interne Validität ist also notwendiges Kriterium für die externe Validität, aber nicht hinreichendes. Eine absolut hinreichende Demonstration externer Validität ist in gleichem Maße unmöglich wie die Verifikation wissenschaftlicher Sätze. Man kann hier immer nur von vorläufiger externer Validierung sprechen.

---

1) Die 9. mögliche Kategorie von Störgrößen, die als Alternativerklärungen in Frage kommen können, nämlich "Zufallsdifferenzen", wird durch Signifikanztests kontrollierbar. Campbell (1969b, S. 410-411) bezeichnet diese Alternative auch als "Instabilität" (u.a. von Messungen; von Merkmalen der Personen, die getestet werden sollen). Allerdings ergeben sich starke Überschneidungen mit den anderen Alternativerklärungen.

Wenn man vorwiegend Studenten als Vpn aussucht (u.a. aus folgenden Gründen: große Zahl, billige Entlohnung, Erfahrung für
eigenes Studium),erzielt man im besten Fall nur eine externe
Gültigkeit für die Population der Studentenschaft. Für a n -
d e r e Kategorien von Personen müßten jeweils Personen aus
den betreffenden Populationen ausgewählt werden und die Experimente neu durchgeführt werden. Man stelle sich einmal vor,
statt Generationen von Studenten wären Generationen von Arbeitern oder Rentnern durch die Labors geschleust worden.
Vielleicht sähe die Sozialpsychologie dann heute anders aus.
(Oder vielleicht auch nicht?)

Hier sei nur betont, daß es um die oft stillschweigend ange-
nommene generelle Validität (= unabhängig von bestimmten
Personenkategorien) sozialpsychologischer Ergebnisse und Gesetzmäßigkeiten anders bestellt wäre, wenn die Vpn vielleicht
weniger "sophisticated" (vgl. Kap. 13.2.) oder anders sozia-
lisiert wären als Studenten.

Nochmals: die interne Validität limitiert die externe Validität. Der Forscher ist natürlich an Ergebnissen interessiert, die beiden Kriterien gerecht werden.

7.3.   Einflußgrößen auf die externe Validität

Da die interne Validität die externe Validität limitiert, erscheint es wenig verwunderlich, wenn die Zahl[1] der möglichen
Störgrößen bei der externen Validität von C a m p b e l l
und S t a n l e y etwas niedriger angegeben wird.

---

1) Campbell (1969b, S. 411-412) diskutiert zwei weitere Alternativen, deren Merkmale aber schon in den anderen enthalten sind.

(9) R e a k t i v e r   o d e r   i n t e r a k t i v e r
E f f e k t   v o n   M e s s u n g e n   ("r e a c -
t i v e   o r   i n t e r a c t i o n   e f f e c t
o f   t e s t i n g")   -   die Tatsache, daß ein Pretest die Experiment-Population so für den experimentellen Stimulus sensibilisieren kann (z.B. Lerneffekte vor-
bereitet), daß eine Generalisierung auf die externe Population, aus der die Vpn ausgewählt wurden, nicht möglich ist;

(10) I n t e r a k t i o n s e f f e k t e   d u r c h
d i e   A u s w a h l v e r z e r r u n g e n   u n d
d i e   e x p e r i m e n t e l l e   V a r i a b l e ;

(11) r e a k t i v e   E f f e k t e   e x p e r i m e n -
t e l l e r   A r r a n g e m e n t s   ("r e a c -
t i v e   e f f e c t s   o f   e x p e r i m e n t a l
a r r a n g e m e n t s")   -   würde eine Generalisierung auf Populationen verhindern, die der unabhängigen
Variablen außerhalb des experimentellen Rahmens begegnen würden;

(12) I n t e r f e r e n z e n   d u r c h   m e h r f a -
c h e   e x p e r i m e n t e l l e   B e h a n d -
l u n g e n   ("m u l t i p l e - t r e a t m e n t
i n t e r f e r e n c e")   d e r s e l b e n   V p n
- die einzelnen Effekte sind dann nicht immer zu trennen.

Die Frage nach der Generalisierbarkeit experimenteller Ergebnisse wird im Verlauf der Arbeit immer wieder angeschnitten, vor allem in Kap. 8.3.4.1.

8. Versuchsanordungen

Im folgenden sollen einige in der Sozialpsychologie bzw.
Mikrosoziologie mehr oder weniger gebräuchliche Versuchsanordnungen diskutiert werden, wobei nochmals auf die überaus systematische Darstellung (mit zahlreichen Beispielen!)
von C a m p b e l l und S t a n l e y hingewiesen
sei. Die Autoren präsentieren einige Übersichtstabellen,
aus denen abzulesen ist, welche Versuchsanordnung welche
der genannten Alternativerklärungen vermeiden kann. Allerdings ist diese tabellarische Darstellung im Vergleich zur
verbalen Darstellung teilweise "unvollständig" und teilweise
sehr verkürzt. Sie ist nur dann wirklich "lesbar", wenn man
die inhaltlichen Ausführungen der Autoren verarbeitet hat.
Wir wollen hier nur einen Ausschnitt aus dem Werk von Campbell und Stanley präsentieren und dabei vor allem die hauptsächlichen Vor- und Nachteile gängiger und manchmal auch weniger gebräuchlicher Versuchsanordnungen erläutern. Gleichzeitig werden einige Versuchsanordnungen diskutiert, auf die
die beiden Autoren weniger intensiv eingehen. Im Anhang sind
die Ergebnisse aus dieser Diskussion in Tabellen zusammengefaßt, die sich im wesentlichen an den Tabellen von Campbell
und Stanley orientieren.

Dieses Kapitel über Versuchsanordnungen soll nicht dazu dienen, mechanisch eine Anordnung nach der anderen vorzuführen.
Vielmehr soll deutlich werden, welche - teilweise komplizier-
ten, teilweise verblüffend einfachen - Überlegungen ange-
stellt werden, um den oben genannten Kriterien des Experiments gerecht zu werden und die aufgezählten Störquellen zu
kontrollieren.

Campbell und Stanley unterscheiden vor-experimentelle Anordnungen, auf die nur kurz eingegangen werden soll, echte
("true") experimentelle Anordnungen und quasi-experimentelle Anordnungen. Hinzu kommen noch Korrelational- und Ex-post-
facto-Anordnungen.

In unserer Darstellung, die im Aufbau und - weniger - im
Inhalt von der Campbells und Stanleys abweicht, zieht sich
die Diskussion experimenteller Designs bis in das Kap. 11.
hin, wobei Kap. 8. das eigentliche Hauptkapitel ist.

8.1.   Vor-experimentelle Versuchsanordnungen

Folgende Symbole sollen bei der Darstellung benutzt werden:

       X   = experimenteller Stimulus
       P   = Pretest
       R   = Randomisierung gewährleistet

Das nachfolgende Symbol soll bei mehreren Vergleichsgruppen
eine nur unzureichende Vergleichbarkeit (s. z.B. Kap. 8.1.3.)
andeuten.

       ----- = Vergleichbarkeit, aber nicht in dem
               durch Randomisierung gesicherten Aus-
               maß

Nimmt man eine linear-additive Funktion an, was üblicherweise
geschieht (vgl. Ross und Smith, 1968, S. 353), dann lassen
sich die oben genannten Störeinflüsse durch folgende Aus-

gangsgleichung[1] veranschaulichen:

$$d = P + X + U + I_{px} + I_{pu} + I_{xu} + I_{pxu}$$

Dabei ist d gleich der Differenz der Mittelwerte von Nachhermessung minus Vorhermessung. P und X sind bereits definiert. U soll unkontrollierte Einflüsse repräsentieren. Die
folgenden vier Ausdrücke stellen sämtlich Interaktionsglieder dar (deshalb der Buchstabe "I"), wobei hier alle im Falle einer linear-additiven Gleichung gegebenen Interaktionsmöglichkeiten ausgeschöpft sind.

Werden mehrere Symbole bei den Anordnungen untereinander
geschrieben, so bedeutet gleiche Höhe auch Gleichzeitig-
keit, Verschiebung nach rechts einen späteren Zeitpunkt
(und umgekehrt nach links).

8.1.1. Einmalige Untersuchung eines Einzelfalls

(1)   X   M

Diese gelegentlich in der Praxis verwendete Versuchsanordnung, bei der einer Gruppe ein Stimulus ohne Vorhermessung
präsentiert wird, dessen Auswirkungen nachher gemessen werden, ist für (sozial)wissenschaftliche Aussagen völlig ungeeignet. Denn es fehlt die Möglichkeit des Vergleichs. In
diese Versuchsanordnung sind keinerlei Kontrollmöglichkeiten eingebaut. Werden Vergleiche vorgenommen, dann höchstens

---

1) Bei der Darstellung der Anordnungen in Gleichungsform
   wird das Symbol P (für Pretest) gewählt, um das Verständnis zu erleichtern. Bei den anderen Schemata wird M (mit
   entsprechenden zeitlichen Suffixen) als Symbol für Messung gewählt.

implizit oder auf intuitive Art. C a m p b e l l und
S t a n l e y (1966, S. 7) sprechen hier von einer "mis-
placed precision". Hätte man die Gruppe wenigstens in zwei
Hälften aufgeteilt, so wäre zumindest eine gewisse Vergleichsbasis geschaffen worden. So kann man dem Stimulus
keine Wirkung zurechnen, da die durch X verursachten Effekte trotz Nachhermessung in Wirklichkeit nicht meßbar
sind, denn es fehlt der Vergleichsmaßstab. K e r l i n -
g e r (1965, S. 294-295) nennt die Freudschen Analysen
neurotischen Verhaltens als Beispiel für diese Versuchsanordnung.

Alle beim Experiment denkbaren Fehler sind hier vertreten.
Sie sollen zweckmäßigerweise aber erst bei späteren, an-
spruchsvolleren, Anordnungen diskutiert werden.

8.1.2.   <u>Vorher- und Nachhermessung derselben Gruppe</u>

(2) M_1 X M_2

Bei dieser in der Praxis häufig und in den Naturwissenschaften sehr erfolgreich angewandten (vgl. Kap. 5.6.1.) Anordnung
wird dieselbe Gruppe vorher und nachher gemessen. Doch ist es
auch mit dieser Anordnung nicht möglich, Alternativeinflüsse
zu kontrollieren. C a m p b e l l und S t a n l e y
diskutieren explizit fünf Störgrößen.

Zeiteinflüsse als Alternativerklärung sind umso wahrscheinlicher, je größer der zeitliche Abstand zwischen erster und
zweiter Messung ist. Aber auch kürzere Zeitspannen, die sich
z.B. in bestimmten Stimmungen bei den Vpn äußern, können u.U.
bereits verzerrend wirken. Die Autoren (1966, S. 7) erwähnen
ein Experiment von C o l l i e r aus dem Jahre 1940, in
dem der im Experiment zu messende Einfluß von Nazi-Propaganda

konfundiert wurde durch die Verbreitung der französischen
Niederlage.

Für biologisch-psychologische Veränderungen gilt in etwa
das gleiche. Je weiter die Messungen auseinander liegen,
desto größer ist die Wahrscheinlichkeit, daß sich in dem
zu untersuchenden "Organismus" irgendwelche Veränderungen
"von selbst" abgespielt haben.

Meßeffekte können sich ebenfalls auswirken. Die erste Messung kann die Vpn in bestimmter Hinsicht sensibilisieren,
z.B. bei Intelligenztests, Vorurteils- oder Achievement-
tests, so daß die Probanden bei der zweiten Messung einen
höheren oder niedrigeren Wert erreichen. Diese Sensibilisierung für bestimmte Problemstellungen (s. dazu auch Kap.
8.2.1.) kann sich in Lerneffekten äußern. Wer sich einem In-
telligenztest vor nicht allzu langer Zeit unterzogen hat,
wird beim zweiten Mal mit weniger Zeit für die einzelnen
Aufgaben auskommen.

Entscheidend ist, ob es gelingt, die Vp sozusagen zu über-
listen, sie zumindest im Unklaren zu lassen über die dem
Experiment zugrundeliegende Absicht. Hierfür muß der Vl oft
auf Täuschungsmanöver zurückgreifen (s. dazu in Kap. 13. und
14.). Messungen sollten also möglichst nicht-reaktiven Charakter haben (d. h. den Befragten nicht zu einer Zusatzreak-
tion eben durch die Messung selbst veranlassen, s. Kap. 13.).

Veränderungen in den Meßinstrumenten als vierte Alternativerklärung bei Anordnung (2) können z.B. in einer Veränderung
der Beurteilungsmaßstäbe liegen, aber auch in Lern-, Ermü-
dungseffekten usw. der Beobachter.

Schließlich ist auch die Alternativerklärung[1] durch "statistische Regression" möglich. Wenn man Vpn auf Grund von Extremwerten bei der ersten Messung auswählt, dann besteht bei der zweiten Messung die Tendenz, daß sich die Vpn dem Mittelwert annähern, da der Variationsspielraum nach der Seite des Extremwertes oder der Extremwerte bereits eingeengt ist. Diese Veränderungen von der ersten zur zweiten Messung sind aber nicht gleich dem Einfluß von X. Der Extremwert bei der ersten Messung kann zustandekommen durch Zufall (Glück, Pech usw. des Befragten) sowie durch Verzerrungen bei den Messungen. Bei einer Auswahl der Vpn nach Extremwerten findet eine Abweichung von der zufälligen Merkmalsstreuung statt. Ceteris paribus gilt: je größer die Auswahlverzerrungen, desto größer die Wahrscheinlichkeit von Regressionseffekten. Das Ausmaß der Regressionseffekte hängt außerdem von der Wahl der Regressionsgeraden ab (ob man also eine Vorhersage auf der Basis der ersten Messung macht oder ob man umgekehrt den ersten Wert auf der Basis der zweiten Messung schätzt: umgekehrte Zeitkontrolle - "time-reversed control"). Ceteris paribus gilt: je niedriger die Korrelation zwischen erster und zweiter Messung, desto eher eine Mittelwertregression. Für eine genauere Darstellung der Regressionsproblematik sei hier auf die Literatur verwiesen (z.B. Campbell und Stanley, 1966, S. 10-12, und die dort angegebene Literatur; Campbell und Clayton, 1961; Hovland et al., 1949, S. 329-340).

---

1) Zur Verdeutlichung sei noch einmal betont, daß jede Störgröße beim Experiment eine Alternativerklärung sein kann. Alternativerklärung ist nicht so zu verstehen, als ob diese Störgröße anstatt der experimentellen Variable gänzlich den beobachteten Effekt erklären können muß. Es ist durchaus möglich, daß additive oder interaktive Beziehungen zwischen beiden vorliegen. In dieser Arbeit werden Störgröße und (mögliche) Alternativerklärung weitgehend synonym gebraucht.

Statistische Regressionseffekte sind - wie angedeutet - dann wahrscheinlich, wenn bewußt eine Extremgruppe für ein Experiment ausgewählt wird. Wird aber eine Gruppe zufällig gebildet und stellt sich dann ein extremer Mittelwert heraus, so "ist die a priori Erwartung weniger groß, daß der Gruppenmittelwert beim zweiten Test Regressionseffekte aufweisen wird" (Campbell und Stanley, 1966, S. 11).

Das Fazit über die Leistungsfähigkeit von Anordnung (2) lautet: Man kann nicht feststellen, ob irgendwelche der fünf genannten alternativen Einflüsse gewirkt haben. Zu dieser Anordnung sind noch einige weitere kritische Einwände zu machen, doch sollen diese erst bei der Darstellung anderer Anordnungen erwähnt werden.

R o s s   und   S m i t h   (1968, S. 355-356) präzisieren durch simultane Gleichungen die Zahl der Voraussetzungen, die bei der genannten Versuchsanordnung erfüllt sein müssen. So müssen für die Ausgangsgleichung im Falle der Anordnung (2) 6 Voraussetzungen erfüllt sein, um die Gleichung zu lösen, d.h., d dem experimentellen Stimulus X zurechnen zu können. Insgesamt gibt es 7 Möglichkeiten, diese Voraussetzungen zu wählen. Damit zeigt sich auch rein numerisch, wie unzureichend der obige Versuchsplan ist. Noch vernichtender ist das Urteil über Anordnung (1), bei der noch nicht einmal die Differenz zwischen Vorhermessung und Nachhermessung (d) errechnet werden kann. Für Details über die Voraussetzungen und Lösungsmöglichkeiten der verschiedenen Gleichungen sei hier summarisch auf Ross und Smith (1968, S. 352-373, vor allem auf die Tabelle auf S. 356-357) hingewiesen. Bei einigen der nachfolgenden Anordnungen wird auf die jeweiligen mathematischen Voraussetzungen noch kurz eingegangen. Für die weiteren Anordnungen gelten die Überlegungen analog, weshalb dann auf eine Darstellung verzichtet wird.

8.1.3. Statischer Gruppenvergleich

$$(3) \qquad X \qquad M_1$$
$$\text{-------}$$
$$M_2$$

Bei dieser Anordnung werden zwei unterschiedliche Gruppen
miteinander verglichen, wobei allerdings nur eine dem experimentellen Stimulus ausgesetzt war. Außerdem ist keine
Gewähr gegeben, daß die beiden Gruppen auch tatsächlich bis
auf den experimentellen Stimulus gleich waren. Es fehlt die
Faktorenkontrolle durch Randomisierung.

Zwei Alternativerklärungen werden von C a m p b e l l und
S t a n l e y diskutiert. Die Auswahl der Personen kann
u.U. den Unterschied zwischen M_1 und M_2 erklären, nämlich
dann, wenn eine Selbstauswahl der Vpn bereits Unterschiede
zwischen beiden Gruppen repräsentiert, die dann fälschlicherweise X zugerechnet werden.

Zum anderen könnte als Alternativerklärung der Faktor "Mor-
talität" wirken, da die Personen der beiden Gruppen u.U. un-
terschiedlich aus den Gruppen ausscheiden, je länger die
Zeitspanne zwischen experimentellem Stimulus und den beiden
Messungen ist, so daß eine anfang vielleicht gewährleistete
Gleichheit der Gruppen nicht mehr gegeben ist.

Campbell und Stanley erörtern die Anordnungen (1) bis (3)
hauptsächlich, um die (in Kap. 7. genannten) Validitätsfak-
toren zu illustrieren. Bessere Aussagemöglichkeiten als die
ersten drei Anordnungen bietet die nachfolgende Gruppe von
Designs.

8.2.   Echte experimentelle Versuchsanordnungen

Die folgenden 4 Anordnungen gehören zu den "echten" experimentellen Versuchsanordnungen. Besonders die Anordnungen (4)
und (5) werden sehr häufig verwendet. Anders als bei den Anordnungen (1) bis (3) läßt sich ihre Verbreitung auch recht-
fertigen, denn beide Anordnungen ermöglichen auf ökonomische
Weise eine Vielzahl von Kontrollen. C a m p b e l l und
S t a n l e y empfehlen diese Anordnungen nachdrücklich.
Dennoch zeigen sich auch hier einige Schwierigkeiten bei der
externen Validität.

Bei allen vier folgenden Anordnungen wird ein Vergleich an-
gestellt, der eigentlich einer Spezifizierung bedarf, auf die
Campbell und Stanley hinweisen (1966, S. 13). Immer werden
Gruppen verglichen, die dem experimentellen Stimulus ausgesetzt bzw. nicht ausgesetzt waren, wobei die Alternative
scheint: Entweder ist der experimentelle Stimulus vorhanden
oder nicht vorhanden. In Wirklichkeit müßte der Vergleich
lauten X_1 vs. X_2 (z.B.), denn während der Versuchsgruppe
der Stimulus präsentiert wird, bleibt die Kontrollgruppe ja
nicht ohne Aktivität. Meist unterziehen sich ihre Mitglieder
irgendwelchen Beschäftigungen, die der Ablenkung dienen sollen. Allerdings scheint hier der Gebrauch der Symbole bei
Campbell und Stanley irreführend. Statt den Vergleich von X
und $\sim$X zu präzisieren als X_1 vs. X_2 ... X_n, erscheint es
angebrachter, andere Symbole zu wählen wie z.B. A, B usw.,
denn die Symbole X_1 ... X_n deuten auf eine Variierung des
experimentellen Stimulus, wie sie in den sogenannten faktoriellen Versuchsplänen (s. Kap. 8.4.7.) zu finden ist. Allerdings kann auch eine Aktivität, die die Kontrollgruppe ablen-
ken oder einfach beschäftigen soll, Ähnlichkeit mit dem experimentellen Stimulus haben. Dennoch erscheint es zweckmäßiger,
die hier vorgeschlagene Symbolisierung zu wählen. Entscheidend
bleibt der Hinweis der beiden Autoren, daß die zwischenzeitlichen Aktivitäten der Kontrollgruppe oft nicht näher kontrol-

liert werden, wodurch sich Fehler einschleichen können.

8.2.1. Vorher-Nachher-Messung mit Kontrollgruppe

$$(4) \qquad R \qquad M_1 \qquad X \qquad M_2$$

$$R \qquad M_3 \qquad M_4$$

Bei dieser - wie schon mehrfach (vgl. z.B. Kap. 5.6.2.) gesagt - auch als "klassisch" bezeichneten Versuchsanordnung
werden die Individuen nach dem Zufallsprinzip ausgewählt und
auf Experimental- und Kontrollgruppe verteilt. Beide Gruppen
werden vor dem eigentlichen Experiment gemessen. X wird dann
in die Versuchsgruppe eingeführt. Schließlich werden beide
Gruppen nach der Darbietung der experimentellen Variable
noch einmal gemessen, um deren Einfluß auf die abhängige
Variable festzustellen.

Obwohl schon P a s c a l (wie ähnlich auch B a c o n
und H u m e) im 17. Jahrhundert die Grundgedanken dieser Anordnung bewußt waren und M i l l mit seiner Kombination von Differenz- und Übereinstimmungsmethode eine
Kontrollgruppe voraussetzen mußte (was bei Mill aber nicht
expliziert wurde, s. Boring, 1954, S. 577 f.; 1969, S. 1-2),
hat es laut S o l o m o n (1949) bis Anfang des 20. Jahrhunderts gedauert, bis diese Versuchsanordnung tatsächlich
realisiert wurde, und zwar durch T h o r n d i k e und
W o o d w o r t h im Jahre 1901 (1901). B o r i n g
(1969, S. 5) hält allerdings ein Experiment von W i n c h
aus dem Jahre 1908 über die Verbesserung der Gedächtnislei-
stung bei Schulkindern für den ersten sorgfältigen Kontroll-
gruppen-Versuchsplan.

Nach B o r i n g (1969, S. 2) bedeutet "Kontrolle" ursprünglich "counter-roll", gewissermaßen eine verbindliche
Liste, gegen die dann spezielle Listen gehalten wurden (s.
auch die vier weiteren Bedeutungen von "Kontrolle" bei Boring, 1969, S. 3-5).

Die Kontrollgruppen-Anordnung (4) wird u.a. notwendig, um
die additiven Auswirkungen der Vorhermessung, von Reifungsprozessen und von zeitlichen Einflüssen kontrollieren zu
können. Sollen z.B. letztere ausgeschaltet sein, so müssen
sie in gleicher Weise auf die Versuchsgruppe und die Kontrollgruppe gewirkt haben. Allerdings werden mit dieser Anordnung nicht die Einflüsse kontrolliert, die - den experimentellen Stimulus außer Betracht gelassen - n u r in
der Experimental- oder der Kontrollgruppe auftreten. Diese
mögliche Alternativerklärung kann aber teilweise"kontrolliert"werden z. B. durch unterschiedliche Vl (s. Kap. 13.1.3.)
oder eine simultane Sitzung, in der mehrere Experimental-
gruppen und Kontrollgruppen manipuliert werden und ihre Funktionen gegenseitig übernehmen (s. dazu auch Kap. 8.4.7.).

Reifungseinflüsse sowie Störeffekte durch Meßoperationen, und
zwar im letzteren Falle allein durch Meßoperationen ohne Interaktionseffekt, sollten sich in beiden Gruppen in gleicher
Weise zeigen.

Effekte durch Veränderungen in den Meßinstrumenten können
vermieden werden, indem die Variation des Meßinstrumentes
während der Sitzungen ausgeschaltet wird, z.B. durch eine
gedruckte Vorlage statt mündlicher Instruktionen (vgl. auch
Kap. 13.1.3.).

Sofern es der Versuchsplan gestattet, können die Vpn und
auch die Vl durch Zufall einzelnen Gruppen zugewiesen werden, ohne zu wissen, mit welchen Gruppen sie es zu tun ha-

ben. Dies erscheint dann sinnvoll, wenn von der Fragestellung des Experiments her die Reaktionen der Vpn und die Erwartungen der Vl in der Weise beeinflußt werden, daß das Versuchsergebnis nicht mehr allein dem experimentellen Stimulus zuzurechnen ist. In einem solchen Fall wird z.B. in der pharmakologischen Forschung häufig das sogenannte D o p p e l b l i n d v e r f a h r e n angewandt. Will man etwa die Wirkung eines Potenzmittels testen (um hier einmal das übliche Beispiel des Schlafmittels durch ein drastischeres zu ersetzen, das die Suggestivwirkung besonders gut veranschaulicht), dann wird man die Vpn, die Vl und die Ehefrauen uninformiert lassen, wer nun tatsächlich den experimentellen Stimulus bekommen hat. Die Kontrollgruppe bekommt das sogenannte Placebo, den äußerlich und geschmacklich vollkommen gleichen "Stimulus". Man stelle sich einmal vor, eine Vp weiß, daß sie das Testmittel bekommen hat, und dennoch klappt "es" nicht. Es ist zu erwarten, daß die Zahl der positiven Antworten systematisch nach oben verzerrt ist. Dies mag in diesem Fall auch für die Kontrollgruppe gelten, denn schließlich handelt es sich um einen "psychologisch stark normierten" Sachverhalt. Eine Befragung der Ehefrauen im Rahmen dieses Doppelblindversuchs scheint eine wirksame Kontrolle zu gewährleisten. Im Falle eines Doppelblindversuchs über die Wirksamkeit eines Schlafmittels ergeben sich wahrscheinlich weniger Verzerrungsmöglichkeiten. Zumindest ist es hier wahrscheinlich, daß man Suggestivwirkungen durch den Doppelblindversuch ausschalten kann.

Allgemein scheint zu gelten, daß sich der Doppelblindversuch empfiehlt, je mehr eine Fragestellung suggestiven Charakter hat oder "normiert" ist. In anderen Fällen erscheint diese Vorgehensweise nicht angebracht, da sie wesentlich höhere Kosten verursacht und sich die Kontrolle auch anders erreichen läßt.

Eine weitere Kontrolle von Effekten der Meßinstrumente neben der Standardisierung der Versuchsinstruktionen läßt sich durch eine systematische Beobachtung der Interaktionen während einer experimentellen Sitzung erreichen. Ein zusätzliches Hilfsmittel ist der Rückgriff auf einen unparteiischen Sachverständigen, etwa einen Kollegen, der die Beobachtungsmaterialien, z.B. Filme oder Tonbandprotokolle, auswertet.

Regressionseffekte sind dann kontrolliert, wenn bei beiden Gruppen die Vpn aus den entsprechenden Extremgruppen gewählt werden. Für auch bei dieser Versuchsanordnung bestehende Möglichkeiten der Fehlinterpretation durch Nichtberücksichtigung von Regressionsartefakten sei auf die kurze Diskussion bei C a m p b e l l und S t a n l e y (1966, S. 15) verwiesen.

Auswahleffekte können durch Randomisierung kontrolliert werden, wobei generell gilt: Die Wahrscheinlichkeit eines geringen Zufallsfehlers steigt mit der Zahl der zufällig auf Kontroll- und Experimentalgruppe verteilten Vpn. Im übrigen ist auf die oben (Kap. 6.3.4.) dargestellten Kontrolltechniken zu verweisen.

Verzerrungen durch unterschiedliche Ausfälle können aus den verschiedensten Gründen bedingt sein und sind am ehesten dort zu erwarten, wo Kontroll- und Experimentalgruppe zu unterschiedlichen Zeitpunkten zusammengestellt und kontrolliert werden. Je weiter diese Zeitpunkte auseinanderliegen, desto größer ist die Wahrscheinlichkeit, daß bestimmte Faktoren zu unterschiedlichen Ausfällen in Experimental- und Kontrollgruppe geführt haben.

Insgesamt gewährleistet Anordnung (4) eine Kontrolle der Faktoren, die sich auf die interne Validität, also auf die inhaltliche Gültigkeit der Messungen im Rahmen des Experiments, auswirken können.

Campbell und Stanley charakterisieren die Störgrößen auch
in einer anderen Terminologie, die oben in Kap. 6.2. schon
kurz gestreift wurde. Und zwar kann man sich die Störgrößen
auf die interne Validität auch als Haupteffekte ("main effects") denken, während die Faktoren, die die externe Validität gefährden, immer als Interaktionsterme wirken. Interaktionseffekte liegen dann vor, wenn z.B. X   z u s a m -
m e n   mit einer anderen Variable wirkt, also eine Spezifizierung von X vorliegt, Selbstverständlich gibt es auch
Interaktionseffekte ohne X, die sich auf das Experimentaler-
gebnis auswirken.

Faßt man die Diskussion über die interne Validität von Anordnung (4) zusammen, so gilt streng genommen, daß die beobachteten Effekte von X spezifisch sein mögen für Gruppen,
die dem Pretest ausgesetzt waren (Campbell und Stanley,
1966, S. 17).

Offen bleibt die Frage, ob die Ergebnisse auch extern gültig
sind. Allerdings läßt sich eine absolute externe Gültigkeit
schon rein logisch nicht erzielen, da die Frage, ob bislang
beobachtete Gesetzmäßigkeiten auch für alle zukünftigen Ereignisse gelten, sich nicht positiv beantworten läßt. Man
weiß nie genau, wie alle diesbezüglich relevanten zukünftigen Ereignisse ausfallen, selbst wenn man sie auch z. T.
treffend vorhersagen kann. Ein positiver Beweis, daß das
Kriterium der externen Validität erfüllt ist, ist nicht möglich, was   P o p p e r   (1959) in seiner Auseinandersetzung
mit der Induktionsproblematik nachgewiesen hat. Die einzige
Gewähr, daß Experimentalergebnisse mehr als nur interne Validität beanspruchen können, bieten vielfältige Wiederholungen mit variierten Anordnungen und unter variierten und kontrollierten Bedingungen. Werden Aussagen gemacht, die externe Validität beanspruchen, so handelt es sich dabei im strengen Sinne um Extrapolationen oder "begründete Vermutungen".
Allgemein läßt sich die Regel aufstellen (Campbell und Stan-

ley, 1966, S. 18): Die Experimentalbedingungen sollten den
Bedingungen der Realität außerhalb des Labors möglichst ähnlich sein oder - in der Terminologie von B r u n s w i k
(1949, 1955, 1956) - "ökologische Validität" besitzen (s.
dazu Kap. 8.3.4.1.). Gilt diese Forderung für Naturwissenschaften und Sozialwissenschaften gleichermaßen, so stellt
sich das Problem der externen Gültigkeit von Experimentaldaten in den Sozialwissenschaften mit wesentlich größerer
Schärfe, weil dort die Standardisierung von Raum-Zeit-Ein-
flüssen (vgl. auch Kap. 5.6.) im allgemeinen mehr Schwierigkeiten bereitet.

Betrachten wir noch einmal die Ausgangsgleichung, so zeigt
sich, daß man mit Versuchsanordnung (4) neben P die Variablengruppe U und I_{pu} kontrollieren kann (wenn man annimmt,
daß in der Versuchs- und in der Kontrollgruppe die "unkontrollierten" Einflüsse U gleichmäßig einwirken), daß aber
die 3 Interaktionsterme nicht identifiziert werden können,
man dafür also bestimmte Annahmen machen muß.

Folgende Gleichungen ergeben sich (vgl. Ross und Smith,
1968, S. 355-358; 1965, S. 70-72):

$$d_1 = P + X + U + I_{px} + I_{pu} + I_{xu} + I_{pxu}$$

$$d_2 = P \quad\quad + U \quad\quad\quad + I_{pu}$$

wobei d_1 die Differenz zwischen Vorher- und Nachhermessung
in der Versuchsgruppe, d_2 die Differenz in der Kontrollgruppe anzeigen soll. In der zweiten Gleichung fallen selbstverständlich alle Einwirkungen von X, sei es als Haupteffekte, sei es als Interaktionsterme, aus. So bleibt nur das In-
teraktionsterm I_{pu} übrig, das die gemeinsame Wirkung von unkontrollierten Faktoren und Vorhermessung angibt. Da wir annehmen, daß - wie bei allen Parallelgruppenanordnungen - unkontrollierte Einflüsse auf die parallelen Gruppen in gleicher

Weise wirken, erhalten wir, wenn wir die zweite Gleichung
von der ersten abziehen:

$$d_1 - d_2 = X + I_{px} + I_{xu} + I_{pxu}$$

In dieser Gleichung verbleiben 4 Unbekannte. Jede Art, diese Gleichung zu lösen, setzt die Annahme von 3 Werten voraus. Anordnung (4) mit Pretests in beiden Gruppen verursacht
also 3 neue Interaktionsterme, die z. B. in Anordnung (5)
wegfallen. Insgesamt haben wir 7 Unbekannte und 2 Gleichungen, so daß Werte für 5 Variablen angenommen werden müssen,
wobei die Annahme bezüglich U ja durchaus gerechtfertigt ist.
Insgesamt gibt es 12 Möglichkeiten, die Variablen zu wählen,
für die bestimmte Werte angenommen werden, wobei es wiederum
nur 3 Möglichkeiten gibt, in denen X nicht gewählt wird.

Damit ist diese Anordnung doch wesentlich komplexer, als man
zunächst meint. Zwar läßt sich mit Anordnung (4) ein größe-
res Maß an interner Validität erzielen als mit den Anordnungen (1) bis (3). Versuchsanordnung (4) erlaubt es, reine
Meßeffekte wie auch die genannten Alternativerklärungen -
hier unter U zusammengefaßt - auszuschalten. Diese würden
sich bei Experimental- und Kontrollgruppe in gleicher Weise
äußern. Doch die Schattenseiten dieser Anordnung, die Interaktionseffekte, lassen sich bis auf I_{pu} nicht ausschalten.
Mit Anordnung (4) lassen sich somit nicht Faktoren kontrollieren, die sich auf die externe Validität auswirken. Will
man diese Interaktionsterme kontrollieren, dann müssen dafür andere Techniken verwandt werden (vgl. Kap. 8.2.3.,
8.2.4. und 8.4.11.).

Inhaltlich können sich diese Interaktionseinflüsse (vgl. zum
nachfolgenden Selltiz et al., 1966, S. 115 ff., mit Untersu-
chungsbeispielen; Hovland et al., 1949, S. 310 ff.) z.B. als
Kristallisierung von Einstellungen äußern (die Richtung einer
Einstellung, die mit dem Pretest gemessen wurde, wird durch

den experimentellen Stimulus und den Posttest nur noch verstärkt) oder als eine Abnahme des guten Willens der Vp, die
sich beim zweiten Mal gelangweilt fühlt. Um dieses abnehmende
Interesse am Experiment seitens der Vp zu verhindern, sind
mitunter sehr komplexe "Täuschungsmanöver" nötig, auf die
in Kap. 14. eingegangen wird. Eine Kristallisierung der Einstellungen kann auch dadurch hervorgerufen werden, daß die
Vp bei der Nachhermessung in ihren Einstellungen konsistent
bleiben möchte. Eine weitere Interaktionsverzerrung liegt
darin, daß die Vp ihre zweite Antwort durch eine Variierung
"interessanter" gestalten möchte. Um diese Effekte des Meß-
prozesses auszuschalten, verzichtet man u. U. auf eine Vorhermessung oder nimmt sie bei der Kontrollgruppe vor und ge-
neralisiert dann auf die Experimentalgruppe. Auf die Vor-
und Nachteile solcher Strategien wird noch einzugehen sein,
wenn andere Formen der Zwei-Gruppen-Anordnung diskutiert
werden (vgl. z.B. Kap. 8.2.2.).

Die beschriebenen Interaktionsmöglichkeiten illustrieren die
Interaktionswirkung von Pretest und X, von Posttest und X
und von allen drei Größen gemeinsam.

Allgemein wird dem Pretest ein Sensibilisierungseffekt zugeschrieben, der sich in einer der genannten Formen beim Posttest äußern kann. S o l o m o n (1949) hat als erster in
systematischer Weise auf die Einflüsse des Messens, hauptsächlich der Vorhermessung (als Haupteffekt und als Interaktionseffekt in Verbindung mit X) auf die abhängige Variable
hingewiesen.

Doch hat der Pretest bei Experimental- und Kontrollgruppe
auch beträchtliche Vorteile. So ist es durch ihn möglich,
Veränderungen bei denselben Individuen bzw. Gruppen zu messen. Man ist nicht auf Extrapolationen angewiesen, da die Daten über die Individuen bzw. Gruppen vorliegen, über die auch

Aussagen gemacht werden sollen. Ferner bietet die Vorhermessung die Möglichkeit, Einflüsse von X bei unterschiedlichen Ausgangspositionen zu messen (s. dazu auch Kap. 8.4.7.), und schließlich kontrolliert man nochmals, ob Experimental- und Kontrollgruppe vor dem Versuch tatsächlich gleich waren.

Will man z.B. die Wirksamkeit bestimmter Werbemaßnahmen messen, dann erscheint es sinnvoll, die Kenntnis bestimmter Produkte von vornherein zu egalisieren. Andernfalls bewirkt man den sogenannten "ceiling effect" (Hovland et al., 1949): einem Teil der Individuen der Experimentalgruppe ist von vornherein der Variationsspielraum im Hinblick auf die abhängige Variable beschnitten. Wäre ihnen das entsprechende Produkt nicht bekannt, so ergäbe sich ein wesentlich größerer Reaktionsspielraum, der es erlauben würde, die Wirksamkeit einer bestimmten Werbemaßnahme abzuschätzen.

So aber ist dieses "Erfolgskriterium" nicht vorhanden. Das Experiment wäre im Hinblick auf die gestellte Frage ohne Egalisierung fruchtlos.

Die Verwendung von Pretests ist jedoch dann fragwürdig, wenn sie eine Sensibilisierung der Vpn hervorrufen (z.B. bei Einstellungsfragen), die zu Interaktionseffekten von irgendwelchen externen Einflüssen mit dem experimentellen Stimulus oder der Nachhermessung führt und sich verzerrend auf das Versuchsergebnis auswirkt. Pretests sollten nach C a m p - b e l l und S t a n l e y (1966, S. 18) dann vermieden werden, wenn sie - einen bestimmten Informationsstand über bisherige Resultate auf diesem Gebiet beim Forscher vorausgesetzt - zu einer Bestätigung einer Hypothese führen. Will man z.B. die Auswirkungen von "vorurteilsfreier" Information auf Personen mit Vorurteilen erforschen, dann besteht u.U. die Gefahr, daß der Pretest diese Leute überhaupt erst auf ihre Vorurteile aufmerksam macht und in der Folge zu einer Redu-

zierung dieser Vorurteile - unabhängig vom experimentellen
Stimulus - führt.

L a n a   (1969) stellt einige Befunde zusammen, die mit
dieser Anordnung (4) und der Solomon-Vier-Gruppen-Anordnung
(s. Kap. 8.2.4.) erzielt wurden. Danach zeigen sich keines-
wegs konsistente Sensibilisierungseffekte. Damit werden auch
einige Einwände gegen Anordnung (4) weniger scharf formuliert
werden müssen.

Bei Experimenten zum Einstellungswandel, die einseitige Kom-
munikation als experimentellen Stimulus verwenden, hat der
Pretest kaum einen positiven (= den Effekt des experimentellen Stimulus vergrößernden) Einfluß, eher sogar eine negative
Auswirkung. Der Test für die Hypothese des Forschers wird
strenger, was die Chance eines nach einer Konvention als Fehlertyp II bezeichneten Fehlers vergrößert. (Ein Fehler von
Typ I führt dagegen zu einer leichteren Zurückweisung der
Nullhypothese und damit zur schnelleren Bestätigung der eigenen Hypothese des Forschers.)

Bei zweiseitiger Information zeigen sich Sensibilisierungseffekte durch den Pretest deutlicher (s. auch die Übersicht
bei Lana, 1969, S. 136).

Pretesteffekte lassen sich ceteris paribus umso eher reduzieren, je geringer die Ähnlichkeit der zweiten Messung mit der
ersten ist. Dabei muß oft mit Täuschungsmanövern gearbeitet
werden, um den Vpn die Intention des Experiments nicht deutlich werden zu lassen.

Eine weitere Möglichkeit zur Reduzierung von Pretesteffekten
wäre, die Bedeutung der ersten Messung weniger offensichtlich
für die Vpn zu machen.

Behält man gleiche Meßinstrumente bei, dann könnte man geneigt sein, Pretesteffekte durch eine Vergrößerung der zeitlichen Spanne zwischen erster und zweiter Messung zu reduzieren, doch vergrößert diese Kontrollstrategie die Chance der Alternativerklärung durch zwischenzeitliche Einflüsse.

Oft verzichtet man auch auf einen Pretest und versucht, sich auf andere Weise Daten über die Ausgangsposition der Vpn zu beschaffen. Diese Strategie erscheint auch bei anderen Anordnungen angebracht.

Die genannten Kontrollstrategien lassen sich in einer Regel von C a m p b e l l und S t a n l e y (1966, S. 18) zum großen Teil zusammenfassen: Werden ungewöhnliche Testverfahren verwandt oder verlangen die verwandten Testverfahren ein ungewöhnliches Ausmaß an Täuschungsmanövern und Künstlichkeit usw., dann empfiehlt es sich, auf den Pretest zu verzichten und Gruppen ohne Pretest zu wählen (s. dazu Kap. 8.2.2.).

Die Frage der Interaktionswirkung von Selektion der Vpn und X wurde oben schon angeschnitten. Je mehr sich zeigen läßt, daß die gewonnenen Ergebnisse für eine Reihe von Anordnungen mit unterschiedlichen Vpn gültig sind, desto eher können die Ergebnisse auch externe Validität beanspruchen. Gilt dies nicht, so kann die Gültigkeit der experimentellen Ergebnisse nur für die für das Experiment ausgewählten Vpn akzeptiert werden. Eine wiederholte Prüfung theoretisch behaupteter Zusammenhänge in anderen experimentellen Anordnungen und mit anderen Vpn ist bei der Anordnung (4) umso wichtiger, weil hier ein besonders hohes Maß an Kooperationswilligkeit von den Vpn verlangt wird, die sich ja zweimal testen lassen müssen.

Die generelle Regel lautet hier (Campbell und Stanley, 1966,
S. 19): "Je größer das Ausmaß an Kooperation, je größer die
Unterbrechung von Routine und je höher die Verweigerungsrate,
desto größer ist die Möglichkeit, daß sich ein Selektionsef-
fekt zeigt" ("selection-specificity-effect"), daß also keine
Zufallsauswahl gewährleistet ist.

Campbell und Stanley diskutieren dann noch andere mögliche
Interaktionseffekte bei dieser Anordnung, von denen nur einige hier erwähnt seien.

Ein Interaktionseffekt von bestimmten Meßinstrumenten und X
ist umso eher auszuschließen, je häufiger das gleiche Ergebnis mit unterschiedlichen Meßinstrumenten erzielt wird
(s. auch Kap. 8.3.4.1.).

Die Interaktion von biologisch-psychologischen Veränderungen
und X wirkt ähnlich wie bestimmte Selektionseffekte. Die Ergebnisse treffen u.U. nur für bestimmte Personengruppen zu,
die durch genuine physiologische Zustände, z.B. Müdigkeit
oder Stress, gekennzeichnet sind.

Ein Interaktionseffekt von zeitlichen Einflüssen und X verweist auf die zeitlichen Bedingungen, unter denen das Experiment durchgeführt wird. Soll er ausgeschaltet werden, so muß
das Experiment zu unterschiedlichen Zeiten wiederholt werden,
um allgemeinere Aussagen zu ermöglichen. Da dieser Faktor
aber in   a l l e   Anordnungen verzerrend hineinspielt (wenn
man universelle Gültigkeit der gefundenen Ergebnisse anstrebt),
wird er von Campbell und Stanley nicht in die Kontroll-Liste
mitaufgenommen.

Einige der angeführten Interaktionseffekte resultieren aus
Versuchsanordnungen und -instruktionen, die in einem erhöhten
Ausmaß "künstlich" auf die Vpn wirken. Das kann bei den Vpn

zu Einstellungen führen wie: "Ich bin Teilnehmer an einem
Quiz und gebe eine sozial erwünschte Antwort" (vgl. Hovland
et al., 1949, S. 309); "es ist doch alles nur Spiel"; "ich
diene nur als Versuchskaninchen (Meerschweinchen)" (vgl. den
Hawthorne-Effekt in Kap. 1.5.); "ich will den Vl mal aus-
tricksen". Solche Einstellungen können z.B. aus der Auswahl
der Vpn, aus dem Pretest oder aus der Interaktionswirkung
von Pretest und X resultieren. Bereits bei der Auswahl der
Vpn oder Versuchsgruppen sollte vermieden werden, daß ihnen
der Experimentcharakter bewußt wird, damit die geschilderten
Raktionen unterbleiben.

Eine zusätzliche Quelle der Künstlichkeit ist ein Vl, der
den Vpn unvertraut ist. Man tastet sich als Vp dann erst
einmal vorsichtig an den Vl heran. Führt man etwa Experimente in Schulklassen, Büroräumen usw. durch, dann heißt
das praktisch, daß jeweils möglichst Vorgesetzte oder Mitarbeiter der beteiligten Vpn als Vl zu wählen wären. Allerdings hat eine zu große Vertrautheit der Vp mit dem Vl auch
Nachteile, die sich z.B. in den sogenannten "demand-effects"
(s. Kap. 13.2.) äußern können. Man will z.B. mit einem möglichst "positiven" Ergebnis dem Vl einen Gefallen tun.

Als Regel ergibt sich generell, daß man möglichst alle Umstände vermeidet, an die anormale Erwartungen geknüpft werden. Der experimentelle Stimulus sollte in eine soziale Einheit so eingeführt werden, daß die Bezüge innerhalb dieser
Einheit möglichst wenig verfälscht werden. Hilfreich sind
z.B. schriftliche Instruktionen, die anders als bei mündli-
chen Anweisungen die Kenntnisnahme unterschiedlicher Instruktionen seitens der Vpn unmöglich machen oder zumindest er-
schweren (s. auch die bei Webb et al., 1966, beschriebenen
nicht-reaktiven Messungen, die vorwiegend bei Felduntersu-
chungen eingesetzt worden sind, s. auch Kap. 13.).

Bevor kurz einige Ausführungen über statistische Verfahren
eingeschoben werden, die bei Anordnung (4) als einer der
häufigsten Anordnungen (und auch z.T. bei anderen Anordnungen) anwendbar sind, sei noch einmal (vgl. Kap. 5.6.) darauf verwiesen, daß in den Naturwissenschaften, zumal in der
Physik, Experimente ohne Kontrollgruppen als voll gültige
Anordnungen akzeptiert werden. C a m p b e l l (1969,
S. 361) unterstreicht die geringe Interaktionswirkung, die
von Raum-Zeit-Begrenzungen auf das Experiment in den Naturwissenschaften (standardisierte Versuchsanordnung vorausgesetzt) einwirken. Jede Replikation eines naturwissenschaftlichen Experiments ist aber ein Äquivalent zur Kontrollgruppenanordnung in den Sozialwissenschaften. Eine Kontrollgruppe wird in den Sozialwissenschaften neben der Kontrolle unbekannter Faktoren vor allem wegen reaktiver Effekte (die
Übernahme naturwissenschaftlicher Erfahrungen hilft hier
nur begrenzt weiter!) besonders dringlich. Der Behauptung
S i e b e l s (1965, S. 81), Kontrollgruppen seien für
ein sozialwissenschaftliches Experiment nicht erforderlich,
muß auf diesem Hintergrund widersprochen werden, wenngleich
Siebel darin zuzustimmen ist, daß nicht die Kontrollgruppe
als solche, sondern die Vergleichsmöglichkeit das entscheidende Kriterium ist.

8.2.1.1.   <u>Exkurs I: Einige Verfahren der statistischen</u>
           <u>Analyse experimenteller Daten</u>

Zu Recht betonen C a m p b e l l und S t a n l e y ,
daß es gute Versuchsanordnungen auch unabhängig von Signi-
fikanzprüfungen geben kann, wie auch umgekehrt Signifikanztests noch nicht die Vergleichbarkeit der gemessenen Gruppen nachweisen oder kausale Schlüsse auf Grund systematischer Differenzen erlauben (vgl. zu dieser sogenannten Sig-
nifikanzkontroverse Sahner, 1971, S. 169-174; Kish, 1959).
Im Rahmen dieser Darstellung kann auf statistische Verfahren

nicht detailliert eingegangen werden, obwohl F i s h e r s (1960, S. 3) Ausspruch, daß "statistische Verfahrensweise und experimenteller Design nur zwei Seiten desselben Ganzen" sind, eigentlich eine ausführliche methodologische Darstellung erforderte. An den jeweiligen Stellen ist stattdessen auf weiterführende Literatur verwiesen.

Ein in Experimenten sehr häufig angewandter statistischer Test ist der t-Test. Meist werden die Versuchsgruppe wie auch die Kontrollgruppe vorher und nachher gemessen und diese Werte dann miteinander verglichen, indem die Differenz der Messungen an der Experimentalgruppe in den Zähler, die der Kontrollgruppe in den Nenner geschrieben wird. Überschreitet dieser Bruch eine bestimmte Maßzahl ("critical ratio"), dann wird der Unterschied als signifikant interpretiert und - möglicherweise - X die Ursache zugeschrieben. In diesem Fall wird also nicht ein direkter Vergleich zwischen den beiden (absoluten) Werten der Nachhermessungen durchgeführt; verglichen werden nur die Differenzen beider Gruppen. Diese Technik kann sinnvoll ergänzt werden durch randomisierte Versuchspläne wie z.B. das lateinische Quadrat (Kap.8.4.9.) und durch eine Kovarianzanalyse, mit der sich prüfen läßt, wieweit die jeweiligen Pre- und Posttests systematisch variieren, inwieweit Korrelationen vorliegen. Eine solche Kovarianzanalyse wird aber selbstverständlich erst möglich, wenn vorher ein Pretest durchgeführt wurde. Zusätzlich können in einem Pretest (wie auch bei der Nachhermessung) noch Persönlichkeitsmerkmale und andere Merkmale erhoben werden, die dann nachher mit den experimentellen Ergebnissen korreliert werden können.

Für fehlerhafte Anwendungen des t-Tests (z.B. jeweils ein separater t-Test für die Vorher- und Nachherwerte ohne direkten Vergleich von Experimental- und Kontrollgruppe) sei auf die Diskussion bei C a m p b e l l und S t a n l e y (1966, S. 22-23) und die dortige Literatur verwiesen.

Somit ergibt sich ein weiterer Vorteil, der für die Verwendung eines Pretests spricht: Er ermöglicht u.U. (Frage der Zufallsauswahl und des Meßniveaus) die Anwendung zusätzlicher statistischer Verfahren.

Ein weiterer häufig verwandter Test ist der F-Test, der ebenfalls prüft, ob zwischen Experimental- und Kontrollergebnissen ein systematischer Unterschied besteht.

Zur Überprüfung der Signifikanz von Ergebnissen können auch Kreuzvergleiche vorgenommen werden, indem z.B. das Posttest-Ergebnis der Kontrollgruppe mit dem Pretest-Ergebnis der Versuchsgruppe verglichen wird, um festzustellen, ob sich unkontrollierte externe Einflüsse eingeschlichen haben, die diese Differenz auch als signifikant erscheinen lassen und damit die Differenz von Posttest-Pretest in der Versuchsgruppe relativieren.

Auf die Vorgehensweise bei diesen Verfahren wie auf deren Voraussetzungen kann hier nicht eingegangen werden. Auf entsprechende Werke sei verwiesen (s. die Literaturangaben bei Bredenkamp, 1969, S. 352-354, sowie Edwards, 1971; Sahner, 1971; Ackoff, 1962; Kerlinger, 1965; McGuigan, 1968; Cochran und Cox, 1957; Cox, 1958; Quenouille, 1953; Kempthorne und Lorne, 1952; Mittenecker, 1966; Linder, 1969; McCollough und Atta, 1971).

Eine bereits mehrfach angedeutete Versuchsanordnung ist die folgende, die im Vergleich zu (4) Vorteile, aber auch Nachteile hat und die in der Viergruppenanordnung (s. Kap. 8.2.4.) und in anderen wiederaufgenommen wird.

8.2.2. Nachhermessung mit Kontrollgruppe

$$(5) \qquad R \quad X \quad M_1$$

$$R \qquad\quad M_2$$

Bei dieser Anordnung ist die interne Validität gewährleistet, wenn die Randomisierungsbedingung erfüllt ist. Hier wird nur eine Nachhermessung der Experimental- und Kontrollgruppe vorgenommen.   Um   die Vergleichbarkeit beider Gruppen sicherzustellen, muß Randomisierung gewährleistet sein.

Ein Pretest ist also - wie schon mehrfach angedeutet - nicht notwendiger Bestandteil eines Experiments. Notwendig ist dagegen die Kontrolle durch Randomisierung. Anordnung (5) ist besonders dort zweckmäßig, wo mit reaktiven Effekten gerechnet werden muß, d. h., wo durch einen Pretest eine zusätzliche Quelle der Varianz geschaffen wird. Will man z.B. die Wirkung von Innovationen untersuchen, dann ist es u.U. zweckmäßiger, auf einen Pretest zu verzichten (um den Sensibilisierungseffekt zu vermeiden) und sich auf andere Weise Daten über die Ausgangslage beider Gruppen, die gleich sein muß, zu beschaffen.

Design (5) ist in der Anwendung ökonomischer als Design (4), da auf die zusätzlichen Messungen zu Beginn des Experiments verzichtet wird, und immer dann vorzuziehen, wenn das Kriterium der Randomisierung erfüllt ist. Bestehen Zweifel daran, daß eine Randomisierung der Vpn tatsächlich erreicht wurde, erscheint der Rückgriff auf Anordnung (4) zweckmäßiger. Für die externe Validität gelten nicht ganz die gleichen Einschränkungen (s. dazu im folgenden) wie für Anordnung (4). Insgesamt ist der Wert von (5) nicht niedriger als der von (4) zu veranschlagen, eher im Gegenteil (Kostenfaktor).

Für den Fall, daß automatisch Daten erhoben werden, die die
Funktion eines Pretests übernehmen können (z.B. Tests in der
Schule, die mit einer gewissen Regelmäßigkeit von offiziel-
ler Seite erfolgen, oder Tests bei Collegebewerbungen, wie
sie in den USA üblich sind), empfiehlt sich ebenfalls die Anwendung von Anordnung (5). Denn dann ergibt sich neben den
schon für Anordnung (4) erwähnten Analyse- und Testmöglichkeiten zusätzlich die Möglichkeit, durch Vergleich der Ergebnisse von Anordnung (4) und (5) (s. Kap. 8.2.4.) einen
Interaktionseffekt von Ausgangsmessung und experimentellem
Stimulus abzuschätzen und damit zu prüfen, wieweit die Ergebnisse extern gültig sind.[1]

Nochmals: Design (5) empfiehlt sich dort, wo Messungen reaktiven Charakter haben, die Vp also zu den oben bereits genannten (oder anderen verzerrenden) Reaktionsformen "verführt" würde. Ein weiterer (Kosten-)Vorteil liegt darin, daß
durch den Verzicht auf die Vorhermessung die Gesamtdauer eines Experiments u.U. erheblich verkürzt werden kann, nämlich

---

1) Man kann darüber streiten, ob diese "gemischte" Form einer Anordnung nicht eher in dem Kapitel über Anordnung
   (4) zu diskutieren wäre. Aus zwei Gründen geschieht dies
   erst in diesem Kapitel. Zum einen besteht das eigentliche Experiment nur aus der Nachhermessung. Zum anderen
   läßt sich erst mit Anordnung (5) der Interaktionseffekt
   von Pretest-X ausschalten. Besteht aber die Möglichkeit,
   Anordnung (4) und (5) in der genannten Form zu kombinieren, so ergeben sich die schon genannten Vorteile beider
   Anordnungen (ohne deren Nachteile):man kann die relativen
   Veränderungen in der Experimental- und Kontrollgruppe untersuchen, ohne mit größeren reaktiven Effekten rechnen
   zu müssen. Dies bedeutet, daß der Störfaktor Pretest-X
   die externe Validität der Ergebnisse nicht beeinträchtigt.

gerade dann, wenn mit reaktiven Effekten[1] zu rechnen ist.

Der einfachste und wahrscheinlich optimale statistische Test ist hier der t-Test. Liegen zusätzlich noch Pretest-Daten oder Pretest-äquivalente Daten vor, dann ergibt sich - wie angedeutet - die Möglichkeit einer Kovarianzanalyse.

Die verbal benannten Vorteile lassen sich im System linearer Gleichungen noch einmal veranschaulichen (Ross und Smith, 1968, S. 358-359; 1965, S. 72-73). Folgende Gleichungen ergeben sich, wobei zur Unterscheidung von d_1 und d_2 hier d_3 und d_4 eingeführt werden.

$$d_3 = X + U + I_{xu}$$

$$d_4 = \quad\quad U$$

Die Subtraktion der zweiten Gleichung von der ersten ergibt:

$$d_3 - d_4 = X \quad\quad + I_{xu}$$

---

1) Auf eine verwandte Quelle reaktiver Effekte hat z.B. Wuebben (1968) hingewiesen. Oft - z.B. in Experimenten zu den Theorien des kognitiven Gleichgewichts - erfolgt nach der Manipulation der unabhängigen Variablen eine Messung, die sicherstellen soll, daß die Manipulation tatsächlich erfolgreich war. Diese Kontrollmessung selbst verursacht aber wiederum einen Teil der Varianz der abhängigen Variablen. Wuebben diskutiert einige Anordnungen, die es u.U. erlauben, die Nachteile dieser sogenannten " d o u - b l e   m e a s u r e m e n t   d e s i g n s " (Kontroll-messung der unabhängigen Variablen und Messung nach der Präsentierung von X) zu vermeiden. Bei "double measurement designs" entstehen damit ähnliche Probleme wie bei Anordnungen mit Vorher- und Nachhermessung.

wodurch sich $U^{1)}$ kontrollieren läßt. Alle Pretest-Glieder
fallen weg, so daß statt der 7 Unbekannten in der Grund-
gleichung nur 2 Unbekannte in einer Gleichung verbleiben.
Mit d wurde die Differenz des Durchschnittswertes der
Nachhermessung minus dem Durchschnittswert der Vorhermessung bezeichnet. d_3 und d_4 sind hier wegen der fehlenden Vorhermessung unbekannt und müssen geschätzt werden
(vgl. das Verfahren bei Ross und Smith, 1968, S. 359).
Wollte man auf die Information über die durch den experimentellen Stimulus induzierten relativen Veränderungen verzichten und sich ausschließlich mit einem direkten Vergleich der beiden Nachhermessungen zufrieden geben, so liegt
die Anwendung der Anordnung (5) auf der Hand. Für alle Fragestellungen, die auf Pretestergebnisse verzichten lassen,
stellt Anordnung (5), die von R o s s und S m i t h
entsprechend positiv beurteilt wird, ein ökonomischeres Vorgehen dar als Anordnung (4).

Eine Variante der Anordnungen (4) und - entfernter - (5)
stellt Anordnung (8) (s. Kap. 8.3.1.) dar, der aber nur der
Status einer quasi-experimentellen Anordnung zuzugestehen
ist. Obwohl sie wegen ihrer Ähnlichkeit zu (4) und (5) hier
sinnvoll zu diskutieren wäre, soll doch das Haupteinteilungs-
kriterium: echte experimentelle vs. quasi-experimentelle Anordnungen nicht durchbrochen werden.

---

1) Bei den Unbekannten in allen diesen Gleichungen ist zu
   beachten, daß sie unterschiedlich zu gewichten sind. U
   ist normalerweise bedeutender als I_{pxu} (vgl. nur die
   Merkliste von Campbell und Stanley in Kap. 7.1. und
   7.3.). Deshalb sagt die Zahl der verbliebenen Unbekannten noch nicht in jedem Fall - wenn auch in diesem - etwas über die Güte der Versuchsanordnung aus (vgl. auch
   Ross und Smith, 1965, S. 79-80).

Gewährleisten die bislang geschilderten Versuchsanordnungen höchstens eine interne Validität,[1] so beziehen die folgenden beiden auch Fragen der externen Validität mit ein, wobei sich gegenüber Anordnung (4) und - weniger - (5) zwar einige Vorteile, aber auch Nachteile in der Praktikabilität wie auch in den Kosten ergeben.

S o l o m o n (1949) hat sich als erster in systematischer Weise mit Anordnungen befaßt, die auch in einem begrenzten Maße externe Validität beanspruchen können. Zunächst fügte Solomon der Anordnung (4) eine weitere Kontrollgruppe hinzu.

8.2.3.   <u>Solomon-Drei-Gruppen-Anordnung</u>

$$(6) \quad R \quad M_1 \quad X \quad M_2$$
$$R \quad M_3 \quad \quad M_4$$
$$R \quad \quad X \quad M_5$$

Für alle drei Gruppen werden die Ausgangsbedingungen durch Randomisierung egalisiert. Gruppe 1 wird - wie bekannt - vor und nach dem experimentellen Stimulus gemessen, Gruppe 2 wird auch vorher und nachher gemessen, wird aber nicht mit dem experimentellen Stimulus konfrontiert. Der Gruppe 3, der zweiten Kontrollgruppe, wird der experimentelle Stimulus präsentiert, doch wird auf die Vorhermessung verzichtet und nur eine Nachhermessung vorgenommen.

---

1) Allerdings läßt sich - wie angedeutet - auch schon mit der Anordnung (5) unter bestimmten, der Solomon-Vier-Gruppen-Anordnung (s. Kap. 8.2.4.) vergleichbaren, Bedingungen ein Störfaktor der externen Validität, nämlich der Interaktionseffekt von Pretest und X, kontrollieren. Gelingt eine perfekte Zufallsauswahl, dann sind Anordnung (5) bis (7) auch extern gültig. Doch ergeben sich auch in diesem Extremfall einige Einwände (s. Kap. 8.3.4.1.).

Die Benennung einer Gruppe, die den experimentellen Stimulus
erhält, als Kontrollgruppe, braucht nicht weiter zu erstau-
nen, da der bisherige Begriff der Kontrollgruppe als zu eng
angesehen werden muß. Sofern nur bestimmte Vergleichbarkeits-
bedingungen erfüllt sind, kann nämlich jede Gruppe als Kontrollgruppe und in anderer Hinsicht u.U. auch als Experimentalgruppe dienen (s. dazu auch Kap. 8.3.4.2.).

S o l o m o n entwickelte diese Anordnung, um den Interaktionseffekt des Pretests mit X, der die externe Validität
eines Experiments beeinträchtigt, feststellen zu können. Im
Vergleich zu Anordnung (4), bei der dieser Effekt eine Rolle
spielt (im Gegensatz zu (5), wo er gar nicht entstehen kann),
verbessern sich die Kontrollmöglichkeiten.

Die Differenzen der Gleichungen lassen sich im "Idealfall"
wie folgt beschreiben: Die Differenz von $M_2 - M_1$ ist gleich
dem experimentellen Stimulus + Pretesteffekt + Pretest-X (Interaktionswirkung). Die Differenz von $M_4 - M_3$ ist gleich
dem Meßeffekt, der durch den Pretest verursacht wird, und die
Differenz von $M_5 - M_1$ müßte gleich der Differenz von $M_2 - M_1$
sein, wenn nur der experimentelle Stimulus gewirkt haben soll.
Ist aber $M_2 - M_1$ größer als die Summe der beiden anderen
Differenzen, dann haben nicht nur der experimentelle Stimulus
und der Pretest Auswirkungen gehabt, sondern auch das Interaktionsglied Pretest-X.

Die Analyse sei noch einmal im System linearer Gleichungen
veranschaulicht:

$$d_1 = P + X + U + I_{px} + I_{pu} + I_{xu} + I_{pxu}$$

$$d_2 = P \quad + U \quad + I_{pu}$$

$$d_3 = \quad X \quad + I_{xu}$$

Die Interpretation von d_1 und d_2 ist von den Anordnungen (4) und (5) geläufig; d_3 wird durch X und durch das Interaktionsglied experimenteller Stimulus-unkontrollierte Ereignisse (Zeiteinflüsse, Maturation usw.) verursacht. Der Pretest-Wert, der ja für die Berechnung von d_3 notwendig ist, wird dabei aus dem Durchschnitt der Pretests der beiden anderen Gruppen geschätzt. Läßt man einmal das komplexe (und möglicherweise weniger wahrscheinliche) Interaktionsglied zweiter Ordnung I_{pxu} außer acht, so ergibt sich, wenn man d_2 und d_3 addiert und von d_1 abzieht:

$$d_1 - (d_2 + d_3) = I_{px}$$

Ist die Differenz gleich Null, so liegt keine Interaktionswirkung von Pretest-X vor. Ist sie positiv (negativ), so begünstigt (hemmt) das Interaktionsglied: Pretest-X die Variation der abhängigen Variable.

Die Solomon-Drei-Gruppen-Anordnung erlaubt also neben der Identifizierung der bisherigen Einflußgrößen auch noch die der Interaktionswirkung von Pretest und experimentellem Stimulus, allerdings nicht die Kontrolle der Interaktionswirkungen, die in dem Glied I_{pxu} zusammengefaßt sind.

R o s s und S m i t h (1968, S. 360; 1965, S. 75-76) diskutieren eine weitere Dreigruppenanordnung, bei der die erste Gruppe wegfällt und die vierte aus der Solomon-Vier-Gruppen-Anordnung (s. dazu im folgenden) gewählt wird. Diese Anordnung hat den Vorteil, die zwei durch den Pretest verursachten Unbekannten I_{px} und I_{pxu} zu vermeiden, kann aber X nicht hinreichend genau spezifizieren. Dafür ist die Zahl der Annahmen bei dieser Variante geringer. Diese Variante von Ross und Smith wie auch alle Solomon-Anordnungen sollen aber in e r s t e r L i n i e dazu dienen, empirische Werte für weitere Unbekannte zu ermitteln, nicht präzisere

Werte für die Wirkung von X zu erzielen (Ross und Smith, 1968, S. 360; 1965, S. 75-76, s. jeweils auch dort für weitere mathematische Voraussetzungen), wenn auch letztlich eins das andere bedingt.

In der Praxis ist die Anordnung (6) nicht sehr häufig anzutreffen. Eines der relativ seltenen Beispiele ist eine Untersuchung von   C a n t e r   über die Effektivität eines "human relation training course" (zit.nach Selltiz et al., 1966, S. 120-121). Interessanterweise ergaben sich hier sowohl positive wie negative Interaktionseffekte von Pretest-X.

S o l o m o n   fügte in einer weiteren Versuchsanordnung seinen drei Gruppen eine vierte hinzu, die zusätzliche Interaktionseffekte ausschalten sollte.

8.2.4.   <u>Solomon-Vier-Gruppen-Anordnung</u>

$$(7) \qquad R \quad M_1 \quad X \quad M_2$$

$$R \quad M_3 \qquad M_4$$

$$R \qquad X \quad M_5$$

$$R \qquad M_6$$

Hier wird eine vierte Gruppe, die dritte Kontrollgruppe, nur "nachher" gemessen, ohne vorgetestet zu sein oder das eigentliche Experiment mitgemacht zu haben. Es handelt sich um die Kombination der Anordnungen (4) und (5). Die ersten beiden Gruppen werden vorher gemessen, die anderen beiden nicht. Wie schon bei (6), nur noch in verstärktem Maße, lassen sich mit dieser Anordnung Interaktionseffekte ausschalten. Ferner läßt sich der Effekt von X durch die vergrößerten Vergleichsmöglichkeiten eher verallgemeinern und im Rahmen bestimmter Signifikanzgrenzen quantifizieren, da er sich direkt oder indirekt mehrfach wiederholt. Für den Fall, daß X sich positiv auf die Variation der abhängigen Variable auswirkt, müssen folgende Bedingungen erfüllt sein: $M_2 > M_1$, $M_2 > M_3$, $M_2 > M_4$, $M_2 > M_6$, $M_5 > M_1$, $M_5 > M_3$, $M_5 > M_4$, $M_5 > M_6$. Im Falle, daß sich X negativ auf die Variation der abhängigen Variable auswirkt, müssen folgende Bedingungen erfüllt sein: $M_1 > M_2$, $M_1 > M_5$, $M_3 > M_2$, $M_3 > M_5$, $M_4 > M_2$, $M_4 > M_5$, $M_6 > M_2$, $M_6 > M_5$.

Ein weiterer Vorteil dieser Anordnung - wie auch schon bei (6) - besteht darin, daß man etwas über die Wahrscheinlichkeit von Pretest-X-Interaktionen erfährt und damit experimentelle Ergebnisse, die mit der Anordnung (4) gewonnen wurden, kritischer beurteilen kann. Es ist dann eher möglich, die Ergebnisse auszusondern, bei denen Interaktionseffekte mitgespielt haben können. Bestehen Ergebnisse aus Anordnung (4) den "Test" durch Anordnung (7), dann vergrößert sich die externe Gültigkeit der Ergebnisse (s. Campbell und Stanley, 1966, S. 25).

Schließlich erlaubt ein Vergleich von M_6 mit M_1 und M_3 die Analyse möglicher Interaktionseffekte von zwischenzeitlichen Ereignissen mit Reifungsprozessen.

Kontrolliert die zweite Kontrollgruppe mögliche Interaktionseinflüsse aus dem Pretest mit dem experimentellen Stimulus, so dient die dritte Kontrollgruppe dazu, Interaktionseinflüsse wie z.B. X-Reifungseinflüsse oder zwischenzeitliche Einflüsse-X zu kontrollieren.

Die Solomon-Vier-Gruppen-Anordnung bietet sowohl die Vorteile der beiden Einzelanordnungen (4) und (5) als auch die Möglichkeit, bestimmte Interaktionseinflüsse zu ermit-

teln,[1] wenn auch ein Interaktionseffekt, nämlich der von
Auswahlverzerrungen-X, hiermit nicht zureichend bestimmt werden kann. Um auch diesen Interaktionseffekt zu bestimmen, der
für die Verallgemeinerung des Testergebnisses auf größere Populationen von Bedeutung ist, ist eine erheblich komplexere
Anordnung notwendig (s. Kap. 8.4.6. und 8.4.11.).

Allerdings hat Anordnung (7) auch einige Nachteile. Sie ist
sehr kostspielig und schwierig zu realisieren, denn man muß
eine relativ große Zahl von Vpn haben. U.U. lassen sich vergleichbare Ergebnisse ja auch durch die Anordnungen (4) oder
(5) erzielen. K e r l i n g e r (1965, S. 313-314) empfiehlt diese Anordnung dann, wenn frühere einfache Tests
durch kompliziertere Anordnungen auf Interaktionseffekte getestet werden sollen.

Einige wenige Beispiele für diese Anordnung werden von L a -
n a (1969) diskutiert, u.a. ein Beispiel aus der pharmakologischen Forschung, das die Ausschaltung möglicher Suggestiv-
effekte illustriert.

Zwar werden die Möglichkeiten zur Kontrolle störender Faktoren
bei dieser Anordnung gesteigert, doch läßt sich dieser Gewinn
nicht statistisch ummünzen. Es gibt kein statistisches Verfahren, das von allen 6 Messungen gleichzeitig Gebrauch macht.
Die durch die Gruppierung in 2x2-Gruppen entstandene Asymmetrie (mit bzw. ohne Pretests) macht eine Varianzanalyse der
sogenannten "gain scores" unmöglich. Anwendbar sind die statistischen Verfahren, die bei den beiden Zweigruppenanordnun-
gen (4) und (5) auch schon anwendbar waren, nämlich z.B. die

---

1) Neutralisieren sich dagegen mehrere Interaktionseffekte
   gegenseitig, so ist zwar der Schluß berechtigt, sie hätten die Interpretation des X-Effektes nicht verzerrt, doch
   bleibt unbekannt, welcher Interaktionseffekt in welche
   Richtung wirkt.

Analyse der Differenzen im ersten Falle und ein Vergleich
der beiden Nachhermessungen durch einen t- oder F-Test im
zweiten Fall. Denkbar wäre auch, z.B. durch einen t-Test die
Signifikanz der Unterschiede zwischen den beiden ersten Nachhermessungen zu ermitteln.

Eine Möglichkeit, doch noch eine umfassende statistische Auswertung vorzunehmen, besteht darin, die Differenz von Nachhermessung der Kontrollgruppe 2 (bzw. 3) und Durchschnitt der
Vorhermessung der ersten beiden Gruppen zu testen.

Eine weitere Analysemöglichkeit stammt von S o l o m o n
selbst (s. Campbell und Stanley, 1966, S. 25):

	Kein X	X
Vorhermessung	M_4	M_2
Ohne Vorhermessung	M_6	M_5

Hier können die Nachherergebnisse durch eine 2x2-Varianzana-
lyse untersucht werden, wobei die Variablen: Vorhermessung
vs. keine Vorhermessung als weitere Behandlung ("treatment")
im Verbund mit X behandelt werden. Aus den Mittelwerten der
Spalten kann man den Haupteffekt von X, aus dem Mittelwert
der Zeilen den Haupteffekt des Pretests und aus den Zellen-
mittelwerten die Interaktion von Pretest mit X erfassen.
"Wenn die Haupteffekte und die Interaktionseffekte durch den
Pretest unbedeutend sind, kann es wünschenswert sein, eine
Kovarianzanalyse von M_4 gegen M_2 durchzuführen, wobei die
Pretests die Kovariate sind" (Campbell und Stanley, 1966,
S. 25).

Eine andere - finanziell aufwendigere - Möglichkeit, doch
noch zu den für eine umfassende statistische Analyse notwendigen Pretestdaten der Kontrollgruppen 2 und 3 zu gelangen,

schlägt L a n a (1969, S. 125) vor. Man testet eine relativ große Population. Daraus zieht man vier Gruppen, die eine Solomon-Vier-Gruppen-Anordnung formen. Die Gruppen 3 und 4 müssen sich dann keinem Pretest unterziehen, und doch liegen Pretest-äquivalente Daten vor.

Nach den oben angestellten Überlegungen würde im System linearer Gleichungen lediglich eine vierte Gleichung hinzugefügt werden müssen:

$$d_4 = U$$

Die Analyse geht nicht wesentlich über die Drei-Gruppen-Anordnung (6) hinaus, nur erlaubt Anordnung (7) eine bessere Kontrolle von zwischenzeitlichen Einflüssen und Reifungsprozessen.

B r e d e n k a m p (1969, S. 346) beurteilt das "ideale Modell" (Payne, 1951) der Viergruppenanordnung aus - vorwiegend ökonomischen Gründen - recht skeptisch. Wie schon angedeutet, vermögen die Anordnungen (4) und (5) u.U. Vergleichbares zu leisten. Auch S c h u l z (1970, S. 111-113) zweifelt an der Güte der Anordnung (7), doch scheint er die Kontrollprobleme, die durch Interaktionsglieder verursacht werden, aus dem Auge verloren zu haben.

Für eine detailliertere Analyse sei nochmals auf R o s s und S m i t h (1968, S. 360-362; 1965, S. 76-77) verwiesen. Vgl. auch die knappen Verweise bei S e l l t i z et al. (1966, S. 121-122) und B r e d e n k a m p (1969, S. 345-346). Bei allen folgenden Anordnungen wird auf lineare Gleichungen verzichtet. Die Überlegungen stellen sich in den meisten Fällen als Kombinationen bereits bekannter Schritte dar.

Bei den nachfolgenden vier Anordnungen handelt es sich um Anordnungen, die starke Ähnlichkeit mit den "echten" experimentellen Designs haben, selbst aber nur quasi-experimentellen Status besitzen. Um spätere Rückverweisungen zu vermeiden, werden sie hier bereits diskutiert. Die allgemeinen Ausführungen über quasi-experimentelle Anordnungen (Kap. 8.4.1.) gelten entsprechend.

Die nachfolgenden Anordnungen (8) und (9) stellen Varianten von (4) und (5) dar. Sie weisen erhebliche Kontrollmängel auf. Die Anordnungen (10) und (11) sind Erweiterungen von (4) bzw. (7). Unter bestimmten Bedingungen können sie echten experimentellen Anordnungen nahekommen.

8.3. Quasi-experimentelle Varianten der vier "echten" experimentellen Versuchsanordnungen

8.3.1. Vorher-Nachher-Messung mit austauschbaren Gruppen

$$(8) \qquad R \qquad X \quad M_2$$

$$R \quad M_1$$

Hier wird die Nachhermessung M_2 der Experimentalgruppe mit der Vorhermessung M_1 der Kontrollgruppe verglichen. Diese Anordnung steht und fällt mit der Randomisierung. Alle oben diskutierten Einflüsse auf die interne Validität sind in dieser Anordnung nicht kontrolliert. Zwar ist eine Vergleichsmöglichkeit gegeben, doch weiß man nicht, ob man die Differenz zwischen M_2 und M_1 X oder irgendwelchen anderen zusätzlichen Größen zuschreiben soll. Gegen den erzielten Vorteil, mögliche Pretest-Effekte auszuschalten, sprechen die massiven Nachteile bei dieser Versuchsanordnung. Immerhin läßt sich diese Anordnung nutzbringend als Replikationsstudie anwenden, wenn man durch zusätzlich verfügbare Daten "bestätigt" findet, daß eine in einem früheren "echten" Experiment gefundene Differenz tatsächlich der experimentellen Variablen zuzuschreiben ist. Wenn die Resultate früherer Untersuchungen auch in unterschiedlichen Situationen gültig sind, können die Ergebnisse eher verallgemeinert werden. Allerdings steckt in dieser Argumentation der Wurm: Man kann nicht Ergebnisse früherer Studien, die strengere Kontrollanforderungen an die Versuchsanordnung stellten, mittels Anordnungen mit schwächerer Kontrolle replizieren und im positiven Falle verallgemeinern. Immerhin hat eine Anordnung wie (8) mangels besserer Möglichkeiten u.U. immer noch den Wert einer partiellen Replikationsstudie und ist damit nicht so sinnlos wie die Anordnungen (1), (2) und (3).

Die folgende Anordnung (9) und viele andere auch können als "Kompromiß-Anordnung" (K e r l i n g e r) bezeichnet werden. Kerlinger (1965, S. 314-315) definiert eine experimentelle Anordnung als Kompromiß-Anordnung (s. auch Kap. 8.4.1. über quasi-experimentelle Anordnungen), wenn eines oder mehrere der folgenden Kriterien "echter" Experimente nicht erfüllt ist:

1. Die Manipulation mindestens einer unabhängigen Variablen;

2. die zufällige Auswahl und Zuweisung der Vpn auf die Gruppen;

3. die zufällige Verteilung der experimentellen Behandlungen auf die Gruppen.

8.3.2. Kontrollgruppenanordnung ohne Randomisierung

$$(9) \qquad \begin{array}{ccc} M_1 & X & M_2 \\ \hline M_3 & & M_4 \end{array}$$

Anordnung (9) ist identisch mit Anordnung (4) bis auf die fehlende Randomisierung. Sie weist Ähnlichkeit mit Anordnung (8) auf.

In diesem Fall kann man wieder nicht sicher sein, ob die gefundene Differenz zwischen $M_2 - M_1$ allein der experimentellen Variablen zuzuschreiben ist, da alle schon mehrfach diskutierten Alternativerklärungen auf die Nachhermessung wirken können.

Nach Möglichkeit sollte zumindest die Zuweisung auf Versuchs- und Kontrollgruppe nach dem Zufall geschehen. Bei dieser Anordnung gelten die Einschränkungen von Anordnung (4) umso mehr, je weniger die Ausgangslage für beide Gruppen egalisiert werden kann und je größer die Chancen für zwischenzeitliche Einflüsse, Reifungsprozesse, Testeinflüsse und Verzerrungen durch die Meßinstrumente usw. als Haupt- und als Interaktionseinflüsse sind. Immerhin ermöglicht eine Zweigruppenanordnung auf jeden Fall eine größere Kontrolle als eine Eingruppenanordnung.

Hauptsächliche Alternativerklärungen (s. Campbell und Stanley, 1966, S. 47-50; s. auch Campbell, 1967a, S. 230-233) dürften die Interaktionseinflüsse Auswahlverzerrungen-X, Reifungseinflüsse-X und generell der Faktor Selbstselektion sein. Regressionseffekte sind ebenfalls umso wahrscheinlicher, je weniger eine gleiche Ausgangslage gesichert ist. Die Interaktionswirkung von Auswahlverzerrungen-Reifungseinflüssen scheint über viele Beobachtungsreihen ausschaltbar zu sein (vgl. Campbell, 1968, S. 261).

Je mehr die beiden Gruppen zufällig gebildet sind, d. h. je
mehr die Gleichheit beider Gruppen vor der Applizierung des
experimentellen Stimulus gesichert ist, umso eher sind statistische Verfahren wie t-Test und (Ko-)Varianzanalyse anwendbar.

Aus der Vielzahl der Variationsmöglichkeiten der diskutierten Anordnungen seien nur noch zwei erwähnt, die beide nicht
unter den Typus der Kompromiß-Anordnung (Kerlinger) fallen.
In beiden Fällen ändert sich die Forschungslogik, die den
ursprünglichen Anordnungen zugrundeliegt, nicht. Zunächst
handelt es sich um eine Abart der Anordnung (4), wobei die
beiden zusätzlichen Gruppen zeitlich verschoben sind, um festzustellen, ob sich das an den ersten beiden Gruppen gewonnene
Ergebnis auch über eine längere Zeitdauer hinweg bestätigen
läßt.

8.3.3. Komparativ-statische Parallelgruppenanordnung mit Vorher- und Nachhermessung

$$(10) \quad R \quad M_1 \quad X \quad M_2$$

$$R \quad M_3 \quad \quad M_4$$

$$R \quad M_5 \quad X \quad M_6$$

$$R \quad M_7 \quad M_8$$

Diese Anordnung, die man analog zur nationalökonomischen Mo-
dellbildung als komparativ-statisch bezeichnen kann (wenn
auch anders als im nationalökonomischen Modell die Messungen
zu verschiedenen Zeitpunkten an u n t e r s c h i e d l i -
c h e n Untersuchungsobjekten vorgenommen werden), gewinnt
vor allem in Forschungen zum Einstellungswandel an Bedeutung
(s. Hovland et al., 1953; McGuire, 1969b). Man beobachtete
nämlich einen sogenannten "sleeper effect", d. h. eine zunächst

weniger glaubwürdige und erfolglose Überredungsquelle verursacht - zumindest wenn es um generelle Einstellungen geht -
nach längerer Zeit einen Einstellungswandel, wie ihn ansonsten eine glaubwürdigere Quelle induziert. Man wäre in diesem Falle also falsch beraten, wenn man in zu kurzem Abstand
nach dem experimentellen Stimulus die Nachhermessung durchführen würde. Die "Inkubationszeit" ist noch nicht beendet.

Die üblichen Faktoren, die sich auf die interne Validität auswirken können, lassen sich mit dieser Anordnung kontrollieren.
Für den Fall, daß Zeiteinflüsse rein additiv wirken, lassen
sich auch die Zeiteinflüsse (und in gleicher Weise Faktoren
wie Maturation, Meßeffekte usw.) zwischen M_2 (bzw. M_4) und M_6
(bzw. M_8) durch Subtraktion ($(M_8-M_7) - (M_4-M_3)$) "ermitteln", wenngleich ein Einwand bestehen bleibt, der auf alle
Parallelgruppenanordnungen zutrifft: In den für die Vergleichsgruppen konstant gehaltenen Größen können Reifungseinflüsse,
Meßeffekte, Zeiteinflüsse usw. stecken, ohne daß man weiß, in
welchem Ausmaß dies jeweils der Fall ist. Solange aber deren
Wirkung für die Vergleichsgruppen konstant ist, ist die Inter-
pretierbarkeit des Effekts von X nicht beeinträchtigt.

Interagieren die Zeiteinflüsse mit X, so gilt das gerade Gesagte
ebenfalls, mit der zusätzlichen Einschränkung, daß in diesem
Fall der Einfluß von X nicht von dem der Zeiteinflüsse-X zu unterscheiden ist. Eine solche Trennung ist normalerweise unmöglich. Bis zu diesem Grade sind Aussagen über den Effekt von X
nur mehr oder weniger "plausible" Aussagen. Durch Replikationen
läßt sich aber abschätzen, ob der Effekt von Zeiteinflüssen-X
mehr als eine "theoretische" Wahrscheinlichkeit besitzt.

Durch die zeitliche Versetzung in der Anordnung (10) wird die
Wahrscheinlichkeit eines Effekts von Zeiteinflüssen-X größer,
als sie im Falle simultaner Messungen ist. Aus diesem - freilich nicht zwingenden - Grund werden diese und die folgende
Anordnung eher den quasi-experimentellen Anordnungen zugerechnet. Damit zeigt sich (wie mehrfach in dieser Arbeit),

wie fragwürdig eine kategorische Zuordnung bestimmter Anordnungen sein kann. Wie viele Systematisierungen, so sind auch diese nur begrenzt hilfreich (s. auch die Vorbemerkung im Tabellenanhang). - Eine Gewähr für die externe Validität ist mit dieser Anordnung nicht gegeben, wenn sich auch die Zahl der Vergleichsmöglichkeiten erhöht. - Auch sind mit Anordnung (10) erhöhte Kosten verbunden, es sei denn, zeitlich gestaffelte Beobachtungen fallen automatisch an. Für eine Gesamtbeurteilung von (10) sei auf den Tabellenanhang verwiesen. Bei der folgenden Anordnung (11) handelt es sich um eine Abart von Anordnung (7).

8.3.4. <u>Komparativ-statische Solomon-Vier-Gruppen-Anordnung</u>

$$(11) \quad R \quad M_1 \quad X \quad M_2$$
$$R \quad M_3 \quad \quad M_4$$
$$R \quad \quad X \quad \quad M_5$$
$$R \quad \quad \quad \quad M_6$$

Hier gilt analog das vorstehend Gesagte. Wird diese Anordnung dadurch modifiziert, daß auf die Randomisierung verzichtet wird (s. bei Kerlinger, 1965, S. 314), dann ergeben sich zusätzlich Probleme für die interne Validität der Versuchsanordnung.

Will man zeitlich verzögerte Effekte präzise messen, dann erscheint eine Solomon-Vier-Gruppenanordnung, die dann noch einmal - zeitlich versetzt - verdoppelt wird, als geeignet. Doch ist die Durchführung sicherlich kostspielig und schwierig. Die Logik der Forschung ändert sich im Vergleich zu Anordnung (7) nicht. Für eine Analyse von (11) sei hier ebenfalls auf den Tabellenanhang verwiesen. - Bevor auf Versuchsanordnungen mit quasi-experimentellem Charakter eingegangen wird, seien hier einige Überlegungen zwischengeschaltet, die allgemein die externe Validität experimenteller Daten betreffen (s. Campbell und Stanley, 1966, S. 32-34; vgl. auch Ross und Smith, 1968, S. 348-352).

8.3.4.1. Exkurs II: Zur externen ("ökologischen") Validi-
          tät experimenteller Daten

Wann und wieweit sind experimentelle Ergebnisse generalisierbar? Die Frage ist nicht nur, ob Ergebnisse des Experiments
auch auf die Grundgesamtheit zutreffen, der die Experimental-
und Kontrollgruppe entnommen sind, sondern auch, ob andere experimentelle Stimuli, die denselben theoretischen Sachverhalt
repräsentieren sollen, zu gleichen Resultaten führen würden.

Jede bloße Wiederholung eines Experiments ist zunächst einmal
eine Kontrolle. Sieht man in der Einführung eines experimentellen Stimulus bzw. seiner Wirkung einen Indikator für einen
theoretisch behaupteten Zusammenhang, dann erscheint es darüber hinaus notwendig, die spezifischen zusätzlichen Eigenschaften dieses Indikators, die verzerrend auf die abhängige
Variable wirken können, zu bestimmen, um zu verhindern, daß
eine an sich theoretisch brauchbare Behauptung an unzureichenden Operationalisierungen scheitert. Dem dient eine Variierung der experimentellen Operationen, wobei allerdings
zentrale Merkmale erhalten bleiben müssen, periphere aber
variieren können. Führt man Versuche mit mehreren Xs durch,
die als Indikatoren dienen, so wird es möglich, zentrale Eigenschaften von X von eher peripheren zu unterscheiden. Durch
mehrfache Xs sollen inhaltliche Restriktionen verringert werden. Diese Frage wird noch detaillierter im Kapitel über
Versuchsleiter-Effekte (13.1.) behandelt werden.

B r u n s w i k (1949, 1955, 1956) hat eine ähnliche Fragestellung angeschnitten. Er geht der Frage nach, wieweit die
experimentelle Anordnung repräsentativ für die Lebenwirklich-
keit ist und nicht durch Künstlichkeit gekennzeichnet ist.
Ein " r e p r ä s e n t a t i v e r   D e s i g n " sei
dann gegeben, wenn aus der Vielzahl der Determinanten für die
Variation der abhängigen Variablen eine repräsentative Stich-

probe gezogen wird. Das Kriterium einer repräsentativen
Stichprobe von Vpn wird damit erweitert um das Kriterium repräsentativer Xs (s. im vorhergehenden Absatz) in möglichst
noch repräsentativen ökologischen Bezügen. Diese Art der Repräsentativität kann vorerst nur als "utopisches" Ziel gelten, wenn man einmal die in Experimenten erfüllten Randomi-
sierungsbedingungen betrachtet.

Das eben vorgetragene Argument von der Künstlichkeit der experimentellen Situation findet sich schon bei M i l l   und
C o m t e   (s. Kap. 2.5. und Kap. 5.1.).   B r u n s w i k
behauptet (s. auch bei Selltiz et al., 1966, S. 125-127) nun,
experimentelle Anordnungen seien allein schon dadurch künstlich, daß sie jeweils nur die Wirkung einer Variablen untersuchten, statt die Effekte mehrerer unabhängiger Variablen
gleichzeitig zu verfolgen, wie es für die Wirklichkeit kennzeichnend sei. Dies ist richtig, darf aber nicht zu falschen
Schlüssen verleiten, die bereits vorne diskutiert worden
sind. Die Konstanthaltung anderer Faktoren im Experiment
dient zunächst nur einer Analyse der   i s o l i e r t e n
Wirkung einer unabhängigen Variablen. Bleibt man allerdings
dabei stehen, dann erscheint die Kritik von B r u n s w i k
gerechtfertigt. Notwendig wird ein zweiter Schritt, in dem
die unabhängigen Variablen in ihrem Einfluß miteinander verglichen werden. Dies kann aber nur durch sukzessiv komplexere Forschungsanordnungen geschehen. Wenn Brunswik eine Auswahl repräsentativer Situationen verlangt, so kann man ihm
mit S e l l t i z   e t   a l .   zu Recht entgegenhalten,
daß Forschung notwendigerweise in der Auswahl bestimmter Aspekte (und damit im Verzicht auf manche Gesichtspunkte) besteht, die aber - und da ließe sich ein Konsensus erzielen -
möglichst "typisch" sein sollten. Ob sie aber typisch sind,
erfährt man streng genommen nur, wenn man sie erst einmal
isoliert analysiert. Insofern ist der Nachdruck von Brunswik
auf einem "representative design" als Memento (und nicht
kategorisch ablehnend als "Fiktion") zu verstehen, das spä-

testens dann eingelöst werden sollte, wenn eine externe Gültigkeit für die gefundenen Experimentaldaten beansprucht wird. Ein repräsentativer Design "ist adäquat, wenn die Population bekannt ist und das Problem der externen Validität ein Problem der Stichprobenrepräsentanz ist" (Bredenkamp, 1969, S. 355). (Zur Kritik an der "ökologischen Repräsentativität" von Brunswik s. auch Holzkamp, 1964, S. 123-127, 152 ff.).

Die Monita von B r u n s w i k kehren abgewandelt wieder bei A r o n s o n und C a r l s m i t h (1968, S. 22-28), die das Begriffspaar " e x p e r i m e n t a l   r e a l i s m " (möglichst ungekünstelte, realistisch auf die Vp wirkende Situation im Labor) und " m u n d a n e   r e a l i s m " (Grad der Wahrscheinlichkeit, daß Laborereignisse sich außerhalb des Labors abspielen - S. 22) prägen. Um Experimente möglichst ergiebig zu gestalten, sollten die unabhängigen Variablen mindestens in zwei Stufen, möglichst sogar über eine weite Skala applizierbar sein. Die Autoren referieren weitere Kunstregeln, auf die hier nicht eingegangen werden kann. Wichtig ist nur der Akzent auf der Ereignis-Kategorie (etwa in Abgrenzung zur rein verbalen Manipulation) bei der experimentell untersuchten Variablen, um möglichst beide "Realitätsarten" zu treffen (s. Aronson und Carlsmith, 1968, S. 26-28; vgl. auch Timaeus, 1971, S. 10-16). Dieses Rezept führt aber u.U. zu ethisch fragwürdigen Versuchen (s. Kap. 14.).

Verursacht ein X eine systematische Differenz, dann richtet sich das Augenmerk im zweiten Schritt meist darauf, für dieses X, das normalerweise ein Bündel von Faktoren darstellt, in weiteren Versuchsanordnungen zusätzliche und/oder modifizierte Bedingungen zu finden (vgl. Opp, 1970, S. 48-49; Holzkamp, 1968, S. 272 ff.). Ein gutes Beispiel liefern die vielen Experimente aus dem Bereich der kognitiven Gleichgewichtstheorien (vgl. Abelson et al., 1968), wo durch sukzes-

sive Verfeinerungen Bedingungen für Einstellungsrelationen
und Einstellungswandel erforscht werden.

Eine weitere Strategie, ein Versuchsergebnis zu generalisieren, besteht darin, neue Kontrollgruppen zu finden, die mehr
oder weniger mit der ursprünglichen Experimental- und Kontrollgruppe zu parallelisieren sind.

Auf die Frage der Generalisierbarkeit von Experimentaldaten
über den Zeitablauf hinweg wird bei einigen Versuchsanordnungen (vgl. Kap. 8.4.3., 8.4.4. und 8.4.5.) zurückzukommen
sein.

Schließlich gibt es noch Generalisierungen auf andere Meßinstrumente. Dies ermöglicht die Kontrolle von Fehlern, die
durch bestimmte Meßinstrumente verursacht werden. Die Frage
der Zuverlässigkeit und internen Gültigkeit der Meßergebnis-
se ist der nach der Generalisierbarkeit auf andere Populationen vorgeschaltet. Meßinstrumente wirken sich ja auf die interne Validität aus. Die Frage nach der Generalisierbarkeit des
Ergebnisses auf andere Meßinstrumente läßt sich leichter lösen als die,externe Validität zu erzielen,denn oft lassen sich
mehrere Meßinstrumente im Rahmen eines einzigen Experiments,
u.U. auch mehrere Personen, die diese Meßinstrumente bedie-
nen oder als "Meßinstrumente fungieren", verwenden. Durch
mehrfache Messungen mit möglichst alternativen Meßinstrumenten soll - wie schon angedeutet - die mangelnde Korrespon-
denz zwischen theoretischen Sätzen und Meßoperationen reduziert werden (vgl. Opp, 1970, S. 51-52).

War bislang des öfteren von Kontrollgruppe die Rede in dem
Sinne, daß diese Gruppe nicht dem experimentellen Stimulus
ausgesetzt wird (Ausnahme bereits: Solomon-Anordnungen), so
erscheint ein kurzer Exkurs über ein allgemeineres Verständnis von Kontrollgruppe hier am Platz.

8.3.4.2. Exkurs III: Generellerer Begriff der Kontroll-
gruppe

K e r l i n g e r (1965, S. 305-307) behauptet zu Recht
eine Austauschbarkeit und damit wechselseitige Ergänzung
von Experimental- und Kontrollgruppen, wenn eine hinreichende Vergleichbarkeit, möglichst durch Randomisierung (oder
Matching), gesichert ist. Wird der experimentelle Stimulus
variiert, etwa in zwei Gruppen, und wird in einer Gruppe
die experimentelle Variable nicht manipuliert, dann ist
streng genommen nur eine Kontrollgruppe für jeweils eine
Versuchsgruppe vorhanden. Faßt man dagegen auch die tradi-
tionelle "Kontrollgruppe" als Gruppe mit Behandlung auf
(wenn auch keine "Behandlung" erfolgt), dann hat man für jede einzelne der drei experimentellen Gruppen zwei Kontrollgruppen, die als Vergleich dienen können.

Soll es sich um "echte" Kontrollgruppen handeln, so setzt
diese Argumentation voraus, daß alle Faktoren,die auf die
interne Validität wirken, in allen Gruppen kontrolliert werden können, was bei Anordnungen wie (4) und (5) prinzipiell
möglich ist. Wird auch die externe Validität in die Kontrolle miteinbezogen, dann muß z.B. auf eine Anordnung Solomon-
scher Art zurückgegriffen werden.

Der Vorteil solcher "treatment designs" liegt darin, daß
man eine skalierte Wirkung von X verfolgen kann. Je nachdem wie stark X präsentiert wird, ergibt sich eine Variation in der abhängigen Variablen. Nur kann es hierbei auch
zu Interaktionseffekten kommen (vgl. auch die sehr instruk-
tive Darstellung von Interaktionseffekten bei Campbell und
Stanley, 1966, S. 27-29), die fälschlich als reine Effekte
von X interpretiert werden. Der Vorteil dieser allgemeineren
Fassung der Kontrollgruppe liegt darin, daß man in einem
Versuch mehrere unabhängige Variablen in unterschiedlicher
Ausprägung manipulieren kann. Erkenntnisgewinn und Kosten-

vorteil durch die Anwendung einer solchen Anordnung sind
beträchtlich. Zusätzliche Voraussetzung ist ein Mindestmaß
an Information über das Forschungsgebiet, denn sonst wird
u.U. einer wechselnden Stärke von X zugeschrieben, was sich
anders treffender erklären läßt.

Dieser Typus der Versuchsanordnung (mehrere Gruppen mit wechselseitigen Kontrollfunktionen) wird als faktorielle Anordnung bezeichnet (s. Kap. 8.4.7.).

Wird eines (oder mehrere) der für das Experiment charakteristi-
schen Merkmale nicht erfüllt, so handelt es sich u.U. um
Quasi-Experimente, die eine durchaus legitime Erkenntnisfunk-
tion haben.

8.4.   <u>Quasi-experimentelle Versuchsanordnungen</u>

8.4.1.   <u>Merkmale und Funktionen quasi-experimenteller
          Anordnungen</u>

Gerade für diese Art des Forschungsplans, der in der Praxis oft
naheliegt, weil der Forscher nicht alle Bedingungen, die systematischen Einfluß auf die abhängige Variable haben können,
kontrollieren kann, ist die Merkliste nach C a m p b e l l s
und S t a n l e y s   eigener Überzeugung besonders brauchbar. Stellt sich nämlich heraus, daß strenge Kontrollen nicht
möglich sind, dann sollte man die möglichen Einflußfaktoren
besonders gut im Auge haben. Die beiden Autoren wollen ihre
Liste von Anforderungen an experimentelle Anordnungen nicht
als Entmutigung verstanden wissen (weil eine "perfekte" Anordnung eben nicht zu erreichen ist, übrigens auch nicht mit
den sogenannten "echten" experimentellen Versuchsanordnungen,
s. aber Kap. 8.4.11.), sondern im Gegenteil als Bündel von
Vorsichtsregeln, die sich in besonders schwer strukturierba-
ren Situationen als hilfreich erweisen mögen, zumindest aber

den Blick schärfen, wo und wie quasi-experimentelle Anordnungen anwendbar sind. Konsequenterweise sprechen sie sich
für die Anwendung experimentellen Denkens und experimenteller Verfahren gerade dort aus, wo "systematisch" erhobene
Daten ohnehin (Kostenvorteil!) anfallen (Campbell und Stanley, 1966, S. 34), was heute auf beinahe jede größere büro-
kratische Organisation zutrifft. So lassen sich durch klei-
ne definitorische Veränderungen und Aufteilung von Gesamtpopulationen im administrativen Prozeß experimentelle Anordnungen oder quasi-experimentelle Anordnungen ("Verwaltungsexperimente") schaffen, die erstens eine viel größere Zahl
an brauchbaren Daten als bisher liefern würden, zum andern
eine Prüfung zuließen, wieweit eine administrative o. ä. Änderung einem bestimmten Erfolgskriterium gerecht wird. Oft
geht dieser ursprüngliche Erfolgsmaßstab im Verlauf bürokra-
tischer Ausarbeitung verloren, und nachher werden nur relativ unspezifische, wenig vergleichbare, Daten erhoben, die
das eigentliche Ziel, nämlich einen Test bestimmter Prakti-
ken, geradezu verhindern (wenn man einmal unterstellt, dies
sei tatsächlich das Ziel). Anregungen für Quasi-Experimente
werden im Verlauf der nachfolgend zu diskutierenden Anordnungen zu finden sein. Übrigens hat sich bereits   L a
P l a c e   (s. bei Pagès, 1967, S. 418) in ähnlicher Weise
für die wissenschaftliche Planung und Auswertung "gesell-
schaftlicher" Experimente ausgesprochen, für die Daten durch
die Bürokratie ohnehin mit einer gewissen Regelmäßigkeit anfallen.

Bei quasi-experimentellen Anordnungen lassen sich - wie gesagt - nicht alle Kriterien des Experiments realisieren.
Dennoch versprechen auch quasi-experimentelle Anordnungen
einen erheblichen Erkenntnisgewinn, weil soziale Bezüge nicht
in dem Maße gestört werden (die Daten also u.U. weniger reaktiven Charakter haben), wie das beim "echten" Experiment oft
der Fall ist.

Einer der Gründe für die Anwendung quasi-experimenteller
Designs kann sein, daß es nicht im Belieben des Forschers
steht, bestimmte Experimente durchzuführen (vgl. die obigen
Ausführungen über Experimente im Rahmen der Bürokratie).
Beispiele liefern Studien über Sozialisationseinflüsse: Es
steht kaum in der Macht des Forschers, Sozialisationsstile
systematisch variieren zu lassen. Er kann in diesem Bereich
höchstens ex post forschen oder meist nur kurzfristige zeit-
gleiche Beobachtungen machen. In diesem Fall müßten Experimente aber ausgesprochen langfristigen Charakter haben.

Ein weiteres Argument für die Verwendung von quasi-experimentellen Designs liegt in der ethischen Problematik, die mit
dem Beispiel "Sozialisationsexperimente" bereits angeschnitten ist. Kommt der Forscher schon bei einem weniger komplexen Experiment nicht umhin zu "manipulieren", so erfährt diese Problematik bei der genannten Fragestellung eine Ausweitung, die u.U. einen tiefgreifenden Eingriff in die Lebens-
chancen eines Individuums darstellen könnte (selbst wenn er
sich nach vorläufigen Erkenntnissen vielleicht als vorteilhaft ansehen läßt).

Auf diesem Gebiet müssen also andere Forschungsstrategien
eingeschlagen werden.

Übrigens gilt selbst für experimentelle Anordnungen, daß
auch bei "optimaler" Kontrolle noch keine a b s o l u t e
Sicherheit für bestimmte Aussagen gegeben ist. Der Unterschied zwischen experimenteller und quasi-experimenteller
Anordnung ist nur ein gradueller. Diese Fragestellung eines
Kontinuums von bestimmten Typen von "Experimenten" wird in
anderer Weise noch in Kap. 9. aufzunehmen sein.

Daß keine absolut hinreichende Kontrolle möglich ist, heißt
andererseits nicht, daß man sich darauf beschränken sollte,
irgendeine quasi-experimentelle Anordnung zu wählen. Viel-

mehr sollte die dem jeweiligen untersuchten Sachverhalt "adä-
quate" Anordnung ausgewählt werden.   K e r l i n g e r
(1965, S. 315) stellt drei Faustregeln auf, die bei der Prüfung der vorgefundenen Datenstruktur die Wahl des angemessenen quasi-experimentellen Designs für die jeweilige Fragestellung signalisieren:

1. Auswahl und Zuteilung der Vpn nach dem Zufallsprinzip.

2. Falls 1 nicht möglich, zumindest Versuch, die
   Vpn auf einigen Dimensionen zu matchen und Zufallszuteilung zu gewährleisten.

3. Ist auch das nicht möglich, so sollte wenigstens
   das Sample aus der gleichen Population (oder
   möglichst ähnliche Samples) gezogen werden, um
   zumindest diese Variationsquelle zu kontrollieren.

Wenn sogar bei echten experimentellen Anordnungen Alternativerklärungen möglich sind, so gilt dies umso mehr für quasi-
experimentelle Anordnungen. Unterscheiden sich experimentelle
und quasi-experimentelle Anordnung in dem Ausmaß der realisierbaren Kontrolle, so haben sie doch die gleiche Funktion,
nämlich unbrauchbare Alternativerklärungen auszuschalten. Da
man eine Theorie nie endgültig prüfen, sondern nur durch Ausschaltung konkurrierender Theorien erhärten kann, gewinnt eine Theorie umso mehr an Aussagekraft, je mehr sie Falsifizie-
rungsversuchen auf Grund von anderen Theorien widerstanden
hat. Gelingt es in diesen Tests, eine Vielzahl unterschiedlicher Phänomene durch e i n e Theorie, die gegenüber Alternativen resistent bleibt, zu erklären, so sollte eine solche allgemeinere Theorie den Vorzug haben gegenüber einer
Vielzahl kleinerer Theorien, die zur Erklärung bestimmter
Phänomene ersonnen werden (Prinzip der Erklärungsökonomie,

vgl. "Occam's razor"). Man kann allgemein mit C a m p -
b e l l und S t a n l e y (1966, S. 36) bzw. P o p -
p e r sagen: Das Kennzeichen entwickelter Wissenschaften
ist, eine Reihe von rivalisierenden und letztendlich "falschen" oder nur teilweise richtigen Erklärungen ausgeschaltet zu haben.

Eine weitere, damit zusammenhängende, Funktion von quasi-
experimentellen Anordnungen liegt in der "Überprüfung" experimenteller Ergebnisse in einem weiteren Rahmen. Wegen
der geringeren Kontrollmöglichkeit in einem Quasi-Experiment im Vergleich zu einem "echten" Experiment können diese "Überprüfungen" aber bestenfalls partieller Natur sein.
Doch gilt auch hier (mutatis mutandis): Die Zuverlässigkeit
und unter bestimmten Voraussetzungen auch die Gültigkeit eines Experimentalergebnisses steigt, je zahlreicher und unabhängiger dieses Ergebnis bei anderen Gelegenheiten und an
anderen Individuen demonstriert werden kann.

Neben dem Kriterium der Erklärungsökonomie, nämlich mit eher
wenigen allgemeinen Theorien auszukommen als mit vielen kleineren, ist im Rahmen dieser knappen Ausführungen über die Generalisierbarkeit experimenteller Ergebnisse (s. auch Kap.
8.3.4.1.) eine weitere Annahme zu erwähnen, die ein ebenfalls recht zweckmäßiges und darüber hinaus empirisch be-
gründetes Urteil darstellt. Es geht um die Annahme, daß die
zu untersuchenden Phänomene eher durch Hauptursachen gekennzeichnet sind als durch das Vorherrschen von Interaktionseffekten, die, wie wir oben sahen, eine Einschränkung
(= Spezifizierung) postulierter Kausalbeziehungen darstellen. U n d e r w o o d (1957, S. 6, zit. nach Campbell
und Stanley, 1966, S. 37) spricht in diesem Zusammenhang
auch von der Annahme einer endlichen Kausalwirkung. Wäre diese Annahme total unhaltbar, dann müßte man sich fragen, wie
die offenbar recht erfolgreich funktionierende menschliche
Erkenntnis überhaupt möglich wäre. "If the highest order in-

teractions with the specifics of space, time, and attributes
are always significant, then no generalization is possible,
and hence no knowledge and no science. A successfully estab-
lished main effect is a much more general generalization than
is an interaction effect" (Campbell, 1969a, S. 359; vgl. auch
Wiggins, 1968, S. 392). Nach Möglichkeit sollte versucht werden, durch Modifikation der experimentellen Bedingungen und
der Meßmethoden empirische Regelmäßigkeiten als "main effects" zu erklären (Prinzip der Erklärungsökonomie). In dieser Strategie kann man ein Analogon zu den Ausführungen über
die Variablenklassifikation von K i s h sehen (vgl. Kap.
6.1.). Dort ging es darum, durch sukzessiv erweiterte Kontrollen bestimmte Variablenklassen in die Analyse miteinzubeziehen.

Anwendungsmöglichkeiten quasi-experimenteller Designs bieten
sich nicht nur in bürokratischen Organisationen, wie z.B.
Schulen und Universitäten (vgl. hierzu die Diskussion einiger
Studien bei Stanley, 1967b), Rechtspflege und Militär (vgl.
auch die Diskussion einiger quasi-experimenteller Designs unter
dem Gesichtspunkt der Anwendungsmöglichkeiten im Rahmen **von**
"Sozialreformen" bei Campbell, 1969b). Auch die Veränderungen, die durch einen abrupten "externen" Wandel erzeugt werden, lassen sich durch quasi-experimentelle Anordnungen vorzüglich erfassen. Ein Beispiel ist die Untersuchung der Verbreitung einer technischen Neuerung. Kann man die Gesamtpo-
pulation in vergleichbare Teilpopulationen zerlegen, so läßt
sich je nach dem Grad der Informiertheit eine Reihe von Kon-
troll- und Versuchsgruppen realisieren, die eine aussagefähige quasi-experimentelle Anordnung ermöglichen (vgl. Campbell, 1967b, S. 281).

Nach diesen allgemeineren Ausführungen über Merkmale, Funktionen und Anwendungsmöglichkeiten von quasi-experimentellen
Anordnungen soll im folgenden zunächst die Zeitreihenordnung
dargestellt werden.

Nochmals ist zu bemerken, daß die oben dargestellten Anordnungen (8) bis (11) bereits quasi-experimentellen Charakter hatten, während den Anordnungen (1) bis (3) dieser Status abzusprechen ist. Diese Anordnungen stellten sich als absolut unzureichend heraus.

8.4.2. Zeitreihenexperiment

(12) $\qquad M_1 \qquad M_2 \qquad M_3 \quad X \quad M_4 \qquad M_5 \qquad M_6$

Soll bei dieser Anordnung eine Vielzahl von Alternativerklärungen ausgeschaltet werden, so müssen Messungen der gleichen Versuchsobjekte in gleichen Zeitabständen vorliegen. Dies trifft selbstverständlich auch für die Periode zu, in der der Stimulus X erfolgt. Die experimentelle Variable kann z.B., wie schon oben angedeutet, ein administrativer Entschluß oder zufälliger Umstand (Stromausfall in New York, vgl. auch Kap. 9.3.) sein. Entscheidend ist nur, daß X möglichst unabhängig von den anderen Messungen anfallen sollte, um Reaktivitätseffekte auszuschalten. Bis auf die durch den Stimulus bewirkte Veränderung und die üblichen Veränderungen im Zeitablauf sollte sich nichts Entscheidendes ändern, um bei der Vp nicht zusätzliche, nicht auf den Stimulus allein zurückzuführende, Reaktionen auszulösen. Die Differenzen zwischen den einzelnen Messungen sollten im Idealfall gleich sein oder zumindest zufällig variieren, wobei lediglich die Differenz zwischen M_4 und M_3 eine größere Abweichung nach oben oder nach unten aufweisen sollte.

Mit dieser Anordnung kann die Alternativerklärung durch "Meßeffekte" ausgeschaltet werden (wenn sich auch Abweichungen ergeben, wenn das gerade diskutierte Kriterium der Unauffälligkeit bei der Messung M_4 nicht erfüllt wird).

Beim Faktor "Reifungsprozesse" sind zwei Fälle zu unterscheiden: Finden sich bei den Meßwerten in gleichem zeitlichem Abstand auch die gleichen Differenzen, dann kann ein Reifungsprozeß mit konstanten Veränderungen erfolgt sein (wenn überhaupt ein Reifungsprozeß vorliegt). Bei einem sprunghaften Reifungsprozeß, der z.B. zwischen den Werten M_3 und M_4 stattfindet und nicht auf M_5 und M_6 durchschlägt, fällt die Kontrolle naturgemäß schwerer. In diesem Beispiel ließe sich der Effekt von X nicht von dem Maturations-Effekt trennen. Dies wird erst durch den Vergleich mit weiteren Zeitreihen möglich. Immerhin läßt sich durch die Vielzahl der Messungen mit dieser Anordnung die Wirkung von Reifungsprozessen besser kontrollieren als mit Anordnung (2).

"Veränderungen in den Meßinstrumenten" können aus naheliegenden, oft unterschiedlichen, Gründen erfolgen. Ein Beispiel wäre ein neuer Polizeichef in einer von kriminellen Ausschreitungen geplagten Großstadt. Er läßt sich mit der Versprechung wählen, die Stadt wieder sicher zu machen, und führt nach seiner Amtsübernahme eine neue Art der Zählung von Vorfällen ein (möglichst eine, die für seine Absichten spricht). Stehen hinter solchen Entscheidungen nicht politische Taktik oder bestimmte Kriterien technischer Effizienz, z.B. Computereinführung, dann erscheint es zweckmäßig, zumindest vorübergehend mit der alten Zählweise weiterzurechnen, um wenigstens einen Teil der Daten vergleichbar zu belassen bzw. die neuen vergleichbar zu machen (Campbell und Stanley, 1966, S. 41).

Regressionswirkungen scheiden deshalb als Alternativerklärung aus, weil sie "gewöhnlich eine negativ beschleunigte Funktion der vergangenen Zeit sind und deshalb implausibel als Erklärungen für größere Effekte" bei M_4 als bei M_1, M_2 und M_3 (Campbell und Stanley, 1966, S. 41).

Verzerrungen wegen einer unterschiedlichen Auswahl der Personen für die zu vergleichenden Gruppen können nicht entstehen, da per definitionem immer wieder die gleiche Gruppe gemessen wird.

Auch der Faktor "Ausfälle" ist kontrolliert, solange nicht die Aussageebene über die Ebene der Datensammlung (hier normalerweise die Individualebene) hinausgeht. In diesem Fall kann sich durch Ausfälle von Individuen ein Störfaktor für die Analyse ergeben.

Die Hauptfehlerquelle bei Zeitreihenexperimenten, die sich nach C a m p b e l l und S t a n l e y (1966, S. 37) in der physikalischen und biologischen Forschung des 19. Jahrhunderts großer Beliebtheit erfreuten, liegt - beinahe per definitionem - in den zeitlichen Einflüssen. Reichen in den Naturwissenschaften u.U. wenige Zeitreihen oder eine einzige Zeitreihe aus, um bestimmte Kausalaussagen machen zu können (da kaum reaktive Effekte vorliegen und sich Zeiteinflüsse besser kontrollieren lassen), so bedürfen Zeitreihenexperimente in den Sozialwissenschaften schärferer Kontrollen und vielfacher Replikationen. Die Vielzahl der Fehlinterpretationen von bestimmten Trends wird deutlich in einer graphischen Analyse von Campbell und Stanley (1966, S. 38 ff.; Campbell, 1967a, S. 220-230), auf die hier nur verwiesen werden kann. Wichtig an dieser Analyse ist, daß je nach Kontext, der aus den Werten der anderen Merkmale besteht und dessen Einfluß auf die Interpretation der Veränderungen bei graphischer Veranschaulichung besonders deutlich wird, sich u.U. total verschiedene Interpretationen ergeben. Eine Vergrößerung der Differenz zweier benachbarter Meßwerte nach dem experimentellen Stimulus kann z.B. dann zu einer Fehlinterpretation führen, wenn bei einer späteren Messung in der Zeitreihe ohne den experimentellen Stimulus auch ein entsprechender oder ein noch größerer Ausschlag erfolgt. Diese Art der Analyse ist besonders in der volkswirtschaftlichen empirischen Forschung von erheblicher Bedeutung, wenn verschiedene Zeitkomponenten den Konjunkturverlauf überlagern. Oft wird dann für einen wirtschaftlichen Erfolgsmaßstab gehalten, etwa im Zusammenhang mit einer Aufwertung, was vielleicht nur eine saisonale Komponente oder ein global wirkender historischer Trend ist. Auf jeden Fall sollte versucht werden, möglichst umfassende und vergleichbare Daten zu beschaffen und zu analysieren. Dies impliziert, daß Überlagerungen durch Zeiteinflüsse eher durch Zeitreihenvergleiche herauszuarbeiten sind.

Tendenziell gilt, daß bei einer Vergleichbarkeit der Werte sich die Gültigkeit der Befunde erhöht, je mehr zeitlich gestreute Werte vorliegen. Anordnung (12) hat damit in dieser Hinsicht einen wesentlichen Vorteil über die "Kurzfassung" in der vergleichbaren Anordnung (2).

Campbell und Stanley (1966, S. 39) sehen in der Variable "Zeiteinflüsse" ein Pendant zur künstlichen Isolierung im Experiment. Die ebendort auf S. 39 zu findende Bemerkung der Autoren, daß Künstlichkeit je nach der untersuchten Fragestellung variiert, kann man durch den Hinweis ergänzen, daß auch Zeiteinflüsse trotz ihres globalen Charakters je nach Fragestellung selektiven Charakter haben.

Interpretiert man den Zeitfaktor sehr umfassend (vgl. Kap. 7.1.), dann können auch die anderen Alternativfaktoren darunter fallen.

Wirken zyklische Komponenten als Zeiteinflüsse mit, dann empfiehlt sich folgendes Vorgehen (Campbell und Stanley, 1966, S. 40): entweder die Zyklen in ihrem Einfluß konstant zu halten (d. h. die Zeitreihen jeweils nach bestimmten Zykluswerten zu untergliedern) oder möglichst mehrere solche Zyklen in die Betrachtung miteinzubeziehen.

Die Gültigkeit von Daten, die auf Zeitreihenexperimenten basieren, läßt sich dadurch wesentlich erhöhen, daß man zum einen möglichst ex ante festlegt, was als experimenteller Stimulus gelten soll und nicht ausschließlich nach Betrachten einer Zeitreihe auf Grund einer irgendwie gearteten größeren Differenz nach irgendeinem Stimulus sucht. Zum andern sollte die zeitliche Spanne zwischen X und Nachhermessung ebenfalls von vornherein festgelegt werden.

Insgesamt empfiehlt sich diese quasi-experimentelle Anordnung dort, wo eine Vielzahl von Daten ohnehin systematisch erhoben wird.

Die Gültigkeit dieser Anordnung läßt sich zusätzlich verbessern, wenn viele Zeitreihenexperimente vorliegen, da man dann - wie oben angedeutet - Zeiteinflüsse wesentlich eher ausschalten kann.

Um bei Zeitreihendaten (statistisch signifikante) Beziehungen richtig zu deuten, müssen vor allem die jeweiligen Kontextbezüge berücksichtigt werden (s. auch die bei Campbell und Stanley, 1966, angedeuteten Möglichkeiten der Interpretation, wenn man nur zwei benachbarte Werte und nicht die gesamte Reihe der Daten für die Interpretation benutzt und damit den eigentlichen Vorteil der Zeitreihenanordnung wieder verschenkt). Als Kriterien zur Beurteilung solcher Veränderungen zweier (und - wie gesagt - mehrerer) Meßwerte kommen vor allem Sprünge und Veränderungen der Steigungsmaße in den Kurven in Frage, wobei allein 4 Möglichkeiten aus "Sprungstelle und Steigerungsveränderung steigend und fallend" möglich sind. Bezieht man in die Ausgangskriterien: Steigung und Sprungstellen auch noch Interaktionseffekte ein, d. h., z.B. in der Messung nach X zeigt sich nicht nur ein Sprung in der graphischen Darstellung, sondern auch eine Veränderung des Steigungsmaßes, so wird deutlich, mit welcher Vorsicht man an die Interpretation von Zeitreihendaten gehen sollte.

Von verzögerten Interaktionseffekten könnte man dann sprechen, wenn sich der experimentelle Stimulus X nicht bereits
in der nächsten, sondern erst in späteren Messungen auswirkt. Eine eindeutige Zuordnung dieser Meßwertveränderun-
gen zu X ist aber nur möglich, wenn mehrere Zeitreihenana-
lysen vorliegen, die eine ähnlich verzögerte Wirkung von X
aufweisen und die sich nicht alternativ erklären lassen.

Die Inferenzmöglichkeiten verbessern sich schlagartig, wenn
mehrere vergleichbare Zeitreihen vorliegen.

8.4.3. <u>Mehrfache Zeitreihen</u>

$$(13) \qquad M_1 \qquad M_2 \qquad M_3 \quad X \quad M_4 \qquad M_5 \qquad M_6$$

$$M_1 \qquad M_2 \qquad M_3 \qquad M_4 \qquad M_5 \qquad M_6$$

Mit dieser Anordnung, in der Anordnung (9) mitenthalten ist,
ist die interne Validität gewährleistet. Zusätzlich zu (9)
kann   in (13) der Interaktionseffekt durch Auswahlverzer-
rungen-Reifungseinflüsse kontrolliert werden. Dies ist möglich, weil eine Vielzahl von Messungen vorliegt und ein solcher Effekt sich auch bei den anderen Messungen zeigen müßte.
Auch andere Interaktionseffekte in Verbindung mit Reifungs-
einflüssen, bestimmten Meßinstrumenten usw. werden kontrolliert.

Möglich bleibt aber eine Erklärung durch den Interaktionseffekt von Auswahlverzerrungen-zeitlichen Einflüssen. Reaktive Effekte sind wie bei (12) nicht ganz auszuschließen,
aber nicht sehr wahrscheinlich.

C a m p b e l l   und   S t a n l e y   (1966, S. 57; vgl.
auch Campbell, 1967a, S. 232-235) halten diese Anordnung für
eine der brauchbarsten, möglicherweise die beste der eher
realisierbaren.

Die Kontrollvorteile gegenüber der einfachen Zeitreihe (12)
und der Kontrollgruppenanordnung ohne Randomisierung (9)
sind ganz erheblich. (Bei allen Anordnungen, die andere Anordnungen enthalten, ist eine halbwegs brauchbare Daumenregel, einfach die jeweiligen Vorteile, die in der Tabelle im
Anhang aufgeführt sind, zu addieren, wenn dies auch noch
nicht die inhaltlichen Überlegungen deutlich werden läßt.)

Liegen Meßwerte von mehreren Zeit-Samples vor, so kann auch
die folgende Anordnung von Vorteil sein.

8.4.4.   <u>Anordnung mit äquivalenten Zeit-Samples</u>

(14) $X_1 M$ $X_0 M$ $X_1 M$ $X_0 M$

Bei dieser Versuchsanordnung wird ein und dieselbe Population
bei unterschiedlichen Gelegenheiten gemessen, nämlich einmal,
nachdem der experimentelle Stimulus vorgelegen hat (X_1), und
einmal, nachdem er nicht vorgelegen hat (X_0).[1] Hier wird vorausgesetzt, daß die eventuelle Wirkung von X reversibler Art
sein muß bzw. daß Nicht-X unabhängig von X ist. Man kann mit
dieser Anordnung, deren Logik weitgehend der von (12) entspricht, zusätzlich zu (12) auch noch "zeitliche Einflüsse"
als Alternativerklärung ausschalten, da sie durch wiederholte Messungen in ihrem Einfluß kontrolliert werden können. Auch können Instrumentationseffekte kontrolliert werden, da sie sich
sowohl in den X_1-Messungen als auch in den X_0-Messungen zei-

---

1) Präziser wäre die Notierung $\sim X$; vgl. auch Kap. 8.2.

gen müssen, bei X_1-Messungen aber zusätzlich noch der auf
den experimentellen Stimulus zurückzuführende Effekt zu finden sein sollte.

Bei dieser Anordnung gilt das gleiche wie für alle Zeitreihen-Anordnungen, bei denen die Alternativerklärung "zeitliche Einflüsse" ja die bedeutendste ist: Liegen den Daten irgendwelche zyklischen Komponenten zugrunde, so müssen diese
auch kontrolliert werden, z.B. dadurch, daß man die Daten-
basis nach rückwärts verlängert (sofern das möglich ist)
oder auf einen Teil der Daten vorläufig verzichtet, da sie
nur einen Teil eines gesamten Zyklus darstellen.

Obwohl bei dieser Anordnung viele alternierende Messungen
vorgenommen werden und damit e i n Generalisierbarkeits-
kriterium erfüllt wird, sind doch außerdem Tests an weiteren
Populationen notwendig, um externe Validität zu erzielen.
Deshalb sind in der Tabelle im Anhang auch die Felder für
die externe Validität dieser Anordnung nicht positiv besetzt.
Offen bleibt die Frage, wieweit der Faktor Auswahlverzerrungen-X kontrolliert werden kann. Möglicherweise sind die Reaktionen der Versuchsgruppe nicht typisch für eine größere Population.

Weiterhin werden reaktive Effekte durch diesen Design nicht
ausgeschaltet, denn die Messungen werden ja an ein und derselben Population vorgenommen. Die getesteten Personen können also u.U. eigene Hypothesen bilden bzw. auf den gleichen
Stimulus, der ihnen zu einem späteren Zeitpunkt noch einmal
präsentiert wird, aus "reaktiven Gründen" anders reagieren
als beim ersten Mal, wo die Reaktion tatsächlich noch spontan war. Je natürlicher die Umgebung dieses Quasi-Experiments
ist, desto weniger ist mit solchen Effekten zu rechnen.

C a m p b e l l   und   S t a n l e y   (1966, S. 44-45) erwähnen weitere Hindernisse, die sich für eine Generalisierung ergeben können. Diese resultieren aus dem Wechsel von
X_1 und X_0. Man bezeichnet diese Effekte auch als "multiple X-interferences". Versuchsanordnung (14) setzt nämlich
voraus, daß X_1 nur zeitlich begrenzt wirkt, daß also zu dem
Zeitpunkt, wo X_0 vorliegt, von X_1 keine Wirkung mehr ausgeht und daß ferner zum Zeitpunkt der weiteren Präsentation
von X_1 die Vpn sozusagen wieder eine "tabula rasa" sind, ihre Reaktion also in gleichem Maße spontan sein soll wie beim
ersten Mal. Fraglich ist, ob es viele Sachverhalte gibt, die
diese Voraussetzungen erfüllen. Zumindest könnte man postu-
lieren, daß es sich um Sachverhalte handeln muß, von denen
die Vp psychisch nicht in erhöhtem Ausmaß berührt wird, denn
dann ist eine Generalisierung des Effektes von X_1 zu erwarten.

Anordnung (14) hat eine gewisse Ähnlichkeit mit faktoriellen
Anordnungen (s. Kap. 8.4.7.), doch liegt der besondere Nachteil dieser Anordnung darin, daß nur ein und dieselbe Population getestet wird. Zwar ist eine der Voraussetzungen für
eine Generalisierung intern gültiger Ergebnisse gegeben, nämlich Tests in mehreren Situationen, doch fehlt die andere,
der Test mehrerer (unterschiedlicher) Populationen.

Eine statistische Analyse dieser Anordnung könnte von einem
Vergleich der Mittelwerte der beiden unterschiedlichen Daten-
sätze ausgehen (X_1-Werte vs. X_0-Werte). Eine weitere Analysemöglichkeit besteht in dem Test von Differenzen zu unterschiedlichen Zeitpunkten. Sollten sich hier signifikante
Differenzen innerhalb der X_1-Werte und der X_0-Werte herausstellen, dann liegt jedoch der Verdacht nahe, daß Alternativen wirksam geworden sind, z.B. zeitliche Einflüsse. Die Basis für solche und ähnliche Aussagemöglichkeiten wird uns in
systematischer Weise bei den Block-Designs wiederbegegnen
(Kap. 8.4.8.).

C a m p b e l l und S t a n l e y diskutieren unter den
quasi-experimentellen Versuchsanordnungen noch eine Reihe
weiterer Möglichkeiten, deren Anforderungen aber teilweise
sehr komplex sind, um die nötige Kontrolle in der Realität
zu erzielen. Wir werden im folgenden noch auf einige dieser
Anordnungen kurz eingehen. Im übrigen sei nochmals ausdrücklich auf die Darstellung der beiden Autoren verwiesen.

Die folgenden Anordnungen sollen deshalb auch nur kurz erwähnt werden. Bei den faktoriellen Versuchsplänen und den
Anordnungen im lateinischen Quadrat erfolgt dann wieder eine
ausführlichere Darstellung.

8.4.5.   <u>Anordnung mit äquivalenten Materialien</u>

(15) $M_a X_1 M$ $M_b X_0 M$ $M_c X_1 M$ $M_d X_0 M$

Hierbei handelt es sich um eine Ausdehnung der vorhergehenden Anordnung, deren Einzelmessungen durch die Komponenten
M_a - M_d ergänzt werden. Diese stehen für bestimmte Materialien (Daten), die als Ausgangsbasis und als Vergleichsmaßstab dienen sollen. Wichtig ist hierbei, daß diese Materialien nach dem Zufall zugeteilt sind, sich also keine systematische Verzerrung ergibt, die es unmöglich macht, irgendeinen Wechsel, der durch X hervorgerufen werden soll, diesem
X auch zuzuschreiben. Im allgemeinen gilt für die interne
Validität dieser Anordnung das für Anordnung (14) Gesagte.
Bei der externen Validität ergibt sich ein kleiner Vorteil
dadurch, daß die Materialien nicht immer absolut die gleichen
sind. Für die statistischen Testmöglichkeiten bei dieser Anordnung sei auf die Quellen bei C a m p b e l l und
S t a n l e y (1966, S. 46) verwiesen.

Zur Verdeutlichung dieser Anordnung, die vielleicht in der
Realität eher möglich ist als die vorhergehende, seien noch

einmal die Ms erläutert: Es handelt sich um irgendwelche Informationen ("materials"), wobei eine statistisch zufällige
Verteilung der Materialien im Hinblick auf die untersuchte
Fragestellung gegeben sein muß: beide Materialien-Samples
(in diesem Fall: M_cX_1M, M_aX_1M vs. M_bX_0M, M_dX_0M) werden dann
zeitlich gestaffelt derselben Vp oder Versuchsgruppe vorgelegt.

Für soziologische Fragestellungen mit historischen Bezügen
erscheinen die Anordnungen (12) bis (15) besonders brauchbar zu sein. Je mehr Daten zusammengetragen werden über die
Entstehung moderner westlicher Industriegesellschaften (z.B.
über die politische Mobilisierung, sei es durch Wahlrecht,
Schulrecht, Massenkommunikationsmittel usw., vgl. z.B. Zapf
und Flora, 1971) und je mehr sich diese Daten durch Computer
auswerten lassen, desto eher wird auf diese paradigmatischen
Anordnungen zurückgegriffen werden. Dabei scheint der inter-
nationale Vergleich (vgl. Kap. 11.) von besonderer Bedeutung
als "Stimulus" für die Generierung von Zeitreihen (d. h.
mehr oder weniger "obskure" Quellen müssen erst einmal so
weit aufbereitet werden, daß die Daten maschinenlesbar und
damit in großem "quasi-experimentellen" Vergleich auswert-
bar sind).

Weitere Anwendungsmöglichkeiten der angeführten Designs können durch die Entwicklungen der "Social Indicators Movement"
(vgl. Bauer, 1966; Sheldon und Moore, 1968; Sheldon und Freeman, 1970; Zapf, 1971) geschaffen werden, wo es darum geht,
den sozialen und wirtschaftlichen Entwicklungsstand einer
- vorwiegend - industrialisierten Gesellschaft anhand viel-
fältiger Zeitreihen-Daten (z.B. über den Energieverbrauch
pro Kopf, die Zahl der Waschmaschinen, die medizinische Ver-
sorgung, das Bildungssystem usw.) zu bestimmen. Da in diesem
Fall die Daten wesentlich leichter erhebbar und aufzuberei-
ten sind, ist von dieser relativ jungen Bewegung mit Sicherheit eine "Rückmeldung" für (quasi-)experimentelle Strategien

zu erwarten.

Noch größer werden die Möglichkeiten quasi-experimenteller Aussagen auf der Basis von Zeitreihen-Analysen, wenn man die makrosoziologische Richtung über die Entstehung von modernen Staaten mit der Social Indicators Movement verbindet und Hypothesen über Entwicklungen moderner Gesellschaften und Gesellschaftssysteme auf dem Hintergrund solcher Zeitreihen-Daten testet.

Noch einmal ist zu betonen, daß bei den Zeitreihen-Anordnungen nur ein "minimaler" Eingriff des Forschers in die soziale Wirklichkeit erfolgt. Vor allem bei weiter zurückliegenden Ereignissen erfolgt die Präsentierung von X (meist) ohne Einwirkung des Forschers. Dieser kann nur dann solche unabhängig von seinem Einfluß zustandegekommenen Zeitreihen gemäß einer der beschriebenen Anordnungen auswerten, wenn die Struktur der Daten den jeweiligen Kontrollanforderungen genügen kann.

Auf der anderen Seite bieten sich dem Forscher dort Eingriffsmöglichkeiten, wo es darum geht, Verwaltungsreformen oder irgendwelche "bürokratischen" Varianten zu testen. Dieser Test wird umso eher möglich, je mehr Meßwerte aus der Vergangenheit und Gegenwart vorliegen.

Wurde bei den vorhergehenden Anordnungen die Kontrolle meist ohne eine explizite Kontrollgruppe angestrebt, so ist bei der folgenden Anordnung wieder eine Kontrollgruppe mit im Spiel. Dennoch zeigt sich auch hier eine gewisse Ähnlichkeit zu den Zeitreihenanordnungen. Außerdem ist diese Anordnung nahezu identisch mit Anordnung (8). Sie wird hier nur unabhängig angeführt, weil C a m p b e l l und S t a n l e y daraus eine Reihe von Varianten entwickeln, auf die hier aber nur z.T. eingegangen werden kann. Für eine detailliertere Diskussion sei nochmals auf Campbell und Stanley hingewiesen.

8.4.6. Vorher-Nachher-Messung mit verschiedenen Samples

(16)   R   M   (X)

          R   X   M

Bei dieser Anordnung wird die eine Gruppe nach dem experimentellen Stimulus gemessen, die andere nur vorher.   S e l l -
t i z   e t   a l .   (vgl. 1966, S. 116) sprechen hier auch
von "simulated before-after group". Zwar findet eine Randomisierung statt, doch ist vor allem wegen alternativ wirkender zwischenzeitlicher Einflüsse, die mit dieser Anordnung
nicht kontrolliert werden können, eine Äquivalenz beider
Gruppen zu einem späteren Zeitpunkt nicht gesichert. Eine
auch bei der ersten Gruppe erfolgte Nachhermessung würde
die Kontrollmöglichkeiten bei dieser Anordnung erhöhen. Immerhin ist diese Anordnung in der Kontrolle der Testeinflüsse und der Interaktionseffekte von Testen-X erfolgreicher
als Anordnung (2). Die hier fehlende Kontrolle für zeitliche Einflüsse kann durch eine Verdopplung der Anordnung erzielt werden, wobei sich die Verallgemeinerungsmöglichkeit
in zeitlicher Hinsicht vergrößert, wenn diese zweite Gruppe,
oder genauer: diese zweiten Gruppen, zu einem späteren Zeitpunkt getestet werden. Sind die Differenzen von Vorher- und
Nachhermessung (wobei jeweils eine Messung an der anderen
Gruppe vorgenommen wird) in beiden Fällen in etwa gleich,
dann könnte man vermuten, daß spezielle zeitliche Einflüsse
nicht wirksam geworden sind. Schwieriger wird die zeitliche

Kontrolle aber wieder bei zyklischen Trends.

Mit einem weiteren Ausbau der Anordnung (16) läßt sich auch der Faktor Reifungseinflüsse kontrollieren (vgl. Campbell und Stanley, 1966, S. 53): Durch Addition einer noch früher und nur ex ante gemessenen Gruppe. Mit dieser Variante ergibt sich eine noch größere Nähe zu den Zeitreihen-Anordnungen, wenn auch in diesem Fall keine wiederholten Messungen an denselben Vpn oder Versuchsgruppen vorgenommen werden.

Wie wichtig der Faktor "Reifungseinflüsse" sein kann, zeigt sich vor allem bei Krankheitstherapien,[1] wo man - eine gewisse extreme Lage des Patienten vorausgesetzt - einer bestimmten Behandlung zuschreibt, was vielleicht nur Regenerierungsprozessen des Kranken (hier einmal unter "Maturation" subsumiert) zugeschrieben werden müßte. Wenn man so will, auch eine Art "Regressionseffekt".

Mortalität als Alternativerklärung läßt sich ebenfalls durch eine weitere Kontrollgruppe ausschalten (vgl. Campbell und Stanley, 1966, S. 54).

Mit Anordnung (16) in ihrer Grundform lassen sich nur wenige der Faktoren kontrollieren, die störend auf die interne Validität wirken. Auf der Seite der externen Validität ergibt sich bei dieser Anordnung aber ein deutliches Plus (insofern als wenig in bestehende Sozialbezüge eingegriffen wird und damit keine reaktiven Effekte hervorgerufen werden). Doch läßt sich dieser mögliche Vorteil einer größeren

---

1) Ein besonders wichtiger Störfaktor bei der Bewertung des Erfolges von Therapien ist der Glaube des Patienten an bestimmte Therapien und seine Kenntnis davon, daß er mit einer bestimmten Therapie behandelt wird. Diese Faktoren können komplizierte Interaktionseffekte - auch beim Therapeuten! - hervorrufen (vgl. auch die Placebo-Technik in Kap. 8.2.1.).

Repräsentativität des Ergebnisses solange nicht als wirkliches Plus verbuchen, solange man nicht sicher ist, daß die Alternativfaktoren, die auf die interne Validität wirken und die quasi-experimentelle Variable in Frage stellen können, kontrolliert sind. Lassen sich durch zusätzliche Überlegungen, z.B. durch Ausbau dieser Grundanordnung, die Bedenken gegen die interne Validität ausräumen, dann kann Anordnung (16) als recht brauchbare Anordnung gelten, weil sich dieselbe Ursache und derselbe Effekt an mehreren, teilweise zeitlich versetzten Gruppen demonstrieren läßt und damit eine größere externe Validität gegeben ist (zum Verhältnis von interner und externer Validität s. auch Kap. 7.2.).

Nicht ganz geklärt scheint u.E. die Frage, wieweit eine Interaktion von Auswahlverzerrungen-X mit dieser Anordnung ausgeschaltet werden kann. Man kann bezweifeln, ob C a m p - b e l l   und   S t a n l e y   die Kontrollmöglichkeiten dieser Anordnung in diesem Punkt nicht zu positiv einschätzen. Eine Kontrolle des Interaktionseffektes von Auswahlverzerrungen-X läßt sich erst dann erreichen, wenn diese Anordnung auf viele Versuchsgruppen unterschiedlicher Populationen erweitert wird und wenn sich herausstellt, daß die X zugeschriebene Wirkung auch in diesen Fällen festzustellen ist. Da dies aber mutatis mutandis für eine Vielzahl anderer Anordnungen gilt, ist es fraglich, warum Campbell und Stanley gerade bei der Grundform der Anordnung (16) so optimistisch urteilen.

Insgesamt gesehen mag zu Recht von dieser Anordnung gelten, daß sich mit geringeren (= weniger "künstlichen") Anforderungen zwar eine größere Verallgemeinerungsbasis schaffen läßt, man aber dennoch nicht zufriedenstellend behaupten kann, welche Wirkung denn nun X gehabt hat.

Damit zeigt sich, wie begründet die Forderung von Campbell und Stanley (vgl. oben Kap. 7.2.) ist, sowohl interne Validi-

tät als auch externe Validität zu erreichen und wie sehr die
Behauptung zutrifft, die interne Validität limitiere die externe Validität.

Bevor auf einige hochgradig komplexe Versuchsanordnungen mit
quasi-experimentellem Charakter eingegangen wird, sei eine
Gruppe von Versuchsplänen diskutiert, bei denen sich große
Möglichkeiten der statistischen Analyse bieten. Alle nachfolgenden Anordnungen in den Kap. 8.4.7. bis 8.4.10. sind in
irgendeiner Weise miteinander verwandt. Ihre Vorteile wie ihre Nachteile sind sehr ähnlich.

Vorab ist zu bemerken, daß aus der Fülle der Kombinationsmöglichkeiten, die die folgenden Anordnungen in sich bergen,
nur ein verschwindender Bruchteil diskutiert werden kann.
Hier geht es vor allem um die Prinzipien, die den Grundtypen
zugrundeliegen, nicht darum, einzelne dieser Anordnungen er-
schöpfend zu behandeln.

Zunächst sollen faktorielle Anordnungen, dann die sogenannten
Block-Anordnungen und schließlich das lateinische Quadrat behandelt werden. Auf die ersten beiden Typen von Versuchsanordnungen ist im Verlauf der Darstellung schon mehrfach knapp
hingewiesen worden. Zur Verdeutlichung seien hier einige Gesichtspunkte noch einmal angeführt, wenn sie auch schon an
früherer Stelle mitbehandelt wurden.

8.4.7. Faktorielle Anordnungen

Man kann darüber streiten, ob faktorielle Anordnungen unter
die "echten" experimentellen Anordnungen zu rechnen sind. Im
Prinzip ist diese Frage zu bejahen. Durch die größere Zahl
der Vergleichsgruppen werden stärkere Kontrollen möglich. Doch
tauchen damit auch zusätzliche Kontrollprobleme auf.

Das lateinische Quadrat dagegen (Kap. 8.4.9.) wird von
C a m p b e l l   und   S t a n l e y   (1966, S. 50-52)
definitiv den quasi-experimentellen Anordnungen zugerechnet, da sich hier besondere Interaktionsprobleme durch Aus-
wahlverzerrungen-Reifungseinflüsse usw. ergeben. In dieser
Darstellung werden beide Formen der Versuchsanordnung hintereinander behandelt, da das lateinische Quadrat nur ein
Sonderfall einer faktoriellen Anordnung ist.

Bei den faktoriellen Versuchsanordnungen werden zwei oder
mehrere Variablen   g l e i c h z e i t i g   in ihrem Einfluß auf die abhängige Variable untersucht. War für alle
bisherigen Anordnungen typisch, daß der experimentelle Stimulus nur eine Variable repräsentieren sollte, wenn er auch
mehreren Gruppen vorgelegt werden konnte, so ist das Neue
an den faktoriellen Anordnungen, daß sie die Möglichkeit
bieten, zwei oder mehrere unabhängige Variablen in ihrem Einfluß auf die abhängige Variable zu studieren. Damit kann man
dem Experiment ein wenig von der Künstlichkeit nehmen, die
ihm bei der Verwendung nur eines experimentellen Stimulus an-
haftet. Setzt man voraus, daß in der sozialen Realität die
Mehrzahl der Erklärungsobjekte durch Multikausalität, d. h.
durch jeweils mehrere Ursachen gekennzeichnet ist, dann ist
eine faktorielle Anordnung für eine Erklärung dieser Phänomene besonders vorteilhaft.

Ferner ist für faktorielle Anordnungen typisch, daß die unabhängigen Variablen auf unterschiedlichen Ausprägungsgraden
oder Stufen in ihrem Einfluß auf die abhängige Variable untersucht werden können. Zwar ist das im Prinzip auch bei den
Einfaktorexperimenten ("Single-factor Designs", die der Ausgangspunkt für faktorielle Anordnungen sind, s. auch Ross und
Smith, 1968, S. 376) möglich, doch muß man dafür jeweils ein
neues Experiment ansetzen, während hier die Anordnung es gestattet, viele Beziehungen gleichzeitig zu untersuchen. Werden die Vpn zufällig aus einer Grundgesamtheit gezogen, auf

die verallgemeinert werden soll, und werden die Vpn auch zufällig auf bestimmte Behandlungen, oder genauer: Behandlungs-
kombinationen, verteilt, dann läßt sich zumindest prinzipiell
die Kategorie von Verzerrungen, die z. B. durch Lerneffekte
o. ä. begünstigt werden, ausschalten. Werden alle möglichen
Kombinationen von Ausprägungen der untersuchten Variablen
in den Untersuchungsplan miteinbezogen und ist die Besetzung
innerhalb aller Zellen gleich, dann spricht man auch von einem "vollständigen faktoriellen Experiment mit gleicher Zahl
von Replikationen" (Edwards, 1971, S. 234).

Auch die Parallelgruppenanordnung, bei der einer Gruppe der
experimentelle Stimulus vorgesetzt wird und eine andere als
Kontrollgruppe dient, ist im weitesten Sinne ein faktorieller Versuchsplan, nur daß dabei die Kontrollgruppe allein
der Verringerung des Versuchsfehlers dient und nicht der Untersuchung eines bestimmten Niveaus einer unabhängigen Variablen. Denn der Kontrollgruppe wird ja nicht X_2 präsentiert, sondern kein X (s. auch Edwards, 1971, Kap. 17).

Werden z.B. zwei Variablen gleichzeitig in ihrer Auswirkung
auf die abhängige Variable untersucht, dann können entweder
beide gleichzeitig manipuliert werden, oder jeweils eine wird
durch Matching konstant gehalten. K e r l i n g e r (1965,
S. 325) spricht in diesem Zusammenhang auch von "aktiven" und
von "zugewiesenen" Variablen. "Zugewiesene" ("assigned") Variablen sind Merkmale, die die Vpn ohnehin verkörpern. E d -
w a r d s (vgl. 1971, S. 295 ff.) unterscheidet ähnlich
"experimentelle" und "organismische" Variablen. Bei der Ex-
post-facto-Anordnung (s. Kap. 9.1.) sind beide Merkmale "zugewiesen". Interessieren nur bestimmte Faktorintensitäten
(z.B. die "reinforcement schedules" der Lerntheorien), die
in ihren Auswirkungen untersucht werden sollen, so spricht
man auch von "fixen Faktoren" (Edwards, 1971, S. 336).

Ein einfaches Beispiel soll den Aufbau einer faktoriellen
Anordnung verdeutlichen.

$$
(17) \qquad
\begin{array}{c|cc}
 & W_1 & W_2 \\
\hline
X_1 & M_1 & M_2 \\
X_2 & M_3 & M_4 \\
\end{array}
\qquad
\begin{array}{c} (2\text{x}2\text{-faktorielle} \\ \text{Anordnung}) \end{array}
$$

Hier handelt es sich um vier Teilgruppen, denen getrennt,
aber möglichst zum selben Zeitpunkt (um Zeiteinflüsse als
Alternativerklärung auszuschalten), eine jeweilige Kombination der beiden unabhängigen Variablen W und X vorgelegt
wird. Die Messungen M_1 bis M_4 sollten (aus demselben
Grund) auch alle möglichst zum gleichen Zeitpunkt stattfinden. Wirken beide Faktoren positiv auf die abhängige Variable ein und stellt die zweite Ausprägung jeweils den höheren
Wert dar, so sollte gelten: $M_4 > M_3$, $M_2 > M_1$, $M_3 > M_1$ und
$M_4 > M_2$. Ist die Wirkung der beiden Faktoren auf die abhängige Variable negativ und stellt die zweite Ausprägung jeweils die stärkere Ausprägung dar, so sollten die umgekehrten Fälle gelten: $M_3 > M_4$ usw.

Wenn bei dieser Anordnung v e r s c h i e d e n e Personen oder Gruppen unterschiedlichen Behandlungen ausgesetzt
werden, sind sogenannte "carry-over"-Effekte, d. h. Beein-
flussungen späterer Reaktionen durch frühere, nicht zu erwarten. Früher wurden bereits vergleichbare Probleme in der
Auswirkung eines Pretests auf das Ergebnis des Posttests diskutiert (Kap. 8.2.1.). Werden dagegen die g l e i c h e n
Personen mehrfach getestet, wie es z. B. typisch für das lateinische Quadrat ist, so ist mit diesen " c a r r y -
o v e r " - E f f e k t e n , die sich als Interaktionswirkungen herausstellen, zu rechnen.

Ein inhaltliches Beispiel (für weitere Beispiele s. bei Kerlinger, 1965, S. 325 ff.; Edwards, 1971, S. 235 ff.) für die
obige Anordnung wäre etwa die Fragestellung, welchen Heiler-
folg zwei gleichzeitig verabreichte Heilmittel (X und W) gegen Grippe erzielen. Die Dosis könnte in stark (X_2 bzw. W_2)
und schwach (X_1 bzw. W_1) unterteilt werden. Wirken die beiden unabhängigen Variablen, die Heilmittel, nur additiv,
dann müssen die Steigungen jeweils gleich sein, wenn man eine
gesamte Spalte bzw. Zeile mit der anderen Spalte bzw. Zeile
vergleicht. Zwar sollten sich in der abhängigen Variablen je
nach der Dosis-Kombination der verabreichten Mittel Unterschiede ergeben, doch sollten sich Richtung und Steigungsmaß
nicht ändern, wenn nur additive Beziehungen vorliegen. Selbstverständlich kann man mit der faktoriellen Anordnung auch Interaktionseffekte feststellen, doch soll auf die Interakti-
onsproblematik erst später (Kap. 8.4.9.) eingegangen werden.

Ein weiterer Vorteil faktorieller Anordnungen liegt darin,
daß durch die Vielzahl der Bedingungen eine Flexibilität in
der Vorgehensweise ermöglicht wird. Stellt sich z.B. im Rahmen eines größeren Versuchsprogramms heraus, daß die Schwel-
lenwerte, die als Ausprägungen bestimmter Variablen anzusehen
sind, andere als erwartete Werte annehmen, so läßt sich der
ursprüngliche Aufbau des Experiments ohne weiteres beibehal-
ten, nur die Intensität der unabhängigen Variablen wird ver-
ändert. Verfügt der Vl über eine genügend große Zahl von Vpn,
so läßt sich mit dieser Vorgehensweise auch leicht ein zusätzlicher Faktor in seinem Haupteinfluß und in seinen Interaktionswirkungen untersuchen. Allerdings werden bei nur drei
Faktoren mit jeweils zwei Ausprägungen (= a s y m m e -
t r i s c h e r   f a k t o r i e l l e r   V e r s u c h s -
p l a n)   bereits 6 zufallsverteilte Versuchsgruppen vorausgesetzt. Allgemein berechnet sich die Zahl der Versuchsgruppen und der Behandlungen aus der Formel n · k, wobei
n für die Anzahl der Variablen und k für die Zahl der Ausprägungen steht. Ein   s y m m e t r i s c h e r   f a k t o -

r i e l l e r   V e r s u c h s p l a n   ist dann gegeben,
wenn n = k ist.

Der ökonomische Vorteil dieser Anordnung liegt - abgesehen
von der Zeit- und Kostenersparnis - darin, daß ein und dieselbe Vp (oder auch Versuchsgruppe, s. auch den faktoriellen
Block-Design, Kap. 8.4.8.) einmal in die Zeilen- und einmal
in die Spalteninterpretation miteingeht. Das bedeutet, daß
sich die gefundenen Beziehungen eher verallgemeinern lassen,
da sie auf verschiedenen Niveaus der Spalten- und Zeilenva-
riablen gelten. Neben der Erfassung von Interaktionseffekten (Faktoren sind nicht unabhängig!), was mit den "Single-factor
Designs" nicht möglich ist, in denen nur die Intensität einer Variable variiert wird, ermöglicht es die faktorielle
Anordnung in gleicher Weise wie einige der oben genannten
Anordnungen, Haupteffekte (Faktoren sind unabhängig!) einzelner Variablen festzustellen (s. hierzu Cochran und Cox,
1957, S. 150-151).

Auf weitere Vorteile haben C o c h r a n und C o x
(1957, S. 148 ff.) aufmerksam gemacht. So eignet sich eine
faktorielle Anordnung unter Umständen vorzüglich für eine
Explorationsstudie. Wenn man noch nicht genau weiß, mit welchen Bedingungen man es im einzelnen zu tun hat, mag es ein
ökonomisches Verfahren sein, eine Vielzahl von Bedingungen
mit einer Anordnung simultan zu untersuchen. Für den Fall allerdings, daß man über das Untersuchungsobjekt schon einiges
weiß, mag es mitunter eine ökonomischere Vorgehensweise sein,
mehrere Variablen systematisch in kleineren separaten Experimenten zu variieren, anstatt eine große faktorielle Ver-
suchsserie durchzuführen (Cochran und Cox, 1957, S. 152).

Man sollte vor einer ausgedehnten Anwendung der faktoriellen
Versuchsanordnung - wie überhaupt bei allen Anordnungen - immer prüfen, ob die Kosten auch dem Erkenntnisertrag entsprechen. So sehr es naheliegt, möglichst viele Dimensionen und

Ausprägungen dieser Dimensionen gleichzeitig in ein faktorielles Experiment miteinzubeziehen, so stehen dem doch einige Schwierigkeiten entgegen, z.B. die, bei mehr als drei Dimensionen möglichst eine gleiche Besetzungszahl für alle Zellen und zusätzlich auch noch eine zufällige Auswahl der Vpn zu gewährleisten.

Außerdem kann u.U. an einigen Felderkombinationen überhaupt kein Interesse bestehen. Oder es mag sich als unmöglich erweisen, alle Felder zu besetzen oder gleichmäßig zu besetzen, was für den Fall ungleicher Besetzungszahlen die Anwendung komplizierterer statistischer Verfahren zur Folge hat (für eine statistische Analyse faktorieller Anordnungen s. neben Cochran und Cox, 1957, auch McGuigan, 1968, S. 259-288).

Insgesamt gesehen überwiegen aber bei der faktoriellen Anordnung eindeutig die Vorteile. Externe Validität läßt sich mit dieser Anordnung durch eine Vielzahl von Replikationen erreichen, wobei die Samples möglichst zufällig aus der Population gezogen werden sollten, auf die verallgemeinert werden soll.

Im übrigen bestehen gewisse Ähnlichkeiten zwischen faktoriellen Versuchsplänen und der multivariaten Analyse (vgl. Kap. 12.). Auch bei einer faktoriellen Versuchsanordnung kann z.B. eine vorläufige Variablenbeziehung durch Hinzufügung einer dritten Dimension spezifiziert werden.

Eng mit den faktoriellen Anordnungen hängen die sogenannten Block-Designs zusammen.

8.4.8. Block-Anordnungen

Von Block-Anordnungen war in dieser Arbeit sinngemäß schon
an mehreren Stellen die Rede, z.B. bei den Ausführungen über
einen allgemeineren Begriff der Kontrollgruppe (vgl. Kap.
8.3.4.2.). Wenn man so will, stellte dort jede der Kontrollgruppen, die gleichzeitig auch als Experimentiergruppe dien-
te, einen Block dar im Rahmen des gesamten Blocks.

Der Terminus "Block-Design" stammt aus der agrarbiologischen
Forschung, wo unter "Block" mehrere angrenzende Parzellen
verstanden wurden, die sich in ihrer Beschaffenheit sehr
ähnelten (vgl. Edwards, 1954, S. 278).

In der sozialwissenschaftlichen Forschung ist mit "Block"-
Bildung im Grunde ein dem Matching entsprechendes Verfahren
gemeint. Die Vpn oder auch Versuchsgruppen werden nach einem
(oder mehreren) bestimmten Gesichtspunkt(en) "gleich" zusammengestellt, um die Variation eines vorher nicht kontrollierten Faktors, der normalerweise stärker mit der abhängigen
Variablen korreliert, auszuschalten. Insofern dient der Block-
Design (wie im weiteren Sinne alle Anordnungen) dazu, "to
purify the material" (Ross und Smith, 1968, S. 378). Eine
Blockbildung ist allerdings nur dort zu empfehlen, wo die
Blockvariable auch in sinnvoller Beziehung zu der untersuchten abhängigen Variablen steht, also die Interpretation der
Variation der abhängigen Variable beeinflussen könnte.

Eine Block-Anordnung ist immer dort unsinnig, wo es sich um
irrelevante Variablen handelt. Z.B. wird man keinen Block
der Plattfüßler bilden, wenn man die Auswirkungen einer bestimmten Lehrmaßnahme (die nichts mit Gehen usw. zu tun hat)

auf den Lernerfolg messen will.[1]

Die Gesamtzahl der Beobachtungen wird wieder errechnet aus der Zahl der Blöcke · Zahl der Behandlungen.

Abgesehen von den während der gesamten Darstellung schon behandelten Formen der Gleichsetzung von Vpn oder Gruppen (und das ist, wie gesagt, nichts anderes als der Block-Design) und den dort genannten Anwendungsmöglichkeiten, kann die Anwendung des Block-Designs vor allem in der ökologischen Forschung von Bedeutung sein. Man kann z. B. ein Stadtquartier in bestimmte Blöcke unterteilen, die in sich möglichst homogen sein sollten, um eine Vergleichsbasis zu haben. Präsentiert man dann einigen dieser Blöcke, die zufällig ausgewählt werden, einen experimentellen Stimulus, so hätte man das Design eines Feldexperiments ausgeführt (vgl. auch Kap. 9.2.).

Bevor noch näher auf die Blockanordnung eingegangen wird, sollen einige Termini kurz diskutiert werden, die in der Literatur immer wieder zu finden sind. Der zugrunde liegende Sachverhalt wurde in dieser Arbeit bereits berührt.

---

1) Ein Nachteil der Blockbildung liegt in der Verringerung der Freiheitsgrade. Zwar kann man die Varianz des Irrtumsgliedes durch eine Blockbildung reduzieren (da man ja eine zusätzliche Variable kontrolliert hat), doch nimmt man dafür eine Einschränkung in den Wahlmöglichkeiten der Zellenbesetzungen in Kauf. Denn Freiheitsgrad bedeutet: die Zahl an Feldern, die man wählen kann, ohne daß die restlichen Felder in einer Tabelle bestimmt sind. Freiheitsgrade und zusätzliche Kontrolle durch Blockbildung stehen in einem reziproken Verhältnis zueinander. Bei R o s s und S m i t h (1968, S. 378) findet sich hierzu eine Tabelle von F i s h e r , die angibt, wann sich eine Blockbildung empfiehlt, und wann die Reduzierung der Irrtumsvarianz einen zu großen Nachteil gegenüber der geringeren Zahl an Freiheitsgraden darstellt. Diese Überlegung gilt entsprechend für alle Block-Anordnungen.

Von den Blockanordnungen ist zunächst einmal der Z u -
f a l l s g r u p p e n p l a n (" r a n d o m i z e d
g r o u p   d e s i g n ")[1] zu unterscheiden, bei dem
verschiedene Experimentier- und Kontrollgruppenrein nach dem
Zufallsprinzip gebildet werden. Konsequenterweise sollte, worauf ja auch schon mehrfach hingewiesen wurde, in solchen
Fällen auch die Präsentierung des experimentellen Stimulus
auf dem Zufallsprinzip beruhen.

Der Randomized Group Design wird auch - terminologisch nicht
ganz präzise - in der Literatur als "matched group design"
(Edwards, 1954, S. 278) bezeichnet. Er liegt bereits bei den
einfachen Parallelgruppenanordnungen (4) und (5) vor. Die Reduzierung der Irrtumsvarianz ist darin begründet, daß ein
Teil dieser Varianz jetzt auf den kontrollierten Faktor zurückzuführen ist (vgl. Edwards, 1954, S. 279).

Zufallsgruppenplan und Block-Design kann man nun kombinieren zum sogenannten " R a n d o m i z e d   B l o c k
D e s i g n " .   Dabei werden wieder Blöcke bei den Variablen gebildet, die die abhängige Variable in bedeutsamer Weise mitbeeinflussen können; gleichzeitig werden die jeweiligen homogenen Blöcke nach dem Zufallsprinzip dem experimentellen Stimulus ausgesetzt (für Vorteile dieser Anordnung
s. Ackoff, 1962, S. 325-326; Cochran und Cox, 1957, S. 106-
107).

Die Blockanordnung stellt sich als im Grunde nicht neu heraus. Sie ist im übrigen den faktoriellen Anordnungen äußerlich sehr ähnlich. Auch dort werden mehrere Variablen mit
bestimmten Ausprägungen gewählt. Nehmen wir einmal an, es

---

1) Nicht zu verwechseln mit dem "Completely Randomized Design" (vgl. Ackoff, 1962, S. 324-325).

würde nicht gekennzeichnet, was Blockvariable und was unabhängige Variable wäre, dann läßt sich rein äußerlich nicht unterscheiden, um welchen der beiden Fälle es sich handelt, vor allem wenn mehrere Blöcke gleichzeitig gebildet werden. Der Unterschied liegt in der Zielsetzung. Bei der faktoriellen Anordnung interessiert eine unabhängige Variable in ihren verschiedenen Ausprägungen in ihrem Einfluß (natürlich zusammen mit anderen Faktoren) auf die abhängige Variable. Bei der Block-Anordnung geht es nur um die reine Kontrolle. Faßt man dagegen den Begriff der Block-Anordnung weiter, so kann man darunter auch die faktorielle Anordnung begreifen für den Fall, daß man nachher spalten- oder zeilenweise Vergleiche anstellt und dabei vorübergehend einen Block bildet. Im übrigen stellt jeder "Single-factor Design" im Kern einen Block dar (vgl. bei Ross und Smith, 1968, S. 376).

Da sich nach dem gerade Gesagten eine Modelldarstellung dieser Anordnung erübrigt, sei noch einmal auf die Anordnung (17) hingewiesen, mit der für den Fall, daß zwei Variablen durch Blockbildung kontrolliert werden sollen, äußerlich Übereinstimmung besteht. W_1 und W_2 z.B. wären dann die beiden Variablen, für die jeweils ein Block zu bilden wäre.

Problematisch kann die Analyse einer Blockanordnung durch Regressionseffekte werden. Da Teilpopulationen im allgemeinen eine Tendenz haben, auf den Mittelwert der Population zu regredieren, der sie angehören, ergibt sich allein schon durch diese Tatsache eine Möglichkeit der Fehlinterpretation der Variation der abhängigen Variable. Dem experimentellen Stimulus X wird dann fälschlicherweise zugeschrieben, was eigentlich auf die unterschiedliche Lage verschiedener Mittelwerte zurückzuführen ist (s. auch die in Kap. 8.1.2. angegebenen diesbezüglichen Quellen sowie Edwards, 1954, S. 279-281).

Man kann die Kontrollfaktoren, nach denen die Blöcke gebildet werden sollen, auch nach qualitativen Merkmalen, wie z.B. Geschlecht, und nach quantitativen Variablen, wie z.B. Schulbildung, trennen (vgl. hierzu Bredenkamp, 1969, S. 348 ff.). So wie beim faktoriellen Design mehrere Variablen gleichzeitig untersucht werden, werden in diesem Fall mehrere Variablen gleichzeitig kontrolliert.

Möglich ist auch eine Zusammenfassung mehrerer Blöcke zu einer bestimmten Modalität (einem Block "höherer Ordnung"). Damit soll ein höheres Maß an Präzision erzielt werden (s. hierzu ebenfalls Bredenkamp, 1969, S. 350).

Da der Block-Design, wie schon mehrfach gesagt wurde, an sich nichts anderes als eine Form der Parallelgruppenanordnung darstellt, sei hier auf die dort gemachten Einwendungen verwiesen (Kap. 8.2.1. und Kap. 8.2.2.).

Eine besondere Form der Blockbildung stellen die folgenden Anordnungen dar, die trotz ihres anspruchsvollen Namens nicht mit dem Stein der Weisen verwechselt werden sollten, denn die Kontrollprobleme scheinen nur auf den ersten Blick gelöst. Bei näherem Hinsehen stellt sich aber heraus, daß sich bei dieser Anordnung neue Probleme im Vergleich zum Block-Design und der faktoriellen Anordnung ergeben.

8.4.9.   <u>Lateinisches Quadrat</u>

Beim lateinischen Quadrat, das von   R . A .   F i s h e r   in den dreißiger Jahren in die Versuchsplanung eingeführt wurde und von dem Mathematiker   L .   E u l e r   bereits im 18. Jahrhundert untersucht wurde, werden die Vpn auf mehrere Behandlungen so aufgeteilt, daß jede Vp in jeder Zeile einmal jede Behandlung und auch in jeder Spalte einmal jede

Behandlung mitmacht, also jede Spalte bzw. Zeile alle Vpn
und auch alle Behandlungen enthält. Außerdem muß (beim "vollständigen" lateinischen Quadrat; vgl. auch weiter unten die
Varianten) die Zahl der Zeilen gleich der Zahl der Spalten
sein.

Die Schreibarten können variieren. Die Vpn oder Versuchsgruppen können an den Zeileneingängen von oben nach unten
notiert sein und die Zeitpunkte im Tabellenkopf von links
nach rechts (oder beides gegeneinander vertauscht). Bei dem
nachfolgenden Beispiel handelt es sich um ein 4x4-lateini-
sches Quadrat.

(18)

	Zeitpunkte			
	1	2	3	4
Vpn od. Gruppe A	X_1M	X_2M	X_3M	X_4M
Vpn od. Gruppe B	X_2M	X_4M	X_1M	X_3M
Vpn od. Gruppe C	X_3M	X_1M	X_4M	X_2M
Vpn od. Gruppe D	X_4M	X_3M	X_2M	X_1M

X_1 bis X_4 stellen die verschiedenen Behandlungen dar. Entsprechend dem Tabellenkopf, der die Zeitpunkte 1 bis 4 angibt, wird z.B. in die Gruppe B erst X_2, dann X_4, darauf X_1
und schließlich X_3 eingeführt. Im Zeitpunkt 2 z.B. erhält
die Gruppe A den Stimulus X_2, die Gruppe B den Stimulus X_4,
Gruppe C den Stimulus X_1 und Gruppe D den Stimulus X_3 usw.
M steht für das jeweilige Meßergebnis der abhängigen Variable.

Jede Vp oder Versuchsgruppe wird mehreren Behandlungen unterzogen, wobei eine der Grundannahmen beim lateinischen Quadrat
ist, daß diese Behandlungen auf die verschiedenen Vpn - vor-

ausgesetzt, daß sie den einzelnen Behandlungen zufällig zugeteilt worden sind - gleich wirken. Ist dies nicht der Fall,
spielen also Interaktionseffekte mit, so ist man auf kompliziertere Kontrollverfahren angewiesen, die gleich dargestellt
werden.

Wie implizit schon gesagt, ist die zweite Grundannahme, daß
keine Sequenzeffekte ("carry-over-effects") von vorhergehenden Versuchen auf nachfolgende Versuche wirken. Da bei dieser Anordnung die Vpn dauernd permutiert werden, spricht man
auch von "rotation experiment" (McCall) oder "counter-bal-
anced design" (Underwood, 1957) oder von "cross-over design"
(Cochran und Cox, 1957; vgl. auch Campbell und Stanley, 1966,
S. 50).

Lateinische Quadrate lassen sich nach C a m p b e l l   und
S t a n l e y   (1966, S. 51) vor allem dort anwenden, wo Pretests verzerrende, sprich sensibilisierende, Wirkungen haben.
Doch hat die vielfache Messung beim lateinischen Quadrat möglicherweise gleiche Folgen wie ein Pretest, was sich durch
zusätzliche lateinische Quadrate überprüfen läßt.

Jedes lateinische Quadrat enthält drei Arten von Klassifikationen: Vpn bzw. Versuchsgruppen, verschiedene Behandlungen
und verschiedene Zeitpunkte. Da jede Variante der drei Dimensionen gleich häufig mit jeder Variante der anderen Dimensionen auftaucht, spricht man auch von einer "orthogonalen Klassifikation" (vgl. Campbell und Stanley, 1966, S. 51).

Vergleiche bei einem lateinischen Quadrat sind jeweils von
Zelle zu Zelle möglich, wie auch Vergleiche, die von den
Spalten und/oder Zeilen insgesamt ausgehen, denkbar sind.
In unserem Beispiel würde ein spaltenweiser Vergleich prüfen, wieweit die Reaktionen der Vpn oder Versuchsgruppen auf
die gleichen Stimuli, aber zu verschiedenen Zeitpunkten, "sta-
bil" sind.

Vergleicht man die Reaktionen auf die gleichen Stimuli miteinander (also jeweils nur bestimmte Zellen und nicht Spalten und Zeilen insgesamt), dann läßt sich feststellen, ob die
Bedingungen zu den verschiedenen Zeitpunkten und/oder die Vpn
bzw. Versuchsgruppen tatsächlich "gleich" waren. Stellen sich
Unterschiede heraus, so sind weitere Operationen notwendig,
um die Unterschiede den Vpn bzw. Versuchsgruppen, den Zeitpunkten oder Interaktionseffekten zwischen beiden zuzuschreiben.

Würden im obigen Beispiel Versuchsgruppe A und B zeilenweise
verglichen, so würde man innerhalb des lateinischen Quadrats
eine Art von Parallelgruppenversuch durchführen.

Da alle Zeitpunkte der Behandlungen nach Zufallsgesichts-
punkten ausgewählt sind, kann man im günstigsten Falle einige Alternativerklärungen ausschalten: Stellen sich bei allen
Gruppen jeweils die gleichen Wirkungen heraus, so kann man
z.B. die Alternativerklärung durch zwischenzeitliche Einflüsse ausschalten. Dann müßte die Summe jeder Spalte und jeder
Zeile gleich sein. Ist dies der Fall, dann zeigt sich, daß
ein z.B. im Falle einer bloßen Parallelanordnung vielleicht
zufälliges Ergebnis sich eher verallgemeinern läßt, da mehrere Replikationen zum selben Zeitpunkt und zu verschiedenen
Zeiten stattgefunden haben.

Ebenfalls ausschaltbar ist dann die Behauptung, nur eine
bestimmte Reihenfolge der Behandlungen habe die Differenzen
bewirkt oder Lerneffekte etc. wären im Spiel. Man kann - wie
gesagt - sowohl die Homogenität der Gruppen oder Vpn als
auch die Gleichheit der Randbedingungen zu unterschiedlichen
Zeitpunkten, zu denen die einzelnen Behandlungen durchgeführt
werden, prüfen.

Je weniger Interaktionswirkungen, d. h. kombinierte Wirkungen zweier (oder mehrerer) Einflußgrößen gleichzeitig, vor-

liegen, desto plausibler sind Erklärungen durch die Haupteffekte der einzelnen Behandlungen. Interaktionseffekte kann
man feststellen, wenn sich bei einem Vergleich jeder Zeile/
Spalte mit jeder anderen Zeile/Spalte u n t e r s c h i e d -
l i c h e   Randsummen ergeben. In unserem Beispiel wäre es
etwa möglich, daß die Reaktion auf X_1 dann besonders stark
ist, wenn vorher auf den Stimulus X_4 reagiert wurde. Ein Teil
der Reaktion auf X_1 ist dann noch auf den Interaktionseffekt
der Kombination X_4-X_1 zurückzuführen. Erfolgt dagegen z.B.
X_1 auf X_3, so mag sich in diesem Falle der übliche Wert für
X_1 ergeben, d. h. der Wert, der auch bei den anderen Vpn bzw.
Versuchsgruppen und zu den anderen Zeitpunkten vorherrscht.
Wie oben schon erwähnt wurde, bezeichnet man den Interaktionseffekt von vorhergehenden mit nachhergehenden Behandlungen sehr treffend als "carry-over-effect" (Sequenzeffekt).
Vorhergehende Messungen können die nachfolgenden in positiver oder negativer Hinsicht beeinflussen. Ob aber tatsächlich Interaktionseffekte vorliegen, was zunächst ja nur vermutet werden kann, und nicht etwa andere zeitliche Einflüsse
oder Reifungseinflüsse oder sonst etwas, läßt sich nur entscheiden, wenn zum selben Zeitpunkt ein zweites lateinisches
Quadrat mit ebenfalls zufallsverteilten Individuen, die denen aus dem ersten weitgehend gleichen müssen, realisiert
wird. Tauchen auch dann noch die genannten Differenzen auf,
so kann man schließen, daß die Reihenfolge der Behandlungen
tatsächlich als Interaktionseffekt störend auf die experimentellen Behandlungen gewirkt hat.

Nochmals: vergleicht man die Summen einzelner Spalten miteinander, so läßt sich feststellen, ob die Stimuli auch zu unterschiedlichen Zeitpunkten gleich auf die Vpn gewirkt haben.
Spezielle Effekte als Alternativerklärungen scheiden dann
aus, wenn jede Vp auch zu verschiedenen Zeitpunkten auf
gleiche X-Werte in etwa konstant   reagiert. Die Wirksamkeit jeder Behandlung ist dann zu errechnen als Durchschnitt der Werte, die dieselbe Behandlung zu verschiedenen

Zeitpunkten hervorruft.

Treten dagegen Differenzen auf, so kann ein Interaktionseffekt vorliegen. In diesem Fall kann es sich neben dem Sequenzeffekt auch um die Interaktion von Zeitpunkt und X handeln. Eine weitere Interaktionsmöglichkeit besteht in der gemeinsamen Wirkung von irgendeinem X und einem Merkmal der Vp, das nur bei dieser Vp zu finden ist.

Interaktionseinflüsse von Zeitpunkt und X lassen sich durch eine ebenfalls zufallsgeplante Replikation zum gleichen Zeitpunkt kontrollieren,[1] Interaktionswirkungen von Vp und X nur, soweit das Merkmal der Vp auch bei anderen zu finden ist und in der gleichen Weise mit X interagiert. Selbstverständlich werden diese Arten von Interaktionseffekten, vor allem der von Zeiteinflüssen-X sowie Vp-X umso wahrscheinlicher, je weniger eine Zufallsauswahl und eine Zufallsverteilung der Vpn auf die einzelnen Behandlungen gesichert ist. Ist aber umgekehrt eine Randomisierung nicht zu erzielen, so mag ein lateinisches Quadrat auch dann noch von Vorteil sein, da gerade hierdurch Alternativerklärungen wie Zeiteinflüsse, Reifungsprozesse oder testreaktives Verhalten erkannt werden können.

Die Anwendung des lateinischen Quadrats empfiehlt sich auch bei natürlichen Einheiten, z.B. Schulklassen oder ökologischen Einheiten, die nicht weiter unterteilbar sind, ohne daß es zu reaktiven Effekten kommt, und bei denen eine Randomisierung unmöglich ist.

Nicht interpretierbar (es sei denn, durch ein paralleles lateinisches Quadrat wird ein Vergleichsmaßstab geschaffen) bleibt ein "Faktor", der sich nur in einer Zelle und in den anderen Zellen nicht zeigt.

---

1) Normalerweise ist dies jedenfalls zu erwarten (vgl. dagegen S. 123).

Äußern sich gewisse Störgrößen als Resultante aus der Be-
handlungssequenz, so sind diese, wie angedeutet, durch weitere lateinische permutierte Quadrate (mit möglichst neuen
Populationen) kontrollierbar, in denen sich ein unterschiedliches Ergebnis ergeben muß, wenn diese Sequenzeffekte im
ursprünglichen lateinischen Quadrat tatsächlich gewirkt haben.

Beim lateinischen Quadrat ist ein Test der Annahme möglich,
die Wirkung der gleichen Xs auf unterschiedliche Vpn sei
gleich. Doch ist durch die gleiche "Wirkung" gleicher Xs,
egal ob für unterschiedliche Vpn oder zu unterschiedlichen
Zeitpunkten, die Möglichkeit nicht ausgeschaltet, daß gleich
starke, aber jeweils andere, Interaktionseffekte in jedem
einzelnen Fall mitspielen. Dies verdeutlicht noch einmal,
was mit Kontrolle eigentlich gemeint ist: Kontrolle heißt
nicht, Alternativeinflüsse gänzlich auszuschalten, sondern
nur, Alternativeinflüsse für zu vergleichende Vpn oder Gruppen auf dem gleichen Niveau zu hal-
ten. Beim lateinischen Quadrat läßt sich also - extrem formuliert -, nur vermuten, daß X tatsächlich die Varianz in der abhängigen Variablen verursacht hat. Man könnte
nämlich behaupten, in allen Fällen gebe es Interaktionswirkungen der Behandlungsreihenfolge, und zwar derartig, daß -
egal welche Behandlung folgt - jeweils die vorhergehende die
nachfolgende Behandlung beeinflußt. Dann würden Interaktionseffekte vorliegen, obwohl in allen miteinander verglichenen
Zellen die beobachteten entsprechenden Differenzen gleich
sind. Doch erscheint dieser Grenzfall empirisch äußerst unwahrscheinlich, wenn auch darauf hinzuweisen ist. Nach den
in diesem Kapitel vorgetragenen Überlegungen erscheint aber
in jedem Fall ein Minuszeichen bei "mehrfache X-Interferen-
zen" in der Tabelle im Anhang angebracht.

Soll ein lateinisches Quadrat durch ein weiteres kontrolliert
werden, so kann dieses zweite lateinische Quadrat durch eine

andere Anordnung der Behandlungen variiert werden. Außerdem
sollte, um nicht neue Kontrollprobleme hervorzurufen, eine
vergleichbare,   a n d e r e   Population gewählt werden.
Ist die Zahl "vergleichbarer" Vpn, die zufällig auf mehrere
lateinische Quadrate verteilt werden können, groß genug, so
lassen sich prinzipiell die genannten Arten von Interaktionseffekten kontrollieren. Damit vergrößert sich aus bekannten Gründen (u.a. zahlreiche Vpn, Demonstrierung des Ergebnisses zu unterschiedlichen Zeitpunkten) die externe Validität von Ergebnissen, die durch ein lateinisches Quadrat gewonnen werden. Generell ist aber zu befürchten, daß es bei
einer zu kurz hintereinander erfolgenden mehrfachen Messung
derselben Vpn zu reaktiven Effekten kommen wird. Hier würde
eine größere zeitliche Spanne zwischen den Behandlungen zumindest tendenziell die Sequenzwirkungen reduzieren helfen.

Handelte es sich bei den geschilderten Interaktionseffekten
immer nur um Sequenzeffekte erster Ordnung (z.B. nur zwei
nachfolgende Behandlungen beeinflussen einander), so wird
die Lage ungemein komplizierter, wenn Sequenzeffekte zweiter
Ordnung zu kontrollieren sind: d. h. drei hintereinander
folgende Behandlungen beeinflussen sich. So ist die dritte
Behandlung nicht nur durch die vorhergehende Behandlung,
sondern auch durch die erste und - um die Kompliziertheit
auf die Spitze zu treiben - möglicherweise auch noch durch
die Interaktion der ersten beiden Behandlungen mitbeein-
flußt. (Derart komplexe Fragestellungen können sich bei einem lateinischen Quadrat ergeben.) Prinzipiell ist diese Art
der Interaktionswirkung aber überprüfbar (s. bei Edwards,
1971, S. 272-282), nur muß man eine genügend große Population zur Verfügung haben, aus der man die Vpn nach dem Zufallsprinzip auf mehrere lateinische Quadrate verteilen
kann. Meist scheitert aber eine derart detaillierte Analyse
an der Kostenfrage.

Bei faktoriellen Anordnungen und bei Anordnungen im lateinischen Quadrat empfiehlt sich unbedingt eine graphische Veranschaulichung der Resultate. Diese bewahrt vor möglichen Fehlschlüssen. Interaktionseffekte äußern sich in einer Veränderung des Steigungsmaßes, nicht aber in den Werten des absoluten Gliedes der jeweiligen Gleichung, additive Effekte dagegen nur in unterschiedlich großen Werten des absoluten Gliedes und nicht in den Steigungskoeffizienten. Auf die Ausführungen von E d w a r d s   (1971, S. 256 ff.) sowie C a m p b e l l   und S t a n l e y   (1966, S. 27-29) sei verwiesen. Generell sollte man aber nicht zuviel von e i - n e m   Versuchsplan erwarten. Schon die Kontrolle eines Interaktionseffektes erster Ordnung stellt große Anforderungen. Will man Interaktionseffekte höherer Ordnung kontrollieren, so mag das bei genügenden Mitteln vielleicht durchführbar sein, doch ist damit noch längst nicht eine sinnvolle Interpretation gesichert.

Bislang wurde nur ein Grundmodell des lateinischen Quadrats diskutiert. Im folgenden ist noch knapp auf einige gebräuchliche Varianten hinzuweisen.

8.4.9.1.   <u>Varianten des lateinischen Quadrats</u>

8.4.9.1.1.   <u>Balanciertes lateinisches Quadrat</u>

Eine der wichtigsten Varianten ist die des balancierten lateinischen Quadrats, mit dem Sequenzeffekte kontrolliert werden sollen. Bei dieser Anordnung folgt jede Behandlung jeder anderen gleich oft. Handelt es sich um eine ungerade Zahl von Behandlungen, so erzielt man ein balanciertes lateinisches Quadrat, indem man zusätzlich eine umgekehrte Replikation ansetzt.

Das folgende Schema (vgl. Edwards, 1971, S. 227; 1954, S. 285) mag dieses Prinzip verdeutlichen:

$$
\begin{array}{cccc}
1 & 2 & 3 & 4 \\
2 & 3 & 4 & 1 \\
3 & 4 & 1 & 2 \\
4 & 1 & 2 & 3
\end{array}
$$

Abb. 10. Beispiel für ein balanciertes lateinisches Quadrat

In diesem Beispiel folgt jede Behandlung jeder anderen gleich oft (nämlich dreimal). Bei einem 5x5-Design z.B. würde man rechts daneben spiegelbildlich noch einmal dieselbe Anordnung schreiben, um ein balanciertes lateinisches Quadrat zu erhalten. Diese Art der Anordnung "liefert also eine Schätzung sowohl der Behandlungswirkungen als auch der Nach- oder Residualwirkungen der jeweils vorhergehenden Behandlung" (Edwards, 1971, S. 228).

Die Konstruktion eines balancierten lateinischen Quadrats ist denkbar einfach. Man addiert zu der ersten Zeile jeweils eine 1. Ist bereits in der ersten Zeile der Wert n, hier n = 4, erreicht, so beginnt man wieder mit 1. Dieses Verfahren gilt sowohl bei geraden als auch bei ungeraden lateinischen Quadraten. Im letztgenannten Fall kommt zur Balancierung noch die Spiegelung hinzu. Übrigens bezeichnet man diese Quadrate auch als ausgewogene Quadrate (vgl.Edwards,1971,S.226-228). Diese Form der Anordnung erlaubt es, die Varianz in der abhängigen Variablen, die auf Sequenzeinwirkungen zurückzuführen ist, zu kontrollieren. Allerdings wird hierbei vorausgesetzt, daß Behandlungswirkungen und Sequenzeffekte konstant sind (vgl.Edwards, 1971, S. 228). Die Residualwirkungen kann man noch besser schätzen, "wenn eine zusätzliche Spalte dem lateinischen Quadrat angefügt wird, die der letzten gleicht. Auf diese Weise erreicht man, daß jede Behandlung gleich oft von jeder anderen befolgt wird, einschließlich ihrer selbst" (Edwards, 1971, S. 228).

8.4.9.1.2.   Griechisch-lateinisches Quadrat

Noch anspruchsvoller werden die Anforderungen beim sogenannten griechisch-lateinischen Quadrat, wo zwei lateinische Quadrate aufeinandergelegt werden. Das erste wird wie bisher mit lateinischen Buchstaben (worauf hier zugunsten von numerischen Symbolen verzichtet wurde) bezeichnet, das zweite mit griechischen. Dann werden beide so übereinandergelegt, daß wieder die Regeln des lateinischen Quadrats gelten: vollständige Repräsentierung aller Behandlungen in jeder Zeile und Spalte, wobei alle Zeilen und Spalten unterschiedlich angeordnet sind. Jeweils eine Sequenz in einer Zeile und Spalte und dann auch noch die jeweilige Spalte u n d Zeile als Kombination werden bei einem griechisch-lateinischen Quadrat untersucht. Mit dieser Anordnung wird eine zusätzliche Dimension kontrollierbar, nämlich wie sich bestimmte Zeilenbehandlungsfolgen mit bestimmten Spaltenbehandlungsfolgen als Interaktionseffekt höherer Ordnung auf die Messungen auswirken. Doch bleibt immer zu überlegen, ob sich der Aufwand tatsächlich lohnt.

Für ausführliche Analysen des griechisch-lateinischen Quadrates sei hier auf die Literatur (u.a. Fisher, 1960, S. 80-85; Quenouille, 1953, S. 38-39; Lindquist, 1953, S. 264-265; Cochran und Cox, 1957, S. 133 ff., und Cox, 1958, S. 44-45 und S. 207-209) verwiesen. Durch Einführung zusätzlicher Dimensionen lassen sich auch griechisch-lateinische Quadrate noch erweitern (s. z.B. Cox, 1968, S. 212-214), doch ist die Wahrscheinlichkeit, solche komplexen Versuchsanordnungen in den Sozialwissenschaften überhaupt realisieren zu können, äußerst gering.

An dieser Stelle sei noch einmal darauf verwiesen, daß die in diesem Buch vorgeführten Anordnungen selbstverständlich in beliebigster Weise variiert werden können. Hier werden nur grundlegende Anordnungen angeführt. Der Anspruch auf Vollständigkeit auf dem Gebiet m ö g l i c h e r Anordnungen wäre nicht einzulösen. Einigermaßen vollständig können nur die hauptsächlichen Varianten dargestellt werden.

8.4.10.   Das lateinische Quadrat als Unterfall faktorieller Anordnungen

Ließen sich schon die Block-Anordnungen als bestimmte Formen der faktoriellen Anordnung verstehen, so gilt dasselbe für das lateinische Quadrat.[1] Allerdings bleiben zwei Hauptunterschiede bestehen. Beim lateinischen Quadrat werden die gleichen Vpn mehrfach untersucht, bei der faktoriellen Anordnung kann dies der Fall sein, braucht es aber nicht. Wie schon der Name andeutet, setzt ein (vollständiges) lateinisches Quadrat immer die gleiche Anzahl von Versuchsgruppen und den jeweiligen Behandlungen voraus. Bei der faktoriellen Versuchsplanung können dagegen asymmetrische Versuchsanordnungen genauso wie symmetrische auftreten.

Nehmen wir einmal an, man will in einer faktoriellen Anordnung drei Variablen mit jeweils zwei Ausprägungen untersuchen. Dann sind 2 x 2 x 2 = 8 verschiedene Kombinationen in einem "full factorial design" zu besetzen (sofern man aus theoretischen oder ökonomischen Gründen nicht auf die Besetzung eines oder mehrerer Felder von vornherein verzichtet).

---

1) Ein lateinisches Quadrat kann man im Rahmen mehrerer replikativer lateinischer Quadrate übrigens auch als Block auffassen (vgl. Edwards, 1971, S. 212).

Bezeichnen wir die einzelnen Variablen mit A, B und C und die Ausprägungen mit den Indexwerten 1 und 2. Ein lateinisches Quadrat würde es in diesem Fall erlauben, "dieselbe" Fragestellung unter Verzicht auf die Hälfte der Felder zu untersuchen. Statt der in einer vollständigen faktoriellen Anordnung notwendigen 8 Felder, werden hier nur 4 Kombinationsmöglichkeiten untersucht. So fehlt z.B. die Kombination der Stimuli: A_2, B_2, C_2.

	B_1	B_2
A_1	C_1	C_2
A_2	C_2	C_1

Abb. 11. Beispiel für ein 2x2-lateinisches Quadrat (nach Edwards, 1971, S. 220)

Ein Beispiel für eine 5x5-Anordnung im lateinischen Quadrat statt einer 5x5x5 faktoriellen Anordnung findet sich bei E d w a r d s (1971, S. 220). Von 125 Kombinationsmöglichkeiten werden in einem 5x5-lateinischen Quadrat nur 25 Felder untersucht. Man erzielt für den Informationsverlust (jeweils die dritte Potenz von n geht beim lateinischen Quadrat verloren) den Vorteil, mit wesentlich weniger Kombinationen und Aufwand eine ähnliche Fragestellung in "systematischer Weise" untersuchen zu können. Die gleiche Anzahl von Feldern, die für einen Zwei-Faktoren-Design notwendig wäre, ermöglicht eine Beantwortung einer Fragestellung, die eigentlich einen Drei-Faktoren-Design erfordert. Man spricht auch von einer "fraktionierten Replikation" (Edwards, 1971, S. 220) eines faktoriellen Ansatzes.

Der faktorielle Charakter des lateinischen Quadrats wird
noch deutlicher durch eine besondere Form der graphischen
Darstellung (vgl. Ross und Smith, 1968, S. 384). Würde die
übliche Notation wie folgt aussehen:

	1	2	3
I	A	B	C
II	B	C	A
III	C	A	B

Abb. 12. Lateinisches Quadrat in üblicher Darstellung

wobei die römischen Ziffern für Versuchsgruppen, die arabi-
schen für Zeitpunkte und die Buchstaben für Behandlungen stehen mögen, so wäre die gleiche Anordnung faktoriell wie folgt
zu schreiben:

	1			2			3		
	A	B	C	A	B	C	A	B	C
I	n				n				n
II		n				n	n		
III			n	n				n	

Abb. 13. Lateinisches Quadrat in "faktorieller" Darstellung

In der zweiten Darstellung sind die Buchstaben aus den Zellen herausgenommen worden und zu Tabellenköpfen gemacht worden. Damit wird deutlich, welche Kombinationen unbeachtet
bleiben. Zwei Drittel aller Zellen bleiben unbesetzt. n steht

hier für die beobachteten Häufigkeiten.

Diese Ökonomie im Ansatz wird durch mögliche Interaktionswirkungen erkauft, für deren Kontrolle doch wieder zusätzliche
Felder notwendig sind. Der Begriff der "fraktionierten Replikation" oder auch "Teilreplikation" gilt mutatis mutandis auch für faktorielle Anordnungen, bei denen auf einen
voll-faktoriellen Ansatz verzichtet wird, sowie für Block-
anordnungen.

Zum Abschluß dieses Kapitels sei noch kurz betont, daß klei-
ne lateinische Quadrate für soziologische Fragestellungen im
allgemeinen ungeeignet sind. Das liegt daran, daß im Falle
eines kleinen lateinischen Quadrates die Zahl der Freiheitsgrade (vgl. hierzu Neurath, 1966, S. 77) geringer ist. Eine
größere Anzahl von Freiheitsgraden bringt zwar Vorteile mit
sich, vergrößert aber auch die Irrtumsvarianz, wie die schon
erwähnte Tabelle von F i s h e r (s. bei Ross und Smith,
1968, S. 378) zeigt.

Durch weitere unabhängige replikative lateinische Quadrate
wächst nicht nur die Zahl der Freiheitsgrade, sondern es
wächst auch die Wahrscheinlichkeit, "einen bestehenden Unterschied zwischen den Behandlungen nachzuweisen" (Edwards,
1971, S. 207).

Ein zu umfangreiches lateinisches Quadrat (= mehr Kontrollgruppen, mehr Beobachtungen über die Zeit hinweg und weitere
Xs) wird andererseits umso schwieriger zu handhaben sein, je
mehr Interaktionswirkungen zu kontrollieren sind.

Grundsätzlich sollte man bei der Analyse eines lateinischen
Quadrats zuerst einmal nach Haupteffekten Ausschau halten.
Stellen sich Unterschiede in den Meßwerten heraus, die nicht
auf unterschiedliche Xs zurückzuführen sind, dann empfiehlt
es sich, an die Analyse und Kontrolle von Interaktionswirkun-

gen heranzugehen.

Das Ziel der Analyse beim lateinischen Quadrat, dessen Darstellung in wesentlich komplexere Fragen hineinführte, als es bislang der Fall war, sei noch einmal in der Terminologie der Varianzanalyse erläutert. Durch die Anordnung im lateinischen Quadrat sollen die Quellen der Varianz: Zeitpunkte, Behandlungen und Gruppen durch systematische Variierung ausgeschaltet (= kontrolliert) werden. Dabei hat die doppelte Gruppierung in Spalten und Zeilen den Sinn, "von der Gesamtvarianz die Variation zu eliminieren, die Unterschieden in den Zeilenmittelwerten und Unterschieden in den Spaltenmittelwerten zuzuschreiben ist" (Edwards, 1954, S. 284). Gelingt dies, so stellt die restliche Varianz die Effekte der experimentellen Manipulation und der Irrtümer dar.

Für ausführlichere, anspruchsvollere, Darstellungen des lateinischen Quadrats, das vor allem in der biologischen Forschung erfolgreich angewandt wurde, sei hier auf C o c h - r a n   und   C o x   (1957, Kapitel 4 und 13) sowie auf K e m p t h o r n e   (1952, S. 184-205) verwiesen. Leichtere Darstellungen, die ebenfalls die hier nur verbal beschriebene Analyse statistisch vorführen, finden sich bei   E d - w a r d s   (1971, S. 200-233),   L i n d q u i s t   (1953, S. 258-265) und   M i t t e n e c k e r   (1966, S. 150-156); s. auch die bei   C a m p b e l l   und   S t a n l e y (1966, S. 52) angegebene Literatur.

Für Varianten[1] der in den Kap. 8.4.7. bis 8.4.9. dargestellten Anordnungen sei hier auf die reichhaltige Literatur verwiesen.   C o n f o u n d i n g - D e s i g n s ,   bei denen

---

1) W i n e r   (1971, S. 516-519, hier zitiert nach Ross und Smith, 1968, S. 384) errechnet bei einem 6x6-lateinischen Quadrat allein 812.851.200 Rotationsmöglichkeiten.

man auf eine präzise Untersuchung von Interaktionsgliedern höherer Ordnung und/oder Interaktionseffekten mit äußerst geringer Wahrscheinlichkeit verzichtet, um die übrigen (Haupt-) Effekte umso genauer ermitteln zu können, werden diskutiert bei F i s h e r (1960, S. 109-136), K e m p t h o r n e (1952, S. 252 ff.), Q u e n o u i l l e (1953, S.108ff.), L i n d q u i s t (1953, S. 146-147, S. 163-164), C o c h - r a n und C o x (1957, S. 180-243), C o x (1958, S.247- 268), A c k o f f (1962, S. 326-328), R o s s und S m i t h (1968, S. 380-381) und L i n d e r (1969, S. 126 ff.).

S p l i t - p l o t D e s i g n s , bei denen - wie bei allen Anordnungsstrategien - auch auf einige Informationen verzichtet wird, um dadurch andere Informationen umso genau- er zu erhalten, analysieren F i s h e r (1960, S. 90-99), K e m p t h o r n e (1952, S. 370-389), C o c h r a n und C o x (1957, S. 293-316), C o x (1958, S. 142- 152) und A c k o f f (1962, S. 328-329).

Analysen von Y o u d e n - Q u a d r a t e n , die "un- vollständige" Varianten des lateinischen Quadrates darstel- len, finden sich bei K e m p t h o r n e (1952, S. 539- 541), Q u e n o u i l l e (1953, S. 179-182), C o c h - r a n und C o x (1957, S. 507-544), C o x (1958, S. 231-234) und L i n d e r (1969, S. 230 ff.).

L a t t i c e D e s i g n s (G i t t e r p l ä n e) werden erörtert bei K e m p t h o r n e (1952, S. 430- 525), Q u e n o u i l l e (1953, S. 197-182, Übersichts- tabelle auf S. 181), C o c h r a n und C o x (1957, S. 396-438), C o x (1958, S. 234 ff.) und L i n d e r (1969, S. 199 ff.). Weitere Varianten sind neben diesen Quel- len auch bei M c L e a n (1967), C o c h r a n (1968) und B r e d e n k a m p (1969, S. 346-347, mit weiter- führender Literatur) zu finden.

Hier sei darauf verzichtet, noch einmal sämtliche Vorteile faktorieller Anordnungen, unter die ja im weiteren Sinne die Blockanordnungen und die lateinischen Quadrate zu rechnen sind, aufzuzählen. Wichtig ist nur, daß es sich um eine u.U. äußerst ökonomische Versuchsanordnung handelt, die eine Vielzahl von Kontrollen und gleichzeitig den Test mehrerer Hypothesen ermöglicht. Doch ist damit noch keine externe Validität gesichert.

Im folgenden sollen noch einige komplexere Formen des Designs angedeutet werden, bevor die Frage nach der "Künstlichkeit" des Experiments im Vergleich zur "echten" Lebenssituation noch einmal in etwas anderem Licht wiederaufgenommen werden soll.

Bei der folgenden Anordnung handelt es sich um eine Erweiterung der Anordnung (16).

8.4.11. <u>Vorher-Nachher-Kontrollgruppenanordnung mit verschiedenen Samples</u>

```
(19)      R    M      (X)

          R           X      M
          ----------------------
          R    M

          R                  M
```

Im Vergleich zu Anordnung (16) sind hier nur zwei "Kontrollgruppen" hinzugefügt worden, denen der experimentelle Stimulus nicht präsentiert wird. Eine Interaktion von X und Pretest ist damit kontrollierbar. An dieser Anordnung bemängeln C a m p b e l l und S t a n l e y (1966, S. 55), daß

sie unter Umständen zu dem Fehlschluß verleitet, etwas für
die Wirkung des experimentellen Stimulus zu halten, was in
Wirklichkeit vielleicht nur eine spezielle Eigenart der Versuchsgruppe ist. Randomisierung - zumindest was alle vier
Gruppen anbelangt - ist ja nicht in ausreichendem Maße gewährleistet (deshalb die gestrichelte Linie). Lediglich innerhalb der zwei oberen bzw. unteren Gruppen ist eine Vergleichbarkeit durch Randomisierung gewährleistet. Durch
A d d i t i o n weiterer Einheiten, die nach dem Zufallsprinzip auf Experimental- und Kontrollgruppen verteilt werden, lassen sich diese Alternativerklärungen jedoch kontrollieren. Wird Anordnung (19) durch zusätzliche Versuchs- und
Kontrollgruppen erweitert, dann genügt sie auch allen Kriterien der externen Validität. Die Interaktion von Selektion-X
sowie reaktive Arrangements sind gerade durch die mehrfachen
Versuchs- und Kontrollgruppen in dieser Anordnung kontrollierbar. Multiple Interferenzen durch X sind nicht zu erwarten, da jede Gruppe nur einmal getestet wird. Diese Anordnung steht und fällt mit der zufälligen Auswahl der Personen
und ihrer zufälligen Zuteilung zu den verschiedenen Gruppen.
Auf die Darstellung der in ihrem Kern doch recht simplen und
Anordnung (4) vergleichbaren Anordnung (19) bei Campbell und
Stanley (1966, S. 55-56) sei hingewiesen.

Laut Campbell und Stanley gibt es für diese, allen Kontrollansprüchen genügende, aber sehr teure Anordnung noch keine
Beispiele.

Nachfolgend soll nur noch knapp auf zwei Anordnungen verwiesen werden, die nicht allen Kontrollansprüchen genügen, aber
mangels besserer Möglichkeiten in manchen Situationen doch
noch das kleinste Übel darstellen. Gleichzeitig wird damit
illustriert, wie auch bei einer sehr komplexen Struktur der
Daten experimentelle Verfahren anzuwenden sind.

8.4.12.   <u>Kombinierte Anordnungen im Rahmen institutionel-
           ler Zyklen</u>

Typisch für diese Anordnung ist die sukzessive Hinzufügung
weiterer Kontrollmöglichkeiten, durch die eine ursprünglich
auch dem Quasi-Experiment ferne Anordnung sich diesem annä-
hert und unter bestimmten Kontrollbedingungen sogar "echte"
experimentelle Züge annimmt. C a m p b e l l und S t a n -
l e y (1966, S. 57-61) demonstrieren an mehreren Beispielen, daß dieser Typus des Designs häufig eine Kombination der
beiden Designs (2) und (3) ist, die ja beide für sich allein
fast nur Nachteile aufweisen. Durch Ausschaltung der jeweiligen Nachteile durch die Vorteile der anderen Anordnung kommt
auch in eine zunächst noch recht unkontrollierte Datenstruktur eine Ordnung hinein, die sinnvolle Vergleiche zuläßt.

Typisch für diese Art des Designs ist die zyklische Wieder-
kehr bestimmter institutioneller Komponenten. Bei jeder Wie-
derkehr des Ereignisses werden neue Vpn mit dem experimentellen Stimulus konfrontiert. Diese Anordnung erhöht, falls die
notwendigen Kontrollanforderungen erfüllt sind, durch die
mehrfache Demonstration des X-Effekts die externe Validität.
Gleichzeitig wird aber den Alternativerklärungen: zeitliche
Einflüsse, Reifung usw. ein unkontrollierter Spielraum ein-
geräumt. Ist es möglich, zu den verschiedenen Zeitpunkten
Versuchs- und Kontrollgruppen zu bilden, dann können die genannten Alternativerklärungen für die jeweilige Replikation
ausgeschaltet werden. Werden daneben auch noch die ursprüngliche Versuchsgruppe und Kontrollgruppe weiter gemessen, dann
ist es zumindest prinzipiell möglich, auch bei zeitlich ver-
schobenen Replikationen die genannten Alternativen auszuschalten.

Dieser Typus von Anordnungen gewinnt seine Stärke aus der
Verbindung von Längsschnitt- (longitudinal study, Zeitreihen-Daten) und Querschnitt-Analyse (cross-sectional). Kann

man in der Querschnittstudie u.U. Reifungseffekte mit Auswahlverzerrungen oder unterschiedlichen Ausfällen verwechseln, so liegt bei der reinen Längsschnittstudie die Gefahr der Verwechslung der Effekte von Reifungsprozessen mit zeitlichen Einflüssen und mehrfachem Testen vor (Campbell und Stanley, 1966, S. 60). Diese Alternativen sind aber - wie oben gerade dargelegt wurde - durch eine Kombination beider "Daten-Typen" ausschaltbar. Dennoch spielen zeitliche Einflüsse auf noch komplexere Art in die Interpretation der Daten mithinein, wenn sie in zyklischer Ausprägung auftreten. Hier kann man aber mit einer Replikation entsprechend dem zeitlichen Abstand die notwendige Kontrolle wiederherstellen.

Vorteile dieses Designs liegen in der leichten Handhabung (geringere Kosten als bei Laboratoriumsdesign, der dieselben Fragen untersucht) und in der Kontrolle der Interaktionswirkung von Testen-X und der Kontrolle reaktiver Arrangements.

Überall dort, wo zyklische institutionelle Komponenten in ihrem Einfluß auf bestimmte abhängige Variablen untersucht werden sollen, bleibt diese Anordnungsmöglichkeit zu prüfen. Da sukzessiv immer mehr Personen in den Test miteinbezogen werden, erhöht sich zumindest die Generalisierbarkeit der Ergebnisse.

Besonders in der Schulforschung, in bürokratischen Institutionen (wo häufig mit bestimmten Veränderungen zu rechnen ist, von denen sich der Gesetzgeber dann irgendeine heilsame Wirkung verspricht) sowie bei allen Arten von Aufnahmetests usw. mag diese Art der Anordnung Vorteile mit sich bringen, die darin liegen, daß die bestehenden sozialen Beziehungen nicht durch "künstliche" Arrangements gestört werden, sich aber trotzdem eine kausale Analyse der Wirkung bestimmter unabhängiger Variablen ermöglichen läßt.

Bei der Zuteilung der Vpn darf selbstverständlich keine systematische Verzerrung vorliegen. Da die Zuteilung der Vpn aber oft nicht in der Hand des Forschers liegt, sollte er bei der Auswahl von "Testpersonen" einige wesentliche Merkmale seiner Probanden durch Matching kontrollieren, wenn Randomisierung schon nicht möglich ist. Selbst dann, wenn keine Auswahl stattgefunden hat, also eine gesamte Population getestet worden ist, z.B. eine ganze "Generation" von Neulingen bei einem Aufnahmetest, muß der Forscher erst einmal sicherstellen, ob in der Datenstruktur nicht systematische Verzerrungen liegen, die er bei der Bildung der Vergleichsgruppen besser vorab durch Matching ausschaltet. Mit zunehmend größerer Population ist es allerdings schon eine ökonomische Forderung, nicht die gesamte Population auszuwerten, selbst wenn Daten davon vorliegen, sondern eine nach den genannten Gesichtspunkten vorgenommene Auswahl zu treffen, die die gleichen Schlußfolgerungen gestattet.

Auf die Kommentierung mehrerer solcher Beispiele bei C a m p b e l l und S t a n l e y (1966, S. 57-61), besonders auf Überlegungen, wie in eine relativ heterogene Datenstruktur noch zusätzliche Kontrollmöglichkeiten einzubringen sind, sei hier nochmals verwiesen.

Die folgende Anordnung, die das Kapitel über quasi-experimentelle Anordnungen abschließt, sei hier nur berührt, weil sie zumindest bessere Möglichkeiten der Kontrolle bietet als die sogenannten Ex-post-facto-Anordnungen (s. dazu Kap. 9.1.).

8.4.13.   Regressions-Diskontinuitäts-Anordnung

Ein inhaltliches Beispiel für diesen Typus der Anordnung liefert die Frage, wie sich die Vergabe eines Stipendiums auf die späteren Leistungen des Stipendiaten auswirkt. Da von

diesem Personenkreis auch bereits vor der Vergabe besondere Leistungen im Vergleich zu den Kommilitonen, Kollegen usw.
zu erwarten sind oder sein sollten, kann man vermuten, daß bei
einer späteren Messung ein Leistungsanstieg auch ohne Stipen-
dium stattgefunden hätte. Umgekehrt könnten die Individuen,
die bei der Vergabe leer ausgegangen sind, durch zusätzliche
Anstrengungen eine sonst unerwartete Leistungssteigerung erzielen. Selbst wenn sich in der Leistungskurve der Stipendiaten vom Zeitpunkt der Vergabe des Stipendiums ab ein Sprung
nach oben bei sonst gleichem Steigungsmaß ergeben würde (vgl.
Campbell und Stanley, 1966, S. 62), so wäre das noch kein ein-
deutiges Kriterium. Denn diese Leistungssteigerung könnte auch
bei den Individuen auftreten, die bei der Stipendienvergabe
leer ausgingen und nun "kompensative" Leistungen zeigen. Hat
man für die beiden Gruppen: Stipendiaten und Nicht-Stipendia-
ten, die der gleichen Ausgangspopulation angehören müssen, Daten über einen längeren Zeitraum, so läßt sich neben einem
t-Test (der die Vorher- und die Nachhermittelwerte auf systematische Unterschiede prüft) auch eine Kovarianzanalyse (vgl.
hierzu auch die Literaturhinweise in Kap. 8.2.1.1.) durchführen. In diesem Fall ließen sich auch die alternativen Erklärungen "zeitliche Einflüsse" und "Reifungsprozesse" ausschalten. Die Interaktion von Testen-X ist in diesem Fall soweit
kontrollierbar, als "die grundsätzlichen Messungen, die für
die Vergabe der Auszeichnung verwandt werden, ein Teil des
Universums sind, für das man eine generalisierende Aussage
treffen will" (Campbell und Stanley, 1966, S. 63).

Zu den möglichen Alternativerklärungen (s. auch die Tabelle im
Anhang) zählen in diesem Fall u.a. "differentielle Ausfälle".
Allgemein nimmt die Chance für Alternativerklärungen ja mit
der Größe des zeitlichen Abstandes zwischen den Messungen zu.

Zum folgenden Kapitel über "Typen" des Experiments sind einige Vorbemerkungen zu machen.

9. "Typen" des Experiments

In der Darstellung wurde bereits mehrfach auf einige der nachfolgend zu erläuternden Typen des Experiments hingewiesen. Die Erörterung wurde aber bis jetzt aufgeschoben, um das Kapitel über Versuchsanordnungen nicht durch Einführung einer anderen "Ebene" des Experimentierens zu durchbrechen. Im Rahmen der nachfolgend zu diskutierenden Typen können - zumindest p r i n z i p i e l l - die meisten der vorgeführten Anordnungen auftauchen (wenn dies auch oft sehr unwahrscheinlich ist). So wäre im Rahmen eines Feldexperiments eine Vorher-Nachher-Messung mit Kontrollgruppe genauso denkbar wie eine bloße Nacher-Messung mit Kontrollgruppe. Dasselbe gilt mutatis mutandis für Ex-post-facto-Anordnungen und das Naturexperiment.

Gedankenexperiment und Simulation liegen auf einer anderen Ebene. Sie haben nur wenig mit dem Experiment im hier besprochenen Sinne zu tun.

Kap. 9. ist seinem Charakter nach also recht heterogen. Um dieser Verschiedenheit der zu diskutierenden experimentellen Varianten Rechnung zu tragen, wird von "Typ" gesprochen, wobei der "Typ" des Laborexperiments, der in dem vorhergehenden Kapitel ausführlich erläutert wurde, hier nicht mehr erörtert zu werden braucht. Obwohl eine sprachliche Unterscheidung in Anordnung und Typ nicht präzise genug scheint, ist in dieser Arbeit mangels präziserer Termini (weitgehend) versucht worden, den Begriff des Experiment-Typs umfassender (vgl. dazu direkt im folgenden) zu verwenden als den der Anordnung (Design).

Die Typologien am Ende von Kapitel 9. schließlich werden erst jetzt kurz erläutert werden, weil angesichts der bisherigen Kapitel, vor allem Kap. 8., deutlicher wird, wie unvollständig und unzureichend diese Klassifikationsversuche sind.

Auch bei den nachfolgenden Typen wird die Merkliste von
C a m p b e l l   und   S t a n l e y ,   allerdings nach
der vielfachen Anwendung nur in nicht-expliziter Form, angewandt. Vor- und Nachteile dieser Typen des Experiments im
weitesten Sinne sollen jeweils kurz herausgearbeitet werden.

Neben der Kritik einiger verbreiteter Typologien des Experiments (s. Kap. 9.6.) sollen schließlich auch irreführende Begriffe wie z.B. Ex-post-facto-"Experiment", "Gedankenexperiment" oder "Simulationsexperiment" kritisch betrachtet werden.

In den weiteren Kapiteln wird dann die Frage nach den Möglichkeiten experimenteller Designs (Kap. 10. und 11.) wie auch den
sich dabei ergebenden Analysemöglichkeiten (Kap. 10. bis 12.)
in eher makrosoziologischer Fragestellung wiederaufgenommen.

9.1.   Ex-post-facto-Anordnung

Bei Ex-post-facto-Anordnungen ist (sind) eine (mehrere) unabhängige Variable(n) bereits in der Vergangenheit aufgetre-
ten, während die abhängige(n) Variable(n) auch zum gegenwär-
tigen Zeitpunkt gemessen werden kann (können). Der Forscher
versucht, ex post eine Beziehung kausaler Art zwischen einer
oder mehreren (unabhängigen) Variablen und einer oder mehreren (abhängigen) Variablen herzuleiten.

Ex-post-facto-Anordnungen wurden zuerst von   C h a p i n
1937 in die Soziologie eingeführt und später von ihm selbst
(Chapin, 1955) und   G r e e n w o o d   (1945) ausführlich
dargestellt als gültige experimentelle Versuchsanordnungen,
deren Logik keine Unterschiede zu einem Ex-ante-Experiment
aufweise. (Für weitere Autoren, die diese Ansicht teilen, s.
die Fußnote 29 bei   S i e b e l ,   1965, S. 58.) Wenn dieser Behauptung auch im (unrealistischen) Extremfall zuzustim-

men ist (s. dazu im folgenden), so zeigen sich dennoch normalerweise gravierende Unterschiede zwischen Ex-post-Analyse
und Experiment, die es gerechtfertigt erscheinen lassen, den
Begriff des Experiments in Verbindung mit Ex-post-Studien besser zu vermeiden. Entsprechend wurde auch die Überschrift
dieses Kapitels gewählt.

Häufig liegen bei Ex-post-Anordnungen nur Messungen nach dem
experimentellen Stimulus vor. Der Forscher versucht nun, Daten zu gewinnen, die einer ursprünglichen Kontrollmessung
möglichst nahekommen. Für sich allein genommen, hat die Ex-
post-Messung zunächst nur den Charakter von Anordnung (3),
die die mittlerweile bekannten internen und externen Validi-
tätsmängel aufweist. Die Gültigkeit von Daten, die einem Pretest äquivalent sein sollen und zum Zeitpunkt des Posttests
erhoben werden (Campbell und Stanley sprechen auch von einem
"retrospektiven Pretest", 1966, S. 66), ist durch Faktoren
wie selektives Gedächtnis, "Schönfärben", Übereinstimmung mit
augenblicklicher Meinung usw. beeinträchtigt.

Als Verfahren der nachträglichen Homogenisierung, das der Kontrolle von Alternativerklärungen dienen soll, kommt Matching
in Frage. Diese Form der Kontrolle wird auch oft als gedankliche oder symbolische Zuordnung bezeichnet. Gemeint ist, daß
im Unterschied zum echten Experiment die Vpn nicht physisch
ausgewählt werden, sondern sozusagen nur am Schreibtisch zwei
Populationen, nämlich "Versuchsgruppe" und "Kontrollgruppe"
gebildet werden. G r e e n w o o d setzt sogar das Ex-
post-facto-"Experiment" mit dem "natürlichen" Experiment gleich,
da im Ex-post-facto-"Experiment" das für das Laborexperiment
geltende Moment der Künstlichkeit wegfalle (1945, S. 108-134;
vgl. auch Siebel, 1965, S. 57 sowie S. 18-19).

Während Greenwood mittels der Ex-post-facto-Anordnung Fragestellungen in beiden Richtungen untersuchen wollte, nämlich
einmal, Ursachen für bestimmte bekannte Wirkungen zu finden,

und umgekehrt, ausgehend von bekannten Gegebenheiten, unterschiedliche Wirkungen abzuleiten (Vergleichbarkeit der jeweiligen Gruppen vorausgesetzt), beschränkte Chapin das Ex-post-facto-"Experiment" nur auf den bereits in der Definition abgesteckten Rahmen: für Y und $\sim$Y (oder auch für Y_1 und Y_2) soll nachträglich aus bereits vorliegendem Datenmaterial eine Ursache gefunden werden, die Experimental- und Kontrollgruppe unterscheidet.

Die Kritik am Ex-post-facto-"Experiment" entzündet sich an den unzureichenden Kontrollmöglichkeiten. Weder das Präzisionsmatching noch die Gleichsetzung über die Häufigkeitsverteilung (vgl. oben Kap. 6.3.3.) bieten eine Gewähr für die tatsächliche Gleichheit der zu vergleichenden Gruppen.

Matching, das von C h a p i n (1965, S. 225) auch als "Verfahren der selektiven Kontrolle" bezeichnet wird, reicht deshalb nicht aus, weil es unmöglich oder zumindest sehr schwierig ist, Individuen auf mehreren relevanten Dimensionen gleichzeitig zu matchen, wie in Kap. 6.3.3. dargelegt wurde. Außerdem geht durch dieses Verfahren eine Unmenge von Vergleichseinheiten für die Analyse verloren. So blieben C h r i s t i a n s e n für ihr Ex-post-facto-"Experiment" (s. im folgenden) von über 1100 Fällen nur 23 gematchte Paare übrig. Dennoch gibt Chapin einer rigiden Kontrolle den Vorzug vor einer Vielzahl weniger scharf kontrollierter Fälle. Allerdings sind die kontrollierten Fälle möglicherweise nicht mehr repräsentativ. Angesichts eines entwickelteren statistischen Apparates ist diese Art von Detail-Matching heute nicht mehr nötig. So erlaubt etwa die Kovarianzanalyse (wobei die gematchten Variablen als Kovariate benutzt werden können) einen Test, ob z.B., wie Christiansen untersuchte, der High-School-Abschluß tatsächlich einen Einfluß auf den späteren beruflich-wirtschaftlichen Erfolg hat.

Die Art der Entstehung einer Situation ist, wie M i l l (vgl. Siebel, 1965, S. 57) mit Recht sagt, zunächst einmal gleichgültig für die experimentelle Analyse. Wichtig ist nur, daß eine ausreichende Kontrollmöglichkeit gegeben ist. Dies ist beim Matching normalerweise nicht der Fall. Dem Matching liegt zwar die Annahme zugrunde, korrelative Beziehungen zwischen unabhängigen Variablen und der untersuchten abhängigen Variable würden durch die paarweise Gleichsetzung ausgeschaltet, doch werden beim Matching die korrelativen Beziehungen nicht unterbrochen, wie es typisch ist für die Randomisierung, sondern sie bleiben bestehen. Die Möglichkeit, die beobachteten Differenzen in der abhängigen Variable durch einen unkontrollierten Faktor ("besser") erklären zu können, besteht beim Matching demnach eher.

Doch fällt beim Ex-post-Ansatz nicht nur die Zufallsauswahl der Individuen schwer, auch die Zufallsaufteilung der Individuen auf die Gruppen mit Präsentierung des experimentellen Stimulus bzw. Fehlen von X ist (z.B. wegen des Faktors "Selbstselektion") ex post selten möglich. Das Matching-Verfahren bietet also nur eine höchst unzureichende Kontrollmöglichkeit alternativer Erklärungen.

Außerdem kann das Matching bei der genannten Ex-post-Fragestellung Regressionseffekten unterliegen. Die meisten der gematchten Variablen gehen nämlich in dieselbe Richtung wie die untersuchte unabhängige Variable (vorausgesetzt, es besteht diese Beziehung): ihre positive (stärkere) Ausprägung wirkt sich positiv (stärker) auf die abhängige Variable, ihre negative (schwächere) negativ (schwächer) aus. Es besteht die Gefahr, daß die Individuen, die gematcht werden sollen, unterschiedlichen Populationen angehören (vor allem, wenn nicht ausreichende "Match-Fälle" zur Verfügung stehen) und dann entsprechend bei der Analyse auf den Mittelwert ihrer Population regredieren (vgl. hierzu die Darstellung bei Edwards, 1954,

S. 279-281; s. auch die Verweise bei Bredenkamp, 1969, S. 335, 351).

Gerade bei der Ex-post-Anordnung besteht die Gefahr des "post hoc ergo propter hoc"-Fehlschlusses (s. Kap. 4.1.), d.h., aus einem zeitlich nachfolgenden Ereignis und aus einem voraufgehenden Ereignis, zwischen denen eine korrelative Beziehung besteht, wird auf einen Kausalzusammenhang geschlossen. Im Kapitel über Kausalität (Kap. 4.2.) wurde dargelegt, daß ein korrelativer Zusammenhang höchstens eine notwendige Bedingung für Kausalität darstellt. Andere Bedingungen müssen erfüllt sein, um Alternativerklärungen zu entkräften. Solange dies nicht der Fall ist, können alle diese korrelativen Beziehungen zu Scheinerklärungen führen. Wie in dem Stipendiumsbeispiel (vgl. Kap. 8.4.13.) können die unabhängige Variable und die abhängige Variable durch eine dritte verursacht werden, die - als Testfaktor eingeführt (s. Kap. 12.) - die ursprüngliche Korrelation zwischen X und Y kleiner werden läßt. Der Fehlschluß aus der zeitlichen Abfolge ist umso weniger auszuschließen, je größer die Zeitspanne ist (= normalerweise geringere Faktorenkontrolle und damit größere Wahrscheinlichkeit von Alternativerklärungen), über die hinweg eine Korrelation gefunden wird.

Zunächst ist zu prüfen, ob überhaupt eine Beziehung zwischen zwei Variablen vorliegt. Ist dies nicht der Fall, dann kann man entweder die Hypothese als nicht haltbar ansehen oder - wenn man sie doch für zutreffend hält - untersuchen, welche anderen Faktoren eine Korrelation nicht "zulassen". Eine Korrelationsanalyse stellt auf alle Fälle einen ersten Schritt dar, doch darf es sich nicht um den letzten handeln. Je weniger unabhängige Variablen durch Matching kontrolliert werden, umso weniger "gesichert" und aussagekräftig ist normalerweise eine solche Korrelation. Auch bei weitgehendem Matching kann eine solche Korrelation wegen der Möglichkeit einer Scheinkorrelation oder der Spezifizierung durch dritte Faktoren (vgl. hierzu auch die multivariate Analyse in Kap. 12.) trügerisch sein.

Gerade bei Ex-post-Studien besteht die Gefahr einer Anpassung der Hypothese (sofern man überhaupt eine Hypothese hatte) an die korrelativen Beziehungen. Kritik gegenüber den eigenen Hypothesen wird durch eine solche Strategie nicht gefördert. Gerade Erklärungen ex post zeichnen sich durch eine "Flexibilität" aus, die nicht unbedingt zum Erkenntnisfortschritt beiträgt, da sie zu Fehlern vom Fehlertyp I führen können (die Nullhypothese wird abgelehnt, obwohl sie zutrifft).

Auf einen weiteren hauptsächlichen Einwand ist hier nur kurz zu verweisen. Beim Ex-post-facto-"Experiment" fehlt die für ein Experiment notwendige Manipulation der unabhängigen Variablen. Dabei ist es gleichgültig, ob die Manipulierung durch den Forscher vorgenommen wird wie beim Laborexperiment, durch einen Dritten wie u.U. beim Feldexperiment (s. dazu Kap. 9.2.) oder durch die "Natur" (s. Kap. 9.3.). Entscheidend ist allemal, daß eine Manipulation einer Variablen unter kontrollierten Bedingungen stattfindet, was bei der Ex-post-facto-Anordnung normalerweise nicht der Fall ist. Je mehr die Manipulation einer Variablen unter kontrollierten Bedingungen erfolgt, umso mehr nähert man sich der experimentellen Anordnung und umgekehrt.

Schließlich ist auf die oft interferierende Variable "Selbstselektion" noch einmal hinzuweisen, d.h. die Auswahl der Individuen und Verteilung auf Versuchs- und Kontrollgruppen erfolgt nicht nach dem Zufallsprinzip, sondern ist abhängig von der Bereitschaft bestimmter, häufig "untypischer", Vpn, am "Experiment" teilzunehmen.

Da hinter dem Terminus "Selbstselektion" wiederum andere Variablen stehen, ist diese Alternative als eine der häufigsten

auch unter dem Kritikpunkt "unkontrollierte Drittfaktoren"
einzuordnen.

Doch haben Ex-post-facto-Anordnungen auch Vorzüge. So ist
die heuristische Funktion dieser Art des Designs nicht zu
unterschätzen. Der größte Teil der Forschungsergebnisse in
der Soziologie (in der Sozialpsychologie sicherlich weniger)
ist auf Ex-post-Untersuchungen zurückzuführen.

So mögen Ex-post-Anordnungen gerade dort angebracht sein, wo
sich unabhängige Variablen nicht oder nur sehr schwer manipulieren lassen, wie etwa im Falle von Sozialisationsstudien.
Statt einer Langzeitstudie ist der Ex-post-Ansatz in diesem
Fall kostengünstiger, wenn auch für Verzerrungen offen (und
damit im Endeffekt vielleicht sogar relativ teurer). Meist
besteht die Gefahr darin (abgesehen von der zeitlich viel
späteren Datenerhebung oder der Verzerrung durch den Befragten bei einem Ex-post-Interview), daß die Stimuli wesentlich
komplexer sind als bereits ohnehin im Labor (vgl. Kap. 13.).
Deshalb sind Ergebnisse aus Sozialisationsstudien, einem der
Hauptfelder für Ex-post-Studien, auch mit entsprechender Vorsicht zu genießen. So fragt sich, ob B r i m (zit. bei
Campbell und Stanley, 1966, S. 66) tatsächlich eine wichtige
Variable gefunden hat, wenn er bestimmte Persönlichkeitsmerkmale bei Zwei-Geschwister-Kindern aus der Geschlechtszugehö-
rigkeit des anderen Geschwisternteils, mit dem interagiert
wird, ableitet. Ein bestimmter Erziehungsstil stellt sich
z.B. wesentlich komplexer dar, als er durch eine Ex-post-Anordnung zu erfassen ist. Hier liegt der korrelative Fehlschluß besonders nahe.

Die heuristische Funktion einer Ex-post-Studie, nicht eines
Ex-post-"Experiments", ist dennoch nicht zu unterschätzen.
Durch Aussortierung von Variablenbeziehungen mit niedrigen
Korrelationen wird der Blick auf Fragestellungen gelenkt, die

dann in kontrollierterer Weise erst im Laboratorium zu erforschen sind. Tatsächlich ist dieses auch ein häufig beschrittener Weg. Allerdings besteht die Gefahr, aus einer Nicht-Korrelation, die ihre Ursache in Störfaktoren haben kann (scheinbare Non-Korrelation), auf die Bedeutungslosigkeit bestimmter Variablen zu schließen, die an sich bedeutsam sind.

Wird dagegen bei einer Ex-Post-Untersuchung nachgewiesen, daß (neben einer unabhängig vom Forscher erfolgten "Manipulation") die Kontrollen ausreichend sind, d. h., daß alle relevanten Alternativerklärungen ausgeschaltet werden können, dann kann man diesem - sicherlich ungewöhnlichen - Fall das Prädikat "Experiment" nicht absprechen. Ansonsten erscheint es aus Gründen terminologischer Klarheit zweckmäßiger, den Begriff "Ex-post-facto-Experiment" nicht zu verwenden.

Für den Streit, ob es Ex-post-facto-Experimente geben kann, gibt es also nur eine Lösung: im Prinzip ja, in der Praxis weitgehend nein. Noch mehr als beim Experiment sollten beim Ex-post-facto-Ansatz wegen der fraglichen Kontrollmöglichkeiten Alternativerklärungen geprüft werden. Je mehr sich eine These gegenüber Alternativen behauptet, umso mehr lohnt es sich, eine solche Hypothese auch im Labor zu überprüfen. Hier offenbart sich eine Funktionsteilung von Ex-post-facto-Untersuchung und Laboruntersuchung, wie sie auch für das Feldexperiment (bzw. die Feldstudie) und das Laborexperiment kennzeichnend ist (vgl. Kap. 9.2.).

Als generelle Regel gegen die Gefahr von Fehlinterpretationen bei Ex-post-facto-Untersuchungen empfiehlt sich, besondere Vorsicht bei Studien ohne (ex ante) Hypothese walten zu lassen. Dasselbe gilt mutatis mutandis für Ex-post-Studien mit nur einer Hypothese. Glaubwürdiger, und damit mehr Aufmerksamkeit verdienend, erscheinen aber Ex-post-Studien, in denen sowohl die Hypothesen spezifiziert sind als auch Alter-

nativen getestet sind und auch nicht-signifikante Beziehungen vorausgesagt werden (vgl. Kerlinger, 1965, S. 373).

Eine in gewissen Fällen in Frage kommende Alternativstrate-
gie zu Ex-post-facto-Studien ist die Regressions-Diskonti-
nuitätsanalyse (s. Kap. 8.4.13.).

Bei dem im folgenden zu behandelnden Typus des Experiments
ist der experimentelle Charakter meist erfolgreicher gewahrt
als bei der Ex-post-Studie.

9.2.   Feldexperiment

Nach   K e r l i n g e r   (1965, S. 382) ist ein Feldexperiment "eine Untersuchung in einer realistischen Situation, in
der eine oder mehrere unabhängige Variablen vom Versuchsleiter manipuliert werden, wobei die Bedingungen der Situation
so sorgfältig wie möglich kontrolliert werden". Im Vergleich
zum Laborexperiment handelt es sich in erster Linie um ein
unterschiedliches Milieu, in dem der Versuch stattfindet, wenn
sich auch mit diesen Milieuunterschieden bestimmte Vor- und
Nachteile im Vergleich zum Laborexperiment verbinden (s. dazu weiter unten). Prinzipiell ist auch beim Feldexperiment
eine Kontrolle durch Randomisierung möglich. Handelt es sich
um größere soziale Einheiten mit vielen Individuen, z.B.
Schulen, dann wird sich eine Randomisierung eher realisieren
lassen als bei kleinen relativ interdependenten Forschungsobjekten. Wenn eine Zufallszuteilung der Vpn auf Versuchs- und
Kontrollsituation nicht möglich sein sollte, so empfiehlt sich
zumindest eine zufällige Auswahl des Ortes, an dem das Experiment stattfinden soll (falls überhaupt mehrere potentielle
Untersuchungsobjekte in Frage kommen).

Die Manipulation der unabhängigen Variable(n) gehört als not-
weniges Merkmal mit in die Definition hinein. Ist eine Mani-

pulation durch den Vl[1] oder durch eine mit ihm kooperierende
Person oder Institution nicht möglich, so handelt es sich um
eine Feldstudie. Bei einem Feldexperiment geht es wie bei einem Laborexperiment darum, eine Hypothese zu testen (vgl. auch
die Definition von French, 1953, S. 101). Die untersuchten
Individuen oder Gruppen werden aber nicht aus ihrer "natürlichen" Umgebung herausgerissen. Das Experiment zielt in
diesem Rahmen direkt auf eine bestehende soziale Realität
ab, in der die einzige Veränderung, die durch den Forscher
angeregt wird, in der Manipulation der unabhängigen Variablen besteht. Effekte, die durch die Anwesenheit des Vl verursacht werden (vgl. Kap. 13.1.), kann man dadurch ausschalten, daß der Forscher hinter der ohnehin in der jeweiligen
sozialen Umgebung "wirkenden" Organisation oder Einzelper-
son, z.B. dem Lehrer, zurücktritt.

Die Anführungsstriche beim Terminus "natürlich" sollten da-
vor bewahren, dieses Wort essentialistisch zu interpretie-
ren. Im Labor sind Merkmale einer sogenannten natürlichen
Situation nicht unbedingt eine Seltenheit. Zwar scheint das
vordergründig dem Bestreben nach Kontrolle zu widersprechen,
doch besteht diese Art der Alternative kaum, da ja nicht eine total künstliche und optimal kontrollierte Situation im
Labor untersucht wird (bzw. werden soll), sondern möglichst
eine natürliche und kontrollierte Situation (vgl. oben in
Kap. 7.2. auch die Betonung auf gleichzeitiger interner und
externer Validität. Eine unreflektierte Gleichsetzung von Laborexperiment und Künstlichkeit ist ein bedeutsamer Irrtum
(s. auch in Kap. 2.5. und 5.1. die Diskussion über die Künstlichkeit von Laborexperimenten). Beinahe ebenso falsch ist

---

1) Die Definition von Kerlinger ist in diesem Punkt als zu
   begrenzt anzusehen, wenn normalerweise auch natürlich die
   Manipulation zumindest unter Mitwirkung des Forschers erfolgt.

die Gleichsetzung von Feldexperiment und "natürlichem" Experiment. (Über das Naturexperiment, das nicht mit dem "natürlichen" Experiment verwechselt werden darf, s. Kap. 9.3.). Da der Begriff des "natürlichen" Experiments nur Mißverständnisse (wie z.B. dies, nur ein Experiment außerhalb des Labors könne "natürlich" sein) hervorruft und Wind in die falschen Segel bläßt, schlagen wir vor, darauf zu verzichten. Er kann u.E. keine (terminologische) Eigenständigkeit beanspruchen. Dann entsteht auch keine Verwechslung mehr mit dem Naturexperiment (vgl. hierzu auch Kunz, 1969, S. 244-245).

Um die soziale Umgebung, in der ein Feldexperiment stattfinden soll, nicht zu stören, empfiehlt sich die Auswahl geschlossener sozialer Einheiten, soweit sie typisch und relevant sind für das zu untersuchende Phänomen. Ein Pretest ist in jedem Fall anzuraten, um sicherzustellen, daß die manipulierte Variable überhaupt einen Effekt auf die abhängige Variable hat. Wird ein solcher Pretest durchgeführt, dann ist zusätzlich darauf zu achten, daß später keine reaktiven Effekte auftauchen. Auch in einem Feldexperiment sollten zusätzlich zur Randomisierung Experimental- und Kontrollgruppe gebildet werden (vgl. kritisch hierzu Mayntz et al., 1969, S. 185), wie auch eine Replikation eines Feldexperiments, und sei es im schlechtesten Fall auch nur an derselben Versuchspopulation, durchgeführt werden sollte.

Das Feldexperiment hat einige Vorteile, die das Laboratoriumsexperiment nicht bieten kann.

So meint   K e r l i n g e r   (1965, S. 383), manipulierte Variablen hätten in Feldexperimenten eine Wirkung, die in Laborexperimenten meist nicht erreicht wird. Aufschlußreich wäre, die Behauptung einmal anhand der bisherigen Feldexperimente, deren Zahl ohnehin aus noch zu diskutierenden Gründen nicht sehr groß ist, zu überprüfen. Kerlinger (1965, S. 383) stellt die Regel auf: Je realistischer die Forschungssituation, desto stärker die Wirkung der Variablen.

Feldexperimente sind angemessen für die Untersuchung komplexer sozialer Zusammenhänge, wenn es sich auch nicht gleichermaßen wie im Labor ermöglichen läßt, spezifische unabhängige Variablen zu manipulieren und deren Effekte zu beobachten. Nicht angebracht erscheint es aber, aus der Tatsache, daß im Labor meist nur relativ wenig komplexe soziale Phänomene untersucht werden können,[1] zu folgern (Boudon, 1967, zit. nach Opp, 1970), also tauge das Experiment nicht für Untersuchungen der sozialen Realität. Schaut man sich die Anwendungsmöglichkeiten des Feldexperiments an, so könnte man diese Behauptung mit beinahe dem gleichen Recht umkehren. Man kann durchaus komplexe Phänomene auf dem Wege des Feldexperiments in Angriff nehmen, nur ist später für eine detaillierte Untersuchung der einzelnen unabhängigen Variablen der Rückgriff auf das Labor nötig.

Beim Feldexperiment handelt es sich häufig um einen ganzen Satz von Variablen, der auf einmal manipuliert wird. Infolgedessen werden Effekte bei der abhängigen Variablen auch allgemein größer sein, wenn man auch nicht genau sagen kann, was welcher spezifischen unabhängigen Variablen in diesem Ursachenbündel zuzuschreiben ist. Auf der anderen Seite wird in einem Feldexperiment die Manipulation nur einer unabhängigen Variablen, die neben vielen anderen auf die abhängige Variable wirkt, kaum einen bedeutenden Effekt hervorrufen, da die durch andere Variablen verursachten Effekte ja nicht in gleicher Weise wie im Labor kontrolliert werden können, damit speziell dieser eine Effekt sichtbar wird. In diesem Fall würde sich ein Experiment im Labor besser eignen, da man dort die

---

1) Wenn man auch die Basis dieser Behauptung bezweifeln mag, denn wichtig ist nur, ob sich soziale Phänomene überhaupt auf h a u p t s ä c h l i c h e F a k t o r e n im Labor zurückführen lassen, wie F e s t i n g e r (1953, S. 139) immer wieder betont.

anderen Faktoren eher abschirmen kann und somit auch für eine schwächere unabhängige Variable eine Wirkung auf die abhängige Variable beobachten kann.

Die Unkenntnis der Vpn und die Tatsache, daß ein Experiment an natürlichen Gruppen durchgeführt wird, sowie sie für eine bestimmte soziale Realität kennzeichnend sind, ermöglichen es, in einem Feldexperiment mit wissenschaftlichen Kontrollinstrumenten die soziale Realität ohne reaktive Arrangements zu studieren. Diese Möglichkeit ist wahrscheinlich der bedeutendste Vorteil, der das Feldexperiment in der Reihe möglicher Experimenttypen charakterisiert. Doch gibt es viel weniger Feldexperimente, als man auf Grund der gerade beschriebenen Vorzüge erwarten sollte. Auf die Gründe und die zu erfüllenden Voraussetzungen wird nachfolgend eingegangen. Zuvor aber noch einige weitere Vorteile des Feldexperiments.

Das Feldexperiment erlaubt, wie schon angedeutet, den Test einer Hypothese in einer Umgebung, in die nicht eingegriffen wird.

Geht man davon aus, daß eine brauchbare Theorie der Praxis vorausgehen sollte (oder in der Formulierung von Lewin, daß nichts so praktisch ist wie eine gute Theorie), kann ein Feldexperiment ein geeignetes Instrument für die Lösung praktischer Probleme sein. In diesem Zusammenhang sind auch die gebräuchlichen, sich teilweise überschneidenden, Bezeichnungen "action research", "evaluation research" und "operational research" zu erwähnen.

Bei einem Feldexperiment muß der Forscher neben seinen wissenschaftlichen Zielen aber auch noch andere bedenken. Wird er als Berater engagiert, der ein Feldexperiment, z.B. im Rahmen einer innerbetrieblichen Fragestellung, initiieren und durchführen soll, so kann es zu dem sogenannten "Auftraggebereffekt" kommen. Der Forscher liefert u.U. ein Ergebnis ab, das "zugunsten" des Auftraggebers verzerrt ist (was sich de facto allerdings auch als Nachteil für den Auftraggeber auswirken könnte, z.B. dann, wenn ihm mit den tatsächlichen, möglicherweise unerfreulichen, Befunden mehr gedient wäre). Dies ist eine Möglichkeit des Konflikts von Forscherfunktion und Beraterfunktion. Gemessen an den Zielen der Wissenschaft, wäre es aber noch fragwürdiger, wenn der Forscher ein Feldexperiment durchführt, das z.B. nur einseitig an den Interessen der Unternehmensleitung ausgerichtet ist, ohne die Betroffenen mitzuberücksichtigen. Gerade dort, wo Feldexperimente unterschiedliche Interessenlagen (nicht nur in der Industrie) berühren, aber nur einer Seite zugänglich sind und nur einer Seite (überwiegend) nutzen, ergeben sich Zielkonflikte[1] (vgl. French, 1953, S. 131) für den Forscher. Nicht jede Fragestellung, die mit einem Feldexperiment untersucht werden kann, ist "ethisch" zweifelsfrei. (Für die ethische Problematik vor allem im Zusammenhang mit dem Laborexperiment s. Kap. 14.)

Ein Beispiel, das die Fragwürdigkeit eines Feldexperiments illustriert (ohne allerdings als Feldexperiment angelegt gewesen zu sein), ist die Radiosendung von O r s o n   W e l l e s "The Invasion from Mars". Obwohl vor der Sendung angekündigt wurde, daß es sich um Science Fiction handele, war die Sendung - zumindest für "unsophisticated Americans" - so ausgestaltet, daß viele der Zuhörer in panikartiger Flucht ihre Häuser vor den kleinen grünen Männern verließen. Zwar ergaben

---

1) Ein mögliches drittes Ziel bei der Durchführung von Feldexperimenten kann man darin sehen, daß der Forscher seiner allgemeinen "Aufklärungspflicht" nachkommt und so bei seinen Kontaktpersonen Verständnis für die Bedeutung von Feldexperimenten weckt. Je eher es dem Forscher gelingt, diese allgemeinen Erwartungen zu erfüllen, desto größer werden die Chancen, in Zukunft weitere Feldexperimente durchführen zu können.

sich nachher höchst interessante Ergebnisse für Thesen über
selektive Wahrnehmung und den Zusammenhang von Schulbildung
und Suggestibilität (vgl. Herzog, 1955), doch erscheint fraglich, ob sich dieses Ausmaß eines Schocks noch vertreten läßt.
Ein weiteres Beispiel ist das Ferienlager-Experiment von
S h e r i f   e t   a l .   (1954), in dem derart manipuliert
wurde, daß zwischen den Jugendgruppen beträchtliche Spannun-
gen entstanden, die dann durch spätere Manipulationen wieder
beseitigt wurden. (Für weitere Beispiele ethisch fragwürdiger
Experimente s. die Verweise in Kap. 14.)

Zu den Nachteilen des Feldexperiments gehört - nochmals - die
erhöhte Schwierigkeit der Kontrolle alternativer Variablen,
was dazu führen kann, daß sich Einzelthesen weniger präzise
testen lassen. Ein exakter Test wird durch Wechselbeziehungen
mehrerer unabhängiger Variablen verhindert. Häufig liegt das
Problem auch auf der Ebene der Messung.

Diese Einwände weisen auf die generelle Schwierigkeit hin,
ein Feldexperiment zu realisieren. Anders als beim Laborexperiment lassen sich die "Standardbedingungen" nicht so leicht
aus früheren eigenen Erfahrungen oder Versuchsbeschreibungen
übernehmen, sondern meist muß eine völlig neue Strategie verfolgt werden, um angemessene Kontrollbedingungen zu schaffen.
Kontaktaufnahme, "Aufbau" der Versuchsanordnung usw. nehmen
beim Feldexperiment normalerweise viel mehr Zeit in Anspruch.
Kardinalvoraussetzung ist eine dem Feldexperiment zugängliche
Fragestellung. Dann muß eine entsprechende Situation gefunden
werden, in der sich ein Feldexperiment realisieren läßt. Oft
läßt sich eine unabhängige Variable "theoretisch" leicht manipulieren, und doch gibt es in der Praxis zahlreiche Rückwirkungen. Hier sei nur an den Hawthorne-Effekt erinnert, obwohl
dieses Experiment ja nicht mehr ein reines Feldexperiment war.
Die Manipulation der unabhängigen Variable darf nämlich nicht
so geschehen, daß es zu reaktivem Verhalten der Vpn kommt.

Vom Forscher wird last not least ein besonderes Maß an Kontaktfähigkeit und Geduld verlangt.

Für Feldexperimente gibt es im Vergleich zu Feldstudien relativ wenige Beispiele, wenn auch neuerdings (McGuire, 1969, S. 27-37) vorausgesagt wird, es käme zu einer Feldexperiment-Welle. Ein Grund für diese Entwicklung sei dabei der sinkende Grenznutzen von Laborexperimenten. Bevor man eine "neue" Fragestellung anschneidet, sind normalerweise so viele Vorarbeiten und Vorexperimente nötig, daß man durchaus von einem sinkenden Grenznutzen, zumindest was den theoretischen Fortschritt anbelangt, sprechen kann, selbst wenn sich a b s o - l u t   durchaus ein theoretischer Fortschritt ergibt (sinkend nur im Hinblick auf die Zahl der in der experimentellen Forschung beschäftigten Personen).

Ein zweiter Grund wird darin gesehen, daß die Anforderungen von anderer Seite, z.B. Verwaltung, Schulen, politischen Instanzen usw., mit dem Entwicklungsstand der Sozialwissenschaften derart gestiegen sind, daß man diese Erwartungen nicht mehr mit dem Verweis auf theoretisch "saubere" Laboratoriumsexperimente erfüllen kann.

Schließlich mag dieser Trend auch noch durch ethische Probleme bei Laboratoriumsexperimenten (s. Kap. 14.) bedingt sein. Forscher wie C a m p b e l l   (in fast allen seinen Schriften) und C a t t e l l   (vgl. 1966) gehören ebenfalls zu Befürwortern dieser Entwicklung, ohne aber die Bedeutung des Labors herabzumindern.

Von den relativ wenigen Feldexperimenten seien als Beispiele das Experiment über ärztliche Aufklärung in hygienischen Fragen von D o d d   in Syrien (vgl. hierzu die Kritik von Schulz, 1970, S. 34-35) und die Untersuchung über die Einflußfaktoren auf die Gruppenproduktivität von F r e n c h genannt (s. die Verweise bei French, 1953, 1965). Weitere

Beispiele werden bei K e r l i n g e r (1965, S. 384) und
F r e n c h (1953, S. 102, 112 ff.) erwähnt; s. auch die
Studie von V e r p l a n c k (1955, auch bei Kerlinger,
1965, S. 377-378) und die von S e a s h o r e (1964) referierten Studien, die industriepsychologischen Studien in
H o l d i n g (1969) sowie Z e l d i t c h und H o p -
k i n s (1961). Weitere Beispiele finden sich bei B u -
s h e l l und B u r g e s s (1969, Teil II) und bei
M c D a v i d und H a r a r i (1968, S. 407).

Feldexperimente sind besonders dort gut geeignet, wo ohnehin
viele Tests durchgeführt werden, z.B. in Schulen, Universitäten usw.

Oft wird allerdings der Begriff des Feldexperiments zu weit
ausgelegt. Als Feldexperiment werden auch Studien bezeichnet,
die den oben angegebenen Kriterien nicht genügen und die besser als Feldstudien zu bezeichnen sind. Kontrolle und Manipulation der unabhängigen Variablen müssen beim Feldexperiment
gegeben sein. Bevor ein kleiner Verweis auf die Feldstudie
folgt, sei noch einmal die Frage der wechselseitigen Ergänzung von Feld- und Laborexperiment aufgenommen.

Ziel eines besonders guten Feldexperiments ist es, "die Möglichkeit des 'künstlichen' Eingriffs für die Beweisführung
optimal zu nützen und dabei gleichzeitig die soziale Situation, in der sich die Versuchspersonen befinden, so 'natürlich' wie möglich zu gestalten" (Schulz, 1970, S. 134).

Es erscheint relativ unbedeutend, welche Position man in dem
"Streit" bezieht, ob die eine oder die andere Form des Expe-
riments überlegen ist (vgl. hierzu auch einige Positionen bei
Bredenkamp, 1969, S. 359). Entscheidend ist nur, ob in beiden
Fällen die experimentellen Bedingungen so weit erfüllt sind,
daß man von einem Test einer Kausalhypothese sprechen kann.
Die wechselseitige Ergänzung beider Typen wird noch einmal

deutlich in der Formulierung nach B r e d e n k a m p
(1969, S. 364): Das Feldexperiment ist eher effektzentriert
und eher extern valide, während das Laborexperiment eher be-
dingungszentriert ist und dabei die interne Gültigkeit eher
gewährleistet ist. Die interne Validität des Feldexperiments
ist deshalb geringer, weil mehrere unabhängige Variablen
gleichzeitig die Wirkung in der abhängigen Variablen hervorrufen, man aber wegen der nicht-ausreichenden Detailkontrol-
le meist nicht sagen kann, bis zu welchem Grad welcher Faktor Ursache war.

Obwohl eine Feldstudie überhaupt keinen experimentellen Typus
darstellt, sei zum Abschluß dieses Kapitels darauf eingegangen, um Mißverständnisse über Feldexperiment und Feldstudie
auszuschließen.

Natürlich ist jedes Feldexperiment im weiteren Sinne eine
Feldstudie, doch fehlt bei dieser die notwendige Kontrolle
und die Manipulation der unabhängigen Variablen. Bestehende
Bedingungen werden allerhöchstens selegiert, aber nicht manipuliert (vgl. Kap. 3.). In einer Feldstudie lassen sich
nicht in dem Maße, wie das für die beiden genannten Experimenttypen: "Laborexperiment" und "Feldexperiment" zutrifft,
Hypothesen testen. Im übrigen sei hier auf die Literatur
über Feldstudien verwiesen (z.B. Katz, 1953, S. 56-97; Kerlinger, 1965, S. 387-391).

Bei dem folgenden letzten experimentellen Typus können die
Ausführungen abgekürzt werden.

9.3.   <u>Naturexperiment</u>

Ein Naturexperiment ist "ein von der Natur geschaffener Vorgang, der bereits die Kriterien des Experiments ohne Manipulation durch den Forscher erfüllt" (s. das Glossar in König, 1965, S. 331; vgl. auch Pagès, 1967, S. 443, allerdings spricht Pagès mißverständlich von einem "natürlichen" Experiment). Auch beim Naturexperiment (engl. "nature's experiment", nicht "natural experiment"), muß eine Versuchs- und eine Kontrollgruppe vorhanden sein, selbst wenn die Versuchsgruppe ihre eigene Kontrollgruppe bildet. Der Stromausfall von New York ist ein Beispiel für ein Naturexperiment (wobei man sich darüber streiten kann, ob hier die Natur oder menschliche Vergeßlichkeit manipuliert hat). Naturexperimente sind äußerst selten und ereignen sich meist in (oder sind) Krisen- und Katastrophenzeiten.

Im Falle des New Yorker Stromausfalls wies die Statistik laut Zeitungsberichten neun Monate später einen Babyboom auf. Zwei "Erklärungen" wurden angeboten: das Fernsehprogramm lief nicht, also widmete man sich anderen Dingen. Die zweite war, daß die Frauen im Dunkeln die Pille nicht fanden. Jedenfalls sind genügend Kontrollen vorhanden (sämtliche anderen durchschnittlichen Tage im Jahr, an denen kein Strom ausgefallen war). Auch finden sich keine plausiblen Alternativerklärungen.

Da Naturexperimente meist unvorbereitet eintreffen, gibt es in der Literatur nur ganz wenige Beispiele, die den Bedingungen experimenteller Kontrolle genügen (vgl. z.B. bei McDavid und Harari, 1968, S. 407, die Studie von Liebermann, die möglicherweise noch dem Feldexperiment zuzurechnen ist, über Einstellungen von Arbeitern vor und nach unterschiedlichen Beförderungen). Tritt aber eine "Manipulation durch die Natur" ein und hat man eine brauchbare abhängige Variable wie z.B. Geburtenrate, dann kann ein Naturexperiment u.U. ein sonst unerreichtes Ausmaß an Kontrolle bieten. Außerdem treten dabei keine reaktiven Effekte auf.

Im folgenden sollen noch einige Typen von angeblichen "Experimenten" diskutiert werden.

9.4. Gedankenexperiment

Bei einem Gedankenexperiment handelt es sich um den Ersatz eines tatsächlichen Experiments durch gedankliche Überlegungen (vgl. Townsend, 1953, S. 25). Der Forscher braucht nicht einmal aus seinem Sessel aufzustehen, um ein Experiment durchzuführen und sich mit den "Niederungen der Empirie" abzugeben. Die englische Bezeichnung für Gedankenexperiment "armchair experimentation" - neben "imaginary experiment" und "mental experiment" - ist wesentlich pointierter als der deutsche Begriff mit der implizierten Allmacht der Gedanken.

Gedankenexperimente sind in der Geschichtswissenschaft und in allen (anderen) Arten von "verstehenden Wissenschaften" nicht unbekannt (vgl. Holzkamp, 1968, S. 258, sowie die dortige Literatur), wobei ein erhobener Anspruch, nämlich die Phänomene zu "verstehen", nicht - geht man von der Kontrolle aus - eingelöst wird. "Verstehender" (verständlicher) ist sicherlich eine eher experimentell orientierte Wissenschaft als eine Verstehenswissenschaft. Im übrigen ist es müßig, darüber zu streiten, die Forschungsergebnisse sprechen für sich. Aber auch in der Psychoanalyse (z.B. von F r e u d trotz seiner naturwissenschaftlichen Grundausrichtung) und in der Soziologie wird dem Gedankenexperiment ein Wert zugesprochen, der ihm eigentlich nicht zukommt.

Für M a x W e b e r (s. z.B. 1964, S. 8) war der sogenannte Idealtypus (man mag darüber streiten, ob dies bereits den Terminus "Gedankenexperiment" rechtfertigt) allerdings eine gedankliche Hilfskonstruktion, mit der durch "verstehendes Hinwegdenken" erkennbar werden sollte, was an sozialen Phänomenen "irrationalem" Verhalten zuzuschreiben ist, wobei irrationales Verhalten verstanden wurde als Abweichung von einer gedanklich reinen Konstruktion, eben dem sogenannten Idealtypus. Dieser Vorgehensweise ist sicherlich nicht die heuristische Qualität (vgl. auch König, 1962, S. 7) abzusprechen, doch bietet sie in keinster Weise die Möglichkeit, einen präzisen Test einer Hypothese durchzuführen.

Alle Einwände, die sich gegen das Gedankenexperiment vorbringen lassen, reduzieren sich auf den Verweis auf die (neben der Manipulation der unabhängigen Variablen) fehlende Kontrolle, die durch den Verzicht auf empirische Tatbestände bedingt ist.[1]

Im übrigen ist beim Gedankenexperiment auf die Gefahr des sogenannten M o d e l l - P l a t o n i s m u s (Albert, 1962, S. 58, sowie 1964, S. 60, wo besonders der Immunisierungscharakter von Gedankenexperimenten betont wird; s. auch die dort angegebenen Quellen sowie 1966, S. 410), also des Verzichts auf Test und Korrektur eines Modells, hinzuweisen.

Auch die Simulation erfüllt nicht die spezifischen Kriterien eines Experiments, hat aber ebenfalls eine bedeutende heuristische Funktion.

---

1) Dies trifft allerdings nicht auf den Weberschen Idealtypus zu, bei dem vor und nach der Konstruktion des Idealtypus eine empirische Bestandsaufnahme erfolgt.

9.5. <u>Simulation</u>

Der sozialwissenschaftliche Begriff der "Simulation" ist ab-
zugrenzen gegen den alltagssprachlichen Gebrauch von "Simulation", bei dem so etwas wie Verstellen und Täuschen mit-
schwingt. In der sozialwissenschaftlichen Literatur wird eine Vielzahl von Vorgehensweisen unter dem Begriff der Simulation subsumiert, obwohl es dafür z.T. präzisere Begriffe
gibt. So stiftet es z.B. nur Verwirrung, wenn man auch ein
Laborexperiment bereits mit dem Namen Simulationsexperiment
belegt (vgl. Schulz, 1970, S. 73). Das Moment der Künstlichkeit bei einem Laborexperiment ist noch nicht mit einer Simulation zu verwechseln, bei der zusätzliche Merkmale hinzukommen und außerdem das Gewicht des Merkmals "Künstlichkeit"
(vgl. Campbell, 1969, S. 368) ein anderes ist als im Falle
des Laborexperiments. Ohne hier eine erschöpfende Definition
zu entwickeln (die bei der Fülle der sprachlichen Anwendungsmöglichkeiten auch zu allgemein bleiben müßte,[1] soll hier
mit D a w s o n   (1962, S. 8) unter Simulation die "Konstruktion und Umsetzung ('operating') eines Modells" verstanden werden, "das Verhaltensprozesse repliziert", indem die
Variablen des Modells und ihre Beziehungen manipuliert werden (S. 3). Eine brauchbare, allerdings in der Einengung auf
Computer-Simulation zu enge Definition findet sich bei
M a y n t z   (1967, S. 23): "Simulationsmodelle sind Opera-
tionsmodelle von Vorgängen in sozialen Systemen, die in einem Computer nachgebildet werden, so daß über Zeit ablaufen-
de Prozesse in allen Einzelheiten reproduziert werden." Eine
allgemeinere Einordnung der Simulationsforschung findet sich
bei S c h e u c h   (1967b, S. 664-666: "Bei der Simulationsforschung (werden) reale Vorgänge in Abstraktion von

---

1) S. z.B. bei P a g è s   (1967, S. 744 und 746); allerdings ist das sprachliche Baumdiagramm von P a g è s
   ebenfalls sehr unpräzise. S. auch die Definition von
   P h i l l i p s   (1970, S. 180) sowie die dort angegebene einführende Literatur. ·

zufälligen Elementen (d.h. modellhaft) nachgeahmt (= simuliert).", der sie als Spezialfall der Computerforschung versteht, darin aber ebenfalls einen engeren Begriff der Simulation verwendet als D a w s o n in seiner Definition. In der Definition von A b e l s o n (1968, S. 275) werden bereits Funktionen von Simulationen angedeutet: "Simulation is the exercise of a flexible imitation of processes and outcomes for the purpose of clarifying or explaining the underlying mechanisms involved."

Um erfolgreich Simulationen durchführen zu können, müssen einige Voraussetzungen erfüllt sein. Der Forscher muß ein Mindestmaß an Informationen über die untersuchten Probleme haben, so daß er die hauptsächlichen unabhängigen Variablen eingrenzen kann, die dann nachher in systematischer Weise im Labor simuliert werden sollen. Hierbei werden z.T. Operationen durchgeführt, die sich aus verschiedenen Gründen in der Wirklichkeit nicht realisieren lassen. So mögen die sozialen Aggregate in der Wirklichkeit zu groß sein, um unabhängige Variablen zu manipulieren. Eine Kontrolle durch Parallelgruppen mag undurchführbar sein. Außerdem kann eine zu komplexe Beziehung der Variablen untereinander von einem entsprechenden Feldexperiment abhalten und eher auf die Simulation verweisen (vgl. auch Schulz, 1970, S. 139).

Schließlich muß es möglich sein, die Hauptvariablen überhaupt im Labor zu simulieren. Das gewählte Simulationsmodell muß einen ausreichenden Grad an I s o m o r p h i e mit dem in der Wirklichkeit zu findenden Phänomen haben (vgl. auch Verba, 1961, auch zit. bei Bredenkamp, 1969, S. 359-360, und Sherif und Sherif, 1969, S. 18-19), auf das später die Ergebnisse der Simulation angewendet werden sollen; d.h. u.a., daß Variablen entweder spezifiziert oder aber aus dem Modell ausgeschlossen werden. Den dritten Weg des ceteris paribus (man denkt zwar an weitere Variablen, tut aber so, als spielten sie keine Rolle) soll es nach Möglichkeit nicht geben

(s. Abelson, 1968, S. 285). Die Beziehungen unter den Hauptvariablen sollten vor ihrer systematischen Variierung durch
die Simulation möglichst präzise angegeben werden. Eine Ausschaltung der ceteris-paribus-Klausel sollte auch schon deshalb vorgenommen werden, weil eine Simulation deskriptiven
und - soweit möglich - sogar theoretischen Zwecken, nicht
aber normativen dienen soll, die sich durch ceteris-paribus-
Klauseln einschleichen können (vgl. Abelson, 1968, S. 281).
Wenige, aber möglichst präzise beschriebene, Kausalgrößen
und ihre Interrelationen lassen eine Simulation erfolgreicher verlaufen als die Verwendung einer Vielzahl ungenau
beschriebener Variablen. Deshalb ist es besonders wichtig,
vor dem Aufstellen eines Simulationsmodells alle relevanten
Daten und Hypothesen über das untersuchte Phänomen zusammen-
zustellen.

Da in diesem Zusammenhang die Beziehung von Experiment und
Simulation mehr interessiert, soll auf die verschiedenen Arten der Simulationstechniken hier nicht eingegangen werden.
Es sei nur auf die reine Simulation durch menschliche Vpn
(auch "Planspieltechnik" genannt, s. Atteslander, 1969, S.
187), auf die Computer-Mensch-Simulation und schließlich auf
die reine Computer-Simulation verwiesen. Vergleiche auch die
eher an den Simulationsobjekten ausgerichtete Übersicht von
A b e l s o n   (1968, S. 277 sowie S. 280 ff.).

Der Einsatz von Vpn in Simulationsmodellen scheint sich vorwiegend dort zu lohnen, wo Phänomene in kleinen Gruppen untersucht werden sollen. Wo es um Probleme der internationalen Politik geht, führt diese Art der Simulation aber zu un-
zulässigen Verallgemeinerungen, wenn sie u.U. auch überra-
schende Einblicke in menschliche Verhaltensweisen, z.B. bei
der Simulation von Bedrohungspotentialen, geben mag. Insgesamt scheint sich in diesem Fall aber eine reine Computer-
Simulation besser zu eignen, vorausgesetzt, man hat entsprechend aussagefähige Daten eingegeben. Beispiele für die ge-

nannten einzelnen Typen und für andere finden sich bei
A b e l s o n (1968, S. 279 ff., S. 308 ff.) und D a w -
s o n (1962, S. 6 ff.) sowie in den verschiedenen Artikeln
in G u e t z k o w (1962). Für weitere Literaturverweise
s. bei F r e e m a n (1971). Vielversprechend waren auch
erste Simulationsversuche in der Wahlforschung (vgl. z.B.
Pool, in: Guetzkow, 1962).

Simulationsmodelle haben sich in den Naturwissenschaften, vor
allem in der Raumfahrt, überaus bewährt. In den Sozialwissenschaften ist ihre Hauptfunktion, die qualitative und - soweit
ausreichende Information vorhanden ist - auch quantitative
Datenstruktur sichtbar zu machen und durch systematische Variation der Variablenbeziehungen neue Hypothesen zu generie-
ren. Ein Test einer Hypothese durch eine Simulation, wie es
gelegentlich behauptet wird (vgl. Dawson, 1962, S. 5), ist
nicht möglich, da ja Situationen nur hypothetisch durchge-
spielt werden. Die Hauptfunktionen von Simulationen liegen
ähnlich wie beim Gedankenexperiment im heuristischen Bereich.
Hypothesen mit einer größeren a priori Wahrscheinlichkeit
sollen gefunden werden. Dies geschieht bei der Simulation mit
größerer Präzision als beim Gedankenexperiment. Die Simulation mittels Computer stellt ein erweitertes Gehirn mit grös-
serer Speicher- und Verarbeitungskapazität dar. Besonders gut
eignet sich die Simulation für die Generierung kontinuierli-
cher Daten (Phillips, 1970, S. 189).

Durch Simulationen ergeben sich einige Vorteile, die alle
auf die wechselseitige Stimulierung von Theorie und empirischer Forschung hinauslaufen. So lassen sich durch Simulationen Phänomene in einer Weise untersuchen, wie das in der
Realität nicht möglich ist, etwa Auswirkungen von Veränderungen von Bedrohungspotentialen in internationalen Beziehungen.

Ein zweiter Vorteil liegt in der Dynamisierbarkeit eines Simulationsmodells. Dadurch wird ein komparativ-statischer Ver-

gleich oder noch mehr: ein heuristisches Äquivalent zur Zeit-
reihenanalyse durchführbar. Dies ermöglicht Einsichten in Zusammenhänge, die sich sonst vielleicht nicht erzielen ließen,
da die Manipulationsmöglichkeit für den Forscher in der Wirklichkeit in bestimmten Fällen nicht gegeben ist.

Je mehr menschliche Vpn bei Simulationen ausgeschaltet werden, umso eher lassen sich auch ethische Probleme des Experimentierens (s. Kap. 14.) umgehen, was aber nicht heißen
soll, hier bestünden keine Probleme der Rückanwendung von
Erkenntnissen der Simulationsforschung, z.B. im Bereich der
internationalen Beziehungen.

Wie bereits angedeutet, führt eine Simulation auch zu einer
Quantifizierung und Präzisierung von postulierten Beziehungen, die sich ebenfalls stimulierend auf die Theoriebildung
auswirken kann. Außerdem mögen sich durch Simulationen Ver-
bindungen zwischen Teiltheorien herstellen lassen, die sonst
schwer zu erzielen sein mögen (Abelson, 1968, S. 288). Sicherlich wird auch die Mehrebenenanalyse in Zukunft stark
von Simulationsmodellen profitieren können.

Simulationsmodelle führen also u.U. zu Konsequenzen, auf die
der Forscher sonst nicht gestoßen wäre. Dieses Vorgehen ist
aber nicht nur als ein begrenzter Schritt zu verstehen. Man
mag F r e e m a n (1971, S. 104) zustimmen, der die heuristische Qualität von Simulationen mit der Behauptung unterstreicht, nicht das Resultat sei in erster Linie wichtig,
sondern der Prozeß der Analyse, in dessen Verlauf neue Annahmen gewonnen werden sollen, die dann an den Daten der Realität zu testen sind. Allein schon die Übersetzung eines verbalen Modells in die Bildsprache von Ablaufdiagrammen erfüllt
eine heuristische Funktion.

Eines der Hauptprobleme ist u.U. der große Abstraktionsgrad,
der im Idealfall so groß bzw. so klein sein soll, daß Isomor-

phie (also gleiche Struktur des Phänomens in der Realität und
im simulierten Modell) gegeben ist, ein Rückbezug zur Realität möglich ist und sich damit die Vorteile einer Simulation
optimal nutzen lassen. Liegt Isomorphie nicht vor, so droht
ähnlich wie beim Gedankenexperiment die Gefahr des Modell-
Platonismus. Liegt aber eine Isomorphie vor, dann werden mögliche Einwände gegen Simulationen wie z. B. "zu großer Abstraktionsgrad" hinfällig. Bevor man allerdings eine Simulation durchführt, sollte man angesichts der großen Kosten prüfen, ob nicht alternative Methoden das gleiche Ziel effizienter erfüllen. Zusätzlich sollte nicht nur ein Simulationsmodell getestet werden, sondern eine Vielzahl von Modellen, um
Theorien oder Hypothesen mit geringer a priori Wahrscheinlichkeit auszusortieren.

Bei einer Simulation ist die dauernde Anpassung des Ausgangs-
modells an veränderte Bedingungen unbedingt notwendig, um die
weiteren Schritte nicht überflüssig werden zu lassen (Abelson,
1968, S. 304-305). Für die Frage nach der Validität von Simulationsmodellen sei hier auf die Diskussion bei A b e l s o n
(1968, S. 315 ff.) verwiesen. Nochmals: ein Simulationsmodell
kann erst dann extern als gültig gelten, wenn korrespondierende Daten zur Verfügung stehen. Hinzukommen sollte möglichst
eine Kreuzvalidierung, d.h. eine Validierung des Modells an
noch unbekannten Untersuchungsobjekten. Eine sehr interessante Validierungsmethode der Computer-Simulation (von der es
mehrere Varianten gibt; s. b. Abelson, 1968, S. 317 ff.) besteht darin, eine Vp einschätzen zu lassen, welche der jeweiligen Reaktionen (bzw. allgemeiner: Daten) vom Computer und
welche von menschlichen Individuen stammen ("Turing's Test").

Simulationen sind dann besonders nutzbringend, wenn es gelingt, soziale Sachverhalte mathematisch auszudrücken (was
natürlich auch von der Komplexität des Untersuchungsobjekts
abhängt). Dies ist erst auf einem sehr hohen Informationsni-
veau zu erwarten. (Für die mit einer Mathematisierung verbun-

denen zusätzlichen Präzisierungen und Vorteile im theoretischen Bereich s. F e s t i n g e r , 1966, S. 342.) Liegt sehr viel Datenmaterial über das Untersuchungsobjekt vor, dann kann eine Mathematisierung helfen, die Zahl der theoretischen Propositionen zu reduzieren auf ein in sich konsistentes Modell.

Insgesamt - so läßt sich sagen - hat die Simulation den Charakter eines Quasi-Experiments (vgl. auch Pagès,1967,S. 743) im weitesten Sinne, wobei "Quasi" mehr zu betonen ist als "Experiment". Eine Manipulation der unabhängigen Variablen ist möglich, es gibt auch so etwas wie eine Kontrolle, freilich nicht im experimentellen Sinn. Kontrolliert wird rein abstrakt eine Reihe von Variablen. Auch bei Simulationen ist u.U. eine Randomisierung zu erzielen, doch bleibt offen, welche Bedeutung dies etwa im Vergleich zur Notwendigkeit der Randomisierung für das übliche Laborexperiment hat. Ebenso hat eine Manipulation unabhängiger Variablen im Simulationsmodell einen anderen Stellenwert als beim Experiment. Geht es dort um die Überprüfung einer These, so bei der Simulation um die Aufdekkung einer aussagefähigen Hypothese. Je größer der Grad an Isomorphie, der bei einer Simulation zu finden ist (was Informationen über die Wirklichkeit impliziert), desto eher wird man einer Simulation quasi-experimentellen Charakter auch im engeren Sinne zusprechen können.

Zusammenfassend läßt sich sagen (Dawson, 1962, S. 14): "Simulation is a useful tool when the researcher knows enough about the real system or process adequately to reproduce its behavior in an operating model."

Die genannten Vor- und Nachteile der Simulation im Vergleich zu den anderen Experimenttypen dieses Kapitels werden noch einmal deutlich in der nachfolgenden Tabelle, die nur die ungefähre Rangfolge der einzelnen Experimenttypen wiedergibt.

Tabelle 1: Die "experimentelle Güte" von "Typen" des Experiments

	Manipulation der unabhängigen Variablen	Kontrolle der übrigen Faktoren	"Kausaltest"	Randomauswahl	Randomzuteilung
Naturexperiment	+	+	+	+	+
Laborexperiment	+	+	+	+	+
Feldexperiment	+	(+)	+	+	+
Simulation	(+)	(+)	-	+	+
Ex-post-facto	-	-	-	(-)	(-)
Gedankenexperiment	-	-	-	-	-

Anmerkungen: Die eingeklammerten Zeichen sind keine eindeutigen Zuordnungen. Je eher eine entsprechende Anforderung erfüllt werden kann, desto eher ein + Zeichen in Klammern, je weniger, desto eher ein - Zeichen in Klammern.

Abweichend von der Gliederung im Text sind hier die verschiedenen Typen nach ihrer "experimentellen Güte" angeordnet, wobei möglicherweise bei diesen Kriterien der de facto Rang des Ex-post-facto-"Experiments" zu niedrig und der des Feldexperiments zu hoch ausfällt. Beim Naturexperiment kann eine Zufallsauswahl vorliegen, nur dürfte es sich normalerweise um eine andere Art des Zufalls (nicht im Sinne der induktiven Statistik) handeln. Bei der Simulation ist die Randomauswahl und Randomzuteilung nicht in jedem Fall möglich (abhängig von der Art der Simulation).

Nach dieser Darstellung verschiedener Typen von "Experimenten", die auf einer anderen Dimension eine Ergänzung der experimentellen Anordnungen von Kap. 8. liefern, seien zum Abschluß dieses Kapitels noch einige in der Literatur verbrei-
tete Klassifikationen angeführt, die sich vorwiegend an den
Funktionen der verschiedenen Arten von Experimenten orientieren, hier aber zugunsten der gewählten Gliederung zurückge-
stellt wurden.

9.6. Klassifikationen von Experimenttypen

So unterscheidet G r e e n w o o d (1945, S. 48-71, mit
Beispielen aus der Literatur)

1. reines Experiment (nur in den Naturwissenschaften);

2. unkontrolliertes Experiment (bei Mill das natürliche Experiment, "da es nicht vom Menschen gemacht wird", Greenwood, 1965, S. 187, vgl. oben
   auch das Naturexperiment, Kap. 9.3.);

3. Ex-post-facto-Experiment;

4. Probierexperiment durch Versuch und Irrtum
   und

5. kontrollierte Beobachtung.

Man könnte diese nicht sehr präzise und in den sprachlichen
Konnotationen ("rein", "unkontrolliert") nur Mißverständnisse
erzeugende Einteilung umgruppieren nach dem Ausmaß der Kontrolle, das sich mit den einzelnen Typen, die ja weit über
das Experiment hinausgehen, erreichen läßt (s. hierzu Siebel,
1965, S. 17). Diese Einteilung von G r e e n w o o d ist

auch deshalb unbefriedigend, weil sich das Feldexperiment
hier nicht unterbringen läßt (French, 1953, S. 99).

Bei C h a p i n (1965, S. 224-225) findet sich eine andere Einteilung:

1. Simultanvergleich (mittels selektiver Kontrolle werden Vergleiche zu einem bestimmten Zeitpunkt durchgeführt);

2. projektives Experiment (der Ablauf eines Ge-
   schehens wird vom Anfang bis zum Ende verfolgt, Vorher- und Nachhermessungen finden
   statt; eine Überprüfung einer Hypothese ist
   damit möglich) und schließlich das

3. Ex-post-facto-Experiment, das manchmal auch
   - aber genauso fälschlich - als "retrospek-
   tives Experiment" bezeichnet wird.

Scheint bei G r e e n w o o d das vornehmliche Eintei-
lungskriterium das Ausmaß der erzielbaren Kontrolle zu sein,
so liegt der Einteilung von C h a p i n eindeutig die
zeitliche Dimension zugrunde. Da aber im Begriff der Kontrolle zumindest im allgemeineren Sinn auch zeitliche Effekte impliziert sind, scheint die Ausrichtung einer Klassifikation
von Typen des "Experiments" an der Dimension der Kontrolle
(s. auch Tabelle 1) genereller. C h a p i n berührt ein
nachgeordnetes Kriterium. Selbstverständlich ist der Begriff
des projektiven Experiments nicht unberechtigt, doch gewinnt
er in der Gegenüberstellung zum Ex-post-facto-"Experiment",
das es, wie in Kap. 9.1. gezeigt wurde, ja höchst selten gibt,
eine terminologische Eigenständigkeit, die nicht gerechtfertigt erscheint. "Experiment" würde bereits reichen. Ein weiterer Neologismus ist das "sukzessive" Experiment (vgl. Atteslander, 1969, S. 181), das aber dem Charakter nach ein

projektives Experiment ist. Im übrigen sollte der Begriff des projektiven Experiments nicht mit projektiven Tests aus der Persönlichkeitsforschung verwechselt werden.

Auf das mißverständliche Begriffspaar "natürlich" und "künstlich" soll hier nicht noch einmal eingegangen werden (vgl. Kap. 5.1.). Zu diesen genannten Begriffen vgl. auch die Diskussion bei S i e b e l (1965, S. 17-22), die angesichts der unzureichenden Einteilungsgesichtspunkte doch unpräzise bleiben muß. Die von C a m p b e l l und S t a n l e y (1966) geprägte Terminologie, die sich expliziter am Versuchsaufbau orientiert, scheint weniger Anlaß für sprachliche und sachliche Mißdeutungen zu liefern.

Für die Unterscheidung zwischen direktem und indirektem Experiment, das durch bestimmte historische Umstände erzeugt wird, sei hier auf die Ausführungen von K ö n i g (1965, S. 40-41) hingewiesen. Diese durch C o m t e bereits vorbereitete Unterscheidung führte D u r k h e i m dann in seinen vergleichenden Analysen fort (vgl. auch Kap. 12.).

Eine weitere Klassifikation, mit der wir diesen Seitenblick auf in der Literatur zu findende Klassifikationsversuche abschließen wollen, wird bei E d w a r d s (1954, S. 259) erwähnt. Sie ist an generellen Zielen sozialwissenschaftlicher Forschung ausgerichtet, läßt sich aber - mit Ausnahme der ersten Nennung (survey research) - auch auf das experimentelle Vorgehen anwenden. Danach könnte man unterscheiden nach "technique research" (Anwendung und Test der Güte bestimmter experimenteller Methoden steht im Vordergrund), angewandter Forschung (s. o. Kap. 9.2.) und "kritischer Forschung" ("critical research"), bei der eine aus einer Theorie abgeleitete Hypothese getestet werden soll. Gegen diese, auch "Entscheidungsexperiment" (vgl. Holzkamp, 1968, S. 276-277) genannte Vorgehensweise, wenden W e b b e t a l . (1966, S. 174, s. auch dort S. 34) zu Recht ein, es gebe nie ein ein-

zelnes kritisches Experiment, sondern es müsse mindestens eine ganze Serie von Experimenten sein.

Die genannten Typen können natürlich im Rahmen eines Designs
auch gemeinsam auftreten, worauf während der Darstellung
schon hingewiesen wurde. Für die Diskussion weiterer Typen
des Experiments sei auf H o l z k a m p (1968, z.B. S.
299: "Erkundungsexperiment"), P a r t h e y und W a h l
(1966, S. 183-200) sowie K a p l a n (1964, S. 147-154)
verwiesen.

Nach der Darstellung von Anordnungen und "Typen" (Kap. 8. und
9.) des Experiments im weitesten Sinn soll im folgenden der
Frage nachgegangen werden, wie sich experimentelle Ansätze
- zumindest in quasi-experimenteller Form - in Umfragen einbauen lassen. In diesem und dem folgenden Kapitel geht es
darum, experimentelle Möglichkeiten in die Phase der Untersuchungsplanung einzubauen. Danach steht die Beziehung von
Experiment und multivariater Analyse im Vordergrund.

10.   Experiment und Survey

Vieles, was im Kap. 9.1. über Ex-post-Ansätze gesagt wurde,
trifft auf dieses Kapitel zu, da bei Umfragen in den meisten
Fällen Daten mit Ex-post-Charakter vom Befragten abgerufen
werden. Die Manipulation durch den Forscher geschieht nicht
ex ante, sondern höchstens hinterher durch "symbolische Kontrolle" bei der Auswertung von Umfragedaten. Doch läßt sich
unter gewissen Bedingungen auch beim Survey eine quasi-experimentelle Anordnung erzielen, die unter strengen Kontrollen
durch die multivariate Analyse auch zum "Nachweis" von Kausalbeziehungen führen kann.

Betrachtet man einen Fragebogen als einen Komplex von Stimuli, auf die der Befragte reagieren soll, dann liegt es nahe,
in diese Stimuli einen experimentellen Design einzufügen, der
eine Kausalaussage erlaubt. Allerdings ist bei Surveys die
Gefahr besonders groß, daß nicht die Stimuli, die vom Fragebogen ausgehen, für irgendwelche Unterschiede in den abhängigen Variablen verantwortlich sind, sondern alternative Stimuli, z.B. Merkmale des Interviewers oder des Befragten (z.B.
Akquieszenz, d.h. die Tendenz, Fragen zuzustimmen, unabhängig von ihrem Inhalt) bzw. in den meisten Fällen aus der Interaktion zwischen beiden Partnern (s. Erbslöh, 1972; vgl.
auch Kap. 13.).

Da ohnehin bei der Analyse von Surveydaten nachher meist bestimmte Kausalbeziehungen untersucht werden (Kendall und Lazarsfeld, 1950, S. 136), kann die Aussagebasis von Umfragen
nur verbessert werden, wenn man gewissermaßen ex ante Kon-
troll- und Versuchsgruppe schafft. Auf die unterschiedlichen
Typen von Umfragen soll hier nicht eingegangen werden. Wichtig ist nur, daß sich unter Einhaltung von Kontrollanforderungen folgendes realisieren läßt: "The explanatory survey
follows the model of the laboratory experiment with the fun-

damental difference that it attempts to represent this design
in a natural setting" (Hyman, 1955, S. 81).

Um die im Labor leichter zu erreichende Kontrolle auch "im
Feld" zu erzielen, sind im Prinzip die gleichen Techniken anwendbar. Eine Kontrolltechnik besteht darin, die Stichprobe
des untersuchten Universums zu homogenisieren und daraus dann
nach dem Zufallsprinzip Versuchsgruppe und Kontrollgruppe zu
bilden. Der einen Gruppe wird ein bestimmter Stimulus vorge-
geben, der anderen nicht (vgl. die "split-ballot"-Technik[1]).
Entsprechend den vielfältigen Möglichkeiten beim Aufbau eines
Fragebogens kann diese Unterschiedlichkeit in der Frageformu-
lierung oder in der Anordnung eines Fragenkomplexes liegen
oder schließlich darin, daß der einen Gruppe mehr Fragen zu
einem Thema gestellt werden als der anderen. Eine Reihe weiterer Möglichkeiten je nach Art der Problemstellung ist leicht
auszudenken. Häufig werden wechselseitige Versuchs- und Kontrollgruppen gebildet, so wie das typisch ist für faktorielle
Anordnungen.

Eine zweite Kontrolltechnik besteht in der Anwendung des Ran-
domisierungsverfahrens von vornherein. Aus der heterogenen
Grundgesamtheit werden nach dem Zufallsprinzip Versuchs- und
Kontrollpersonen ausgewählt.

---

1) In der "gegabelten Befragung" sieht N o e l l e (1963,
   S. 265) "das wichtigste Hilfsmittel einer methodischen
   Verbesserung der Frageformulierungen und Fragebogenkon-
   struktion". Diese Technik läßt sich auch schon auf einer
   vorgelagerten Stufe anwenden: die eine Hälfte der Interviewer erhält From A des Fragebogens, die andere die Variante B (vgl. Noelle, 1963, S. 154 f.). Die Schwierigkeit
   besteht dann darin, die restlichen Faktoren so zu kontrollieren, daß man Unterschiede in den Antworten den unterschiedlichen Fragebögen zurechnen kann.

Eine Kontrolle gewährleistet auch das Matching, wobei aber der übliche Einwand gegen Ex-post-Anordnungen und gegen das Matching selber gilt: nicht alle Dimensionen können gematcht werden, sondern nur einige wesentliche. Insofern ist der Grad an Kontrolle geringer als beim Randomisierungsverfahren (vgl. Kap. 6.3.4. und 6.3.5.).

Eine andere Kontrolltechnik, die recht effizient sein kann, besteht darin, das Universum zu begrenzen, für das die Ergebnisse später gelten sollen. Dann läßt sich ceteris paribus umso eher eine dem Experiment nahekommende Anordnung einbauen, da die Homogenität der Vpn größer wird, Alternativerklärungen also bereits a priori weniger wahrscheinlich werden. Dies bedeutet tendenziell eine größere interne Validität auf Kosten der Generalisierbarkeit der Ergebnisse.

Weitere Kontrolltechniken lassen sich aus der Sample-Literatur übernehmen (vgl. Schulz, 1970, S. 120 ff.), z.B. die Schichtung einer Stichprobe, um eine größere Homogenität der untersuchten Vpn zu erzielen.

Ungeeignet oder zumindest problematisch erscheint dagegen die Methode, ein sogenanntes kontrastierendes Sample zu ziehen, d.h. ein Sample aus den im Hinblick auf die zu testende Variable am stärksten differierenden Populationen. Die Überlegung ist, daß sich dann die mit dieser unabhängigen Variablen zusammenhängenden Korrelate am stärksten zeigen werden (Campbell und Katona, 1953, S. 24). Problematisch wird aber die Analyse der Variation in der abhängigen Variablen, denn gerade bei Extremgruppen sind Regressionseffekte sehr wahrscheinlich. Außerdem ist man nicht sicher, ob man die Extremgruppen tatsächlich auf der entscheidenden unabhängigen Variablen ausgewählt hat (was auch nur nach Vorinformation möglich ist) und nicht vielleicht nur auf einer Dimension, die mit einer noch wichtigeren unabhängigen korreliert.

Auf jeden Fall müssen bei den Vergleichen von "Versuchs-" und "Kontrollgruppe" Alternativerklärungen wie zeitliche Einflüsse, Regressionsartefakte, Interaktionseffekte jeder Art usw. ausgeschaltet werden können, wenn kausale Beziehungen nachgewiesen werden sollen.

Im Rahmen von Umfragen bieten sich zum Nachweis einer Kausalbeziehung, den man beim Survey auch als "analytisch" im Vergleich zum "operationalen" Kausalnachweis beim Experiment bezeichnen kann (Schulz, 1970, S.76), mehrere experimentelle Anordnungen an. Um hier nicht unnötig zu wiederholen, sei auf die Kap. 8.1.3., 8.2.2. und 8.3.2. verwiesen.

Aus Kostengründen liefern die meisten Umfragen nur zeitliche Momentaufnahmen. Der Befragte wird nach irgendwelchen Ereignissen abgefragt, die von Bedeutung für sein jetziges Verhalten bzw. seine jetzigen Einstellungen sein können. Eine Versuchsgruppe und Kontrollgruppe gewinnt man durch symbolische Zuteilung.

Im Falle einer einmaligen Befragung handelt es sich um den Posttest-Kongrollgruppen-Design, bei dem viele Alternativerklärungen übrig bleiben, da keine Sicherheit besteht, daß die beiden Gruppen tatsächlich gleich sind. Je mehr Randomisierung der Individuen gewährleistet ist, desto mehr nähert sich der Forschungsplan der Anordnung (5) an bzw. im umgekehrten Falle Anordnung (3). Ob eventuelle Unterschiede zwischen Experimental- und Kontrollgruppe tatsächlich auf den Stimulus im Fragebogen oder auf irgendeinen anderen Stimulus, der mit diesem Stimulus korreliert, zurückzuführen sind, kann erst durch die multivariate Analyse (Kap. 12.) geklärt werden. Eines dieser Korrelate ist in vielen Fällen Schulbildung, ein Faktor, der sich bei der sprachlichen Ausgestaltung der meisten Fragebögen nicht hinreichend kontrollieren läßt. Obwohl die Einwände gegen diese Anordnung - vor allem bei mangelhafter Randomisierung - erheblich sind, empfiehlt sie

C a m p b e l l   (1966, S. 8 und S. 12) mangels einer besseren Vorgehensmöglichkeit bei einer einmaligen Umfrage.

10.1.   <u>Panel-Anordnung</u>

Einige mögliche Alternativerklärungen lassen sich ausschalten, wenn man statt einer einmaligen Befragung eine mehrma-
lige Befragung derselben Individuen über das gleiche Thema,
das sogenannte Panel, durchführt, das allerdings höhere Kosten und Zeitaufwand verursacht und zusätzliche Kontrollprobleme schafft (s. einführend hierzu Mayntz et al., 1969, S.
134-150). Die hierfür gewählte Anordnung entspricht der Anordnung (9). Zwei möglichst gleiche Gruppen werden gebildet,
wovon die eine in der Zeit zwischen erster und zweiter Befragung einem Stimulus ausgesetzt ist. Oft kann dieser Stimulus
auch mit der ersten Befragung präsentiert werden, während die
andere Gruppe nicht mit diesem Stimulus konfrontiert wird.
Bei der zweiten Messung sollen dann Differenzen zwischen den
beiden Gruppen gemessen werden, die nicht bereits anfangs
da sein dürfen (Faktorenkontrolle!), denn dann ist die ursprüngliche Vergleichbarkeit beider Gruppen nicht mehr gewährleistet.

Bei dieser Anordnung können unterschiedliche Ausfälle die ursprüngliche Vergleichbarkeit aufgehoben haben; z.B. mögen
sich Befragte aus den Mittelschichten für ein zweites Interview häufiger zur Verfügung stellen als aus anderen Schich-
ten. Außerdem kann das erste Interview für den Fall, daß dort
bereits ein bestimmter Stimulus gesetzt wurde, sensibilisie-
rend wirken. Reaktive Effekte, die durch die zweimalige Messung in Versuchs- und Kontrollgruppe zu erwarten sind, lassen sich, sofern sie sich gleichermaßen äußern, kontrollieren. Nicht kontrolliert werden kann dagegen der Interaktionseffekt von Testen und Maturation. So kann es sein, daß die
bei der zweiten Befragung gefundene Differenz zwischen den

beiden Gruppen zwar z.T. durch den experimentellen Stimulus
ausgelöst wurde, aber durch einen Interaktionseffekt noch zusätzlich vergrößert wurde.

Führt man dagegen nur eine Nachhermessung aus und mißt die
Einstellungen oder Verhaltensweisen (die Gültigkeit der Messung ist bei letzterem noch niedriger anzusetzen) zum Aus-
gangszeitpunkt retrospektiv durch Befragung, so ergeben sich
die üblichen Verzerrungsgefahren durch selektives Gedächtnis, Harmonie- und Konsistenzvorstellungen beim Befragten usw.

Läßt sich bei der Panel-Anordnung (9) zusätzlich eine Randomisierung erreichen, dann ist in diesem Fall eine echte experimentelle Anordnung gegeben. Wird im Rahmen eines Panels
direkt vor der zweiten Messung der experimentelle Stimulus
eingeführt, dann wird die Korrelation zwischen der abhängigen Variable und dem experimentellen Stimulus im Vergleich
zur Kontrollgruppe verzerrt, nämlich erhöht (Campbell und
Stanley, 1966, S. 67).

Weitere Alternativerklärungen können ein Wechsel der Einstellung oder auch Verzerrungen sein, die durch den Interviewer
verursacht werden und die bei der wiederholten Messung im
Panel besonders kontrollbedürftig sind. Eine Kontrolle der
Wechselwirkung zwischen Interviewer (Datensammler) und dem
Befragten (Datenträger) ist beim Survey eine unerläßliche Voraussetzung. Zwar können Lerneffekte usw. beim Interviewer
durch den Einsatz eines anderen Interviewers bei der zweiten
Befragung ausgeschaltet werden, doch bewirkt diese Kontrollstrategie u.U. andere Verzerrungen. Es kann zu einer neuen
Einstellung des Befragten kommen, die nicht seine wirkliche
Einstellung ist, sondern durch die Interaktion mit dem zweiten Interviewer vermittelt wird. (Im Experiment treten ähnliche Wechselwirkungen auf, s. Kap. 13.).

Um dieser Verwechslung anderer Effekte mit dem experimentellen Effekt zu entgehen, empfehlen C a m p b e l l und S t a n l e y (1966, S. 68) zwei Strategien: entweder erfolgt die Präsentierung von X unabhängig von der Nachhermessung, oder sie erfolgt irgendwann in der Zeit zwischen erster und zweiter Messung. Sensu strictu ist die erste Alternative ein Unterfall der zweiten. Der experimentelle Stimulus muß allemal zwischen (oder in der) erster (ersten) und zweiter Messung liegen, wenn Nachherdifferenzen zwischen beiden Gruppen verglichen werden sollen mit der vorherigen Gleichheit oder wenn vergrößerte Differenzen bei der zweiten Messung verglichen werden sollen mit ursprünglich geringeren Differenzen. Je mehr der experimentelle Stimulus von der zweiten Messung entfernt liegt, umso weniger wird die zweite Korrelation durch die gemeinsame Präsentierung von X und Nachhermessung in die Höhe getrieben. In dem Diagramm von C a m p - b e l l und S t a n l e y (1966, S. 67-68) sieht der zu vermeidende Fall so aus:

$$M \qquad\qquad X \;\; M$$

$$M \qquad\qquad\quad M$$

während sich die Kontrollstrategie graphisch so veranschaulichen läßt:

$$M \qquad\quad X \qquad M$$

$$M \qquad\qquad\qquad M$$

10.2.   <u>16-Felder-Tafel von Lazarsfeld</u>

Einige Alternativerklärungen, die gegen den Versuch, in einer Panelanalyse einen Kausalnachweis anzutreten, vorgebracht werden können, lassen sich dann entkräften, wenn der Stimulus in beiden Wellen präsentiert wird und die Messung möglichst wenig reaktiven Charakter hat.

C a m p b e l l   und   S t a n l e y   (1966, S. 68-70) diskutieren die sogenannte Sechzehnfeldertafel von Lazarsfeld ("Lazarsfeld Sixteenfold Table") an einem Beispiel. Die gegenseitigen Einstellungen von Lehrern und Schülern ("cold-warm") werden in zwei Wellen gemessen. Die Kausalwirkung kann durchaus in beide Richtungen gehen, so daß u.U. nur ein vergleichsweise stärkerer Faktor zu finden ist. Wird bei diesem Panel-Design der Versuch unternommen, eine Kausalrichtung festzustellen, dann rechnen Campbell und Stanley diesen Forschungsplan unter die quasi-experimentellen Anordnungen.

Verbleibende Schwächen sind hier (Campbell und Stanley, 1966, S. 69): Wiederholtes Testen resultiert üblicherweise in einer höheren Korrelation zwischen korrelierten Variablen; bei bestimmter Zellenbesetzung kann es zu Regressionseffekten kommen; Interaktionseffekte von Maturation, zeitlichen Einflüssen und Auswahlverzerrungen mit dem experimentellen Stimulus können nicht immer ausgeschaltet werden. Für weitere Komplikationen dieses Designs s. auch den Hinweis bei M c G u i r e (1969a, S. 137-138). Beispiele für diese Form (auch "cross-lagged panel correlation" genannt) des Kausalnachweises finden sich auch bei C a m p b e l l   (1967a, S. 235-242).

Die Nachteile des Surveys lassen sich wieder in die Kategorie "Kontrolle" einordnen. Verzerrungen jeder Art, z.B. Meßfehler, Fehler durch den Interviewer, durch den Befragten (z.B. selektive Perzeption, selektives Gedächtnis, Abgabe einer sozial "erwünschten" Antwort statt seiner eigenen Einstellung), beeinträchtigen die Zuverlässigkeit und Gültigkeit von Umfragedaten sehr stark. Noch mehr als das Experiment ist der Survey von Verzerrungen durch Vermengung der verschiedenen Klassen von Variablen betroffen (vgl. die Variablen-Typologie von Kish in Kap. 6.1. sowie Kish, 1970, S. 392-393).

Im Vergleich zum Laborexperiment ergeben sich in einer Umfrage aber einige Vorteile. Zwar ist eine Umfrage allgemein sehr teuer, doch stellt sich der Aufwand, gemessen an der gewonnenen Information, als relativ niedrig dar.

Survey und Experiment stehen so wenig wie Feld- und Laborexperiment in einem Gegensatz zueinander, sondern ergänzen einander (vgl. Opp, 1970, S. 50 ff.). Beim Experiment ist die interne Validität viel eher zu erreichen. Dafür ist beim Survey nach dem Gesetz der großen Zahl mit größer werdendem Sample ceteris paribus die Wahrscheinlichkeit größer, daß die Auswahl der Personen repräsentativ ist und daß damit die gewonnenen Ergebnisse auf die anvisierte Population zutreffen. Normalerweise lassen sich beim Survey eher Aussagen machen, die auf breitere - sprich: heterogenere - Populationen zutreffen. Eine Kombination von Survey und Experiment ist z.B. dann sinnvoll, wenn in einer Umfrage eine mögliche Kausalbeziehung aufgedeckt werden kann, diese aber in ihrer systematischen Variierung nicht im Felde testbar ist, sondern vielmehr einem Laborexperiment oder genauer einer Kette von Laborexperimenten vorbehalten bleiben muß. "Experiments are strong on control through randomization; but they are weak on representation (and sometimes on the 'naturalism' of measurement). Surveys are strong on representation, but they are often weak on control" (Kish, 1970, S. 395).

In einer Umfrage kann auch der Versuch einer Replikation von Laborergebnissen mit anderen Methoden in anderen Umgebungen ("settings") unternommen werden. Die externe Gültigkeit der ursprünglichen Aussagen kann sich dann u.U. vergrößern.

Im Prinzip lassen sich bei einem Survey auch mehr als zwei
Gruppen (Experimental- und Kontrollgruppe) bilden. Bei dem
im folgenden kurz zu diskutierenden interkulturellen Vergleich ist die Erhöhung der Zahl der Vergleichsobjekte sozusagen eine Maxime des Handelns. Der interkulturelle Vergleich
mag vordergründig wenig mit dem Experiment gemein haben. Doch
kann ein Vergleich beider einige Hinweise liefern für den
Versuch, soziale Phänomene kausal zu erklären.

11.   Experiment und interkultureller Vergleich

Hier interessieren in erster Linie die Möglichkeiten des Designs bei interkulturellen Studien im Vergleich zum Experiment. Gerade beim interkulturellen Vergleich, der auch inter-
nationaler Vergleich[1] genannt wird, stellt sich die Frage
der Kontrolle möglicher unabhängiger Variablen mit noch größerer Eindringlichkeit als bisher. Es ist nämlich anzunehmen,
daß die Variation der abhängigen und unabhängigen Variablen
im allgemeinen größer wird, je mehr man die Grenzen eines
Landes oder eines Kulturbereiches überschreitet. Manche Reaktionsformen finden sich im eigenen Land überhaupt nicht
(Boesch und Eckensberger, 1969, S. 521).

Dies gilt vielleicht nicht bei allen Fragestellungen in der
gleichen Weise, wenn man die sogenannten Industriegesellschaften vergleicht; z.B. mögen politische Einstellungen in verschiedenen Industriegesellschaften keinen wesentlichen Unterschied aufweisen, die sogenannten intermediären Instanzen
aber beträchtlich variieren.

Unterstellt man einmal, daß das Erklärungsinteresse auf möglichst universell gültige Sätze ausgerichtet ist, dann erscheint es gerade bei interkulturellen Studien wichtig, experimentelle oder quasi-experimentelle Möglichkeiten des Designs zu nutzen, wenn dadurch Kausalaussagen ermöglicht werden. Die Manipulation einer unabhängigen Variablen durch den

---

1) Je nach inhaltlicher Fragestellung, ob eine politische Organisation ("cross-national"), eine "soziale" Organisation
   ("cross-societal") oder kulturelle Merkmale ("cross-cultural") Untersuchungsobjekt sind, werden für einen ähnlichen Sachverhalt verschiedene Begriffe, wenn auch oft aus-
   tauschbar, gebraucht (vgl. Scheuch, 1967a, S. 19; 1967b,
   S. 679). Wir sprechen hier gleichbedeutend von internatio-
   nalem und interkulturellem Vergleich.

Forscher im Rahmen eines interkulturellen Vergleichs ist zwar
prinzipiell möglich, wird aber umso unwahrscheinlicher, je
mehr nicht nur bestimmte ausgewählte Bevölkerungsgruppen "manipuliert" werden, sondern Gesamtpopulationen. Die für das
Experiment notwendige Bedingung der Manipulation einer oder
mehrerer unabhängiger Variablen läßt sich bei makrosoziologi-
schen interkulturell vergleichenden Studien nicht erfüllen.
Möglich sind dann allein Ex-post-facto-Vergleiche.

11.1. <u>Äquivalenzprobleme beim interkulturellen Vergleich</u>

Beim interkulturellen Vergleich werden Probleme deutlich, die
bei einer Untersuchung im Rahmen von nur einer Gesellschaft
oft nicht gesehen werden, aber genauso existent sind, wenn
auch nicht in der Ausprägung wie beim internationalen Vergleich. Denn die Anwendung eines Fragebogens innerhalb eines
nationalen Samples setzt im Grunde die Konzipierung zweier
oder mehrerer (je nach der Zahl der untersuchten Subgruppen)
sprachlich äquivalenter Fragebögen voraus. Die sprachliche
Variationsbreite ist innerhalb eines Landes im allgemeinen
nicht so groß (wenn sich auch zahlreiche Ausnahmen anführen
lassen) wie im interkulturellen Vergleich, doch ist die Fragestellung prinzipiell dieselbe. Nur erscheint die Problematik eines inhaltlich äquivalenten Fragebogens für unterschiedliche Sprachniveaus aus der Sicht des interkulturellen
Vergleichs in einem grelleren Licht. H o l t   und T u r n -
e r   (1970, S. 6) vermerken zu Recht, daß zwischen dem interkulturellen Vergleich und einer "within-Analyse" innerhalb
einer Gesellschaft kein prinzipieller Unterschied besteht.
Nur werden beim internationalen Vergleich die Schwierigkeiten noch größer, eine hinreichende Kontrolle zu erzielen, um
kausale Analysen zu ermöglichen. Wurde auch in der Vergangenheit in der Soziologie - vor allem durch die Anstöße der Eth-
nologie und Kulturanthropologie -   i m p l i z i t   immer
vergleichend gearbeitet, so geht der in dieser Form neuartige

interkulturelle Vergleich von einem e x p l i z i t e n
Vergleich (vgl. Marsh, 1967, S. 17) aus. Das bedeutet:beson-
ders präzise Anforderungen an den Forschungsplan.

Die Kernfrage beim interkulturellen Vergleich ist, ob die
auftauchenden Unterschiede in der Variation der abhängigen
Variablen den "jeweiligen Kontexten zuzurechnen sind"
(Scheuch, 1967b, S. 677), also der Variation der unabhängigen Variablen: Kultur, Gesellschaft usw., oder ob sich allgemeinere Gesetzmäßigkeiten finden lassen, die unabhängig
von bestimmten Raum-Zeit-Begrenzungen (in Gestalt von Einzel-
gesellschaften und/oder Einzelkulturen) gelten. Wenn das Kriterium gilt, möglichst generelle Theorien aufzustellen und
mit möglichst wenigen Theorien auszukommen, stellt die
Ausweitung der nationalen Analyse auf den interkulturellen
Vergleich einen notwendigen Schritt dar (vgl. Przeworski und
Teune, 1970, S. 20-22). Entsprechend verstehen P r z e -
w o r s k i und T e u n e unter dem interkulturellen
Vergleich: "Comparative research is inquiry in which more
than one level of analysis is possible and the units of ob-
servation are identifiable by name at each of these levels"
(1970, S. 36-37). "More than one level of analysis" heißt,
daß nicht nur eine Ebene innerhalb einer Gesellschaft untersucht wird, sondern daß der Einfluß des gesellschaftlichen
Kontexts durch Vergleich in die Analyse miteinbezogen wird
("Mehrebenenanalyse").

Auf die Problematik der funktionalen Äquivalenz von Indikatoren, unabhängigen und abhängigen Variablen kann hier nicht
näher eingegangen werden (zum Problem der äquivalenten Messung s. Przeworski und Teune, 1970, S. 91-112). Sofern es um
die Konzipierung des Instruments für die Datenerhebung geht,
etwa einen Fragebogen, spielt die Frage der s p r a c h -
l i c h e n Ä q u i v a l e n z vorgegebener Stimuli eine entscheidende Rolle. Ein formal übersetzt "gleicher"
Stimulus kann in einer anderen Sprache total inäquivalent

sein, und umgekehrt: ein unterschiedlicher Stimulus kann semantische Äquivalenz bedeuten. "Linguistic blancs" (Begriffe fehlen in anderen Gesellschaften) sind ebenfalls möglich. Da Sprache aber auch Ausdruck sozialer Sachverhalte ist, ist die Frage der sprachlichen Äquivalenz nie unabhängig von der Frage der s t r u k t u r e l l - f u n k t i o n a l e n Ä q u i v a l e n z sozialer Sachverhalte zu entscheiden (vgl. hierzu auch Scheuch, 1968). Je mehr die Untersuchung von einer Theorie und zahlreichem empirischen Material ausgehen kann, umso eher läßt sich die Frage entscheiden, ob ein bestimmtes Merkmal oder eine bestimmte Form der sozialen Organisation tatsächlich als funktional äquivalent gelten kann. Während die Frage der sprachlichen Äquivalenz durch Bilingualisten (Zweisprachler, möglichst noch ein weiterer Zweisprachler davon unabhängig zur Kontrolle) prinzipiell weitgehend entscheidbar ist, bleibt die Frage strukturell-funktionaler Äquivalenz jeweils solange offen, bis sich auf Grund von Daten bestimmte theoretische Annahmen bestätigen lassen.

Auch beim Sample muß eine Äquivalenz vorliegen, wenn die Variation der Variablen in mehreren Ländern miteinander vergleichbar sein soll. Maximale interne Repräsentativität eines Samples steht einer "internationalen Repräsentativität" dieses Samples entgegen (vgl. Osgood, 1967). So führt wie bei einer sprachlich-formalen Übersetzung ein formal identisches Sample u.U. nicht zu einer dem Sachverhalt angemessenen Äquivalenz.

Bei der Auswertung müssen die in den verschiedenen Ländern verwandten Kategorien äquivalent sein. Alter mag je nach Stellung im Lebenszyklus, die kontext-abhängig ist, eine andere Bedeutung haben (vgl. Scheuch, 1967b, S. 677-678). Bei interkulturell gültigen Tests muß schließlich die Kulturunabhängigkeit eines Tests gegeben sein, sonst erhält man für bestimmte Kulturen verzerrte Werte; z.B. würde der Vergleich von Achievement-Werten von amerikanischen weißen Kindern und mexikanischen Kindern zu einem Fehlschluß verführen, denn ein entsprechender Achievement-Test würde ceteris paribus die amerikanischen Kinder begünstigen. Zur Problematik der Unabhängigkeit von Tests vom jeweiligen Kontext sei hier auf die bei B o e s c h und E c k e n s b e r g e r (1969, S. 539) angegebene Literatur verwiesen.

Auf einen möglichen Fehlschluß bei der Annahme funktionaler Äquivalente, der in der Literatur als "Galton's Problem" bezeichnet wird, sei hier nur hingewiesen. Oft, gerade in der älteren anthropologischen Forschung, wird aus der zufälligen Koinzidenz zweier sozialer Merkmale eine funktionale Beziehung abgeleitet. Zwei Merkmale, die an sich vielleicht weniger miteinander zu tun haben, werden vom Forscher in eine Zweck-Mittel-Relation gebracht, obwohl ihre Entstehung vielleicht nur einer zufälligen Diffusion entspringt (vgl. zu diesem Problem auch Naroll, 1968, S. 258-262). K ö b b e n (1968) führt zahlreiche Fälle aus der ethnologischen Forschung an, wo eine Sekundäranalyse ursprünglicher Klassifikationen andere Einteilungen brachte, die entsprechend wieder Rückwirkungen haben können auf die postulierten Kausalstrukturen. Er weist darauf hin, daß vor allem abweichende Fälle einer Erklärung bedürfen und nicht gewissermaßen als zufällig verteilte Irrtümer behandelt werden dürfen.

Nach diesen Vorbemerkungen über den Charakter des interkulturellen Vergleichs und einige seiner Probleme seien im folgenden zwei Extremtypen interkultureller Designs diskutiert. In der Praxis wird selbstverständlich meist auf eine Vielzahl von Kombinationsmöglichkeiten, z.T. auch aus den obigen Forschungsplänen, zurückgegriffen. Gerade an den beiden Extrem-Designs lassen sich aber die logischen Überlegungen beim interkulturellen Vergleich sehr gut veranschaulichen.

11.2.   Zwei Varianten des interkulturellen Designs

11.2.1.   "Ähnlichkeits"-Design

Bei den von P r z e w o r s k i und T e u n e so genannten "Most Similar Systems" Designs, die wir hier als "Ähnlichkeits"-Designs bezeichnen wollen, wird versucht, die untersuchten Gesellschaften oder politischen Systeme auf möglichst vielen, im Zusammenhang mit dem Untersuchungsobjekt wichtigen, Variablen durch Gleichsetzung (Matching) zu kontrollieren. Die verbleibenden Differenzen, die in einem Zusammenhang mit der abhängigen Variablen stehen sollen, der mehr als bloß zufällig sein soll, werden als Explanantien benutzt, falls in der Variation der abhängigen Variablen von System zu System irgendwelche Unterschiede auftauchen. Die Zahl der Gemeinsamkeiten zwischen den Systemen soll also maximiert werden, die der Unterschiede minimiert werden. Entsprechend sollte die jeweilige Auswahl der zu untersuchenden Einheiten ausgerichtet sein.

Dieses Vorgehen entspricht in seiner Logik zunächst einmal der M i l l s c h e n Methode der gleichlaufenden Variation und dann der Differenzmethode. Die den verschiedenen Systemen nicht gemeinsamen Merkmale, die man für theoretisch bedeutsam hält, dienen als Erklärungsgrundlage für die beobachteten Unterschiede. So einfach dieser Typus des Designs klingt, so schwierig ist er zu realisieren, da die Kontrolle durch Matching schwierig zu gewährleisten ist und außerdem die beobachteten Unterschiede gar nicht die Ursache für die Variation in der abhängigen Variablen sein mögen. Die oben (Kap. 6.3.3. und 6.3.5.) aufgestellten Einwände gegen die unzureichende Kontrolle des Matching-Verfahrens (und damit unzureichenden Analysemöglichkeiten) gelten in gleicher Weise hier. Da eine Vielzahl von Unterschieden - jedenfalls im Normalfall - zwischen den einzelnen Systemen bestehen bleiben wird, handelt es sich u.U. nur um eine Scheinerklärung.

Ein Beispiel wäre die von S c h e u c h (1967a, S. 23)
als eine "verschlimmerte Form des ökologischen Fehlschlusses" bezeichnete Erklärung der Differenzen in den Daten unterschiedlicher Länder durch Konstrukte wie "Kultur" usw.

Zu den jeweils auszuschaltenden möglichen Alternativerklärungen gehören: Mangelhafte Zufallsauswahl oder Verzerrungen
durch Messungen. Sind diese Alternativen und auch mögliche
inhaltliche Alternativerklärungen ausschaltbar, dann wäre
beim Ähnlichkeits-Design zumindest andeutungsweise eine kausale Aussage zulässig. Allerdings ist dieser Fall wegen der
Heterogenität der Untersuchungsobjekte - Matching von Gesellschaften ist eben noch schwieriger als von Individuen! - sehr
unwahrscheinlich. Eine randomisierte Auswahl läßt sich bei
einer interkulturellen Studie allerhöchstens näherungsweise
erreichen. Somit ist der Forscher nicht sicher, ob die Variation in den abhängigen Variablen nicht doch irgendwelchen unkontrolliert gebliebenen systematischen Einflüssen zuzuschreiben ist und nicht seiner These von den differentiellen Einflüssen bestimmter Kontexte.

Nochmals: beim Ähnlichkeitsdesign sind interkulturelle Ähnlichkeiten und interkulturelle Differenzen im Blickpunkt, wobei angenommen wird: "Common systemic characteristics are
conceived of as 'controlled for', whereas intersystemic differences are viewed as explanatory variables" (Przeworski und
Teune, 1970, S. 33). P r z e w o r s k i und T e u n e
(1970, S. 34) bezweifeln, daß mit diesem Design generalisierte Erkenntnisse gewonnen werden können.

11.2.2.   "Verschiedenheits"-Design

Das andere Extrem ist der sogenannte "Most Different Systems"-Design (Przeworski und Teune, 1970, S. 34 ff.), der hier
als "Verschiedenheits"-Design bezeichnet werden soll. Die bis-

herige Vorgehensweise wird genau umgekehrt. Der Test wird
schärfer und die Basis für Inferenzen vergrößert. Die für
die Analyse ausgewählten Kontexte sollen die größte Differenz aufweisen. Ausgangspunkt ist dabei eine Art Nullhypothese des Forschers. Er nimmt bis zum Beweis des Gegenteils
an, daß die Populationen aus den verschiedenen untersuchten
Gesellschaften der gleichen Population angehören, irgendwelche Unterschiede also rein zufällig sind. Bei diesem Design wird die Differenz verschiedener Gesellschaften maximiert und die Zahl ihrer Gemeinsamkeiten minimiert.

Wenn sich - so die zugrundeliegende Überlegung - ein bestimmtes soziales Phänomen in Gesellschaften mit der größten Differenz gleichermaßen aufzeigen läßt, dann ist die Möglichkeit, einen generalisierbaren Satz über dieses soziale Phänomen aufzustellen, erheblich gestiegen. Die Hypothese ist
("theoretisch", über die Schwierigkeiten in der Praxis s. im
folgenden) einem "maximalen Test" ausgesetzt gewesen. Ergibt
sich tatsächlich auf der Ebene des Untersuchungsobjekts, z.B.
bei Individuen trotz ihrer Zugehörigkeit zu verschiedenen
sozialen Kontexten (wie Gemeinde, Nation, Kulturkreis usw.),
keine Differenz im Hinblick auf das untersuchte Phänomen,
dann kann die Analyse stehen bleiben auf der anfänglichen
Ebene der Erklärung. Denn der Testfaktor "sozialer Kontext"
hat die ursprüngliche Beziehung in keiner Weise berührt. Es
handelt sich dann um intra- und interkulturell gültige Aussagen, um räumlich und - sofern man den Entwicklungsstand extrem verschiedener Gesellschaften vergleicht - zeitlich unabhängige Aussagen. So mag es z.B. für die Erklärung der Wahl-
entscheidung zugunsten einer rechten Partei unwichtig sein,
ob jemand Italiener oder Franzose ist (vgl. Przeworski und
Teune, 1970, S. 40). Bestimmte beiden Individuen gemeinsame
Merkmale können wichtiger sein als die Tatsache, Italiener
oder Franzose zu sein.

Der Verschiedenheitsdesign ist der logischen Vorgehensweise
nach eine Kombination der Methode der gleichlaufenden (kon-
komitanten) Variation und der Methode der Übereinstimmung.
Werden trotz des maximalen Tests durch Vergleich mit einem
extrem verschiedenen Kontext gemeinsam variierende Merkmale
gefunden, dann - so wird geschlossen - ist bzw. sind eines
bzw. mehrere dieser Merkmale die Ursache für das zu erklä-
rende Phänomen. Bevor man zu diesem Schluß kommt, muß die
Variablenbeziehung durch Einführung einer Vielzahl von Drittfaktoren (vgl. Kap. 12.) "getestet" werden. Mit dieser Analy-
setechnik läßt sich prüfen, ob sich durch die Aufsplitterung
der Daten durch ein zusätzliches Merkmal irgendwelche Veränderungen in der Verteilung der ursprünglichen Werte ergeben.
Ist dies der Fall, kann der Sachverhalt nicht unabhängig von
Raum-Zeit-Bedingungen erklärt werden. Ist dies nicht der Fall,
werden sukzessiv neue Testfaktoren eingeführt, bis die Zahl
plausibler Alternativmöglichkeiten erschöpft ist. Übersteht
eine ursprüngliche Variablenbeziehung diese Tests, dann
spricht einiges für eine Beziehung mit kausalem Charakter
(mit dem Vorbehalt weiterer noch unbekannter Drittvariablen).

Ist der Kontext ein Faktor, der eine ursprüngliche Beziehung
modifiziert oder umkehrt, dann wird der universelle Satz in
mehrere Untersätze zerlegt mit raum-zeitlich begrenzter Gültigkeit. Soll die Abhängigkeit von einem bestimmten Kontext
gezeigt werden, so handelt es sich um eine besondere Form
der Mehrebenenanalyse (Scheuch, 1967b, S. 682; Hummell, 1972),
bei der Daten unterschiedlicher Ebenen der Analyse als abhängige und unabhängige Variablen miteinander in Beziehung gesetzt werden, und zwar meist so, daß dem sozialen Kontext
miterklärende Funktion für soziale Tatbestände zugeschrieben
werden kann.

Zur Verdeutlichung sei hier noch einmal die Logik der Vorgehensweise zusammengefaßt: Der Forscher geht aus von einer Art
Nullhypothese, d.h. der Annahme, daß die verschiedenen Sam-

ples ein und derselben Population angehören, also gewissermaßen aus einem Kontext stammen. Wird diese Annahme nach Einführung eines Testfaktors nicht zurückgewiesen, dann kann die Analyse nach wie vor auf der Ebene des Individuums verbleiben. Solange sich die Beziehung zwischen den unabhängigen und abhängigen Variablen in den einzelnen Subgruppen nicht ändert, kann die Nullhypothese nicht zurückgewiesen werden. Der Rückgriff auf den sozialen Kontext zur Erklärung des untersuchten Phänomens erklärt in diesem Fall nichts (Przeworski und Teune, 1970, S. 35). Im Unterschied zur Ähnlichkeitsmethode, wo die Explanantien positiv identifiziert werden müssen, wird bei der Verschiedenheitsmethode nur die Eliminierung möglicher Testfaktoren verlangt (Przeworski und Teune, 1970, S.35). Tauchen bei der Verschiedenheitsmethode nach der Einführung von "Testfaktoren" Differenzen in den Subgruppen auf, dann muß der jeweilige Kontext als Explanans berücksichtigt werden. Die Hypothese, die Populationen seien homogen, der Kontext spiele also keine Rolle, läßt sich nicht mehr halten. Z.B. mag sich in der Selbstmordhäufigkeit in verschiedenen Gesellschaften zunächst kein Unterschied ergeben. Die Nullhypothese, die Populationen seien homogen, kann dann nicht zurückgewiesen werden. Führt man aber "Testfaktoren" ein, so kann sich das Bild ändern. Nach Berücksichtigung von Drittvariablen wie z.B. Alter, Familienstand und Religionszugehörigkeit mögen sich Unterschiede in den einzelnen Populationen ergeben. Da diese Faktoren für alle Populationen gleichmäßig eingeführt werden, lassen sich die Unterschiede den jeweiligen Kontexten zurechnen. Offen bleibt dann aber immer noch, wie die Kontexteffekte zu erklären sind. P r z e w o r s k i und T e u n e behaupten generell für diese Zusammenhänge: "Systems differ not when the frequency of particular characteristics differs, but when the relationships among variables differ" (1970, S. 45).

Zusätzlich zu den einzuführenden "Testfaktoren", die als Alter- nativerklärungen in Frage kommen können, müssen Alternativ- möglichkeiten, die auf systematische Sample-Einflüsse, Meß- verzerrungen usw. zurückgehen, ausgeschaltet werden (wie auch im Falle des Ähnlichkeitsdesigns).

Beide Erklärungstypen, nämlich interkulturell gültige Sätze und nur innerhalb eines bestimmten sozialen Kontexts gültige Aussagen, können auch additiv erklärungskräftig sein. Dann muß jeweils angegeben werden, wieweit die Erklärung (Erklä- rung im weiteren Sinne) raum-zeitlich unabhängig ist und wie- weit das nicht der Fall ist.

Bevor auf einige der Probleme, die mit den obigen Designs und ihren Kombinationen verbunden sind, noch einmal kurz hingewie- sen wird, seien diese beiden Typen aus einem anderen Blick- winkel, nämlich vom jeweiligen Erklärungsinteresse her, ver- glichen. Steht im Vordergrund des Interesses, irgendwelche universellen Konstanten menschlichen Verhaltens zu ermitteln, dann erscheint die zweite Strategie des Verschiedenheits-De- signs als die effizientere, weil dabei ein "maximaler Test" durchgeführt wird. Tatsächlich wurde auch so - oder zumindest ähnlich - verfahren, z.B. bei dem Versuch, die - bis auf ganz geringe Ausnahmen - Universalität des Inzestverbots zu demon- strieren. Wenn Inzest in Industriegesellschaften und in schriftlosen Kulturen gleichermaßen verboten ist, dann muß es sich um ein Universale handeln (das allerdings je nach Gesell- schaft eine unterschiedliche Bedeutung haben kann).

Steht als Erklärungsinteresse dagegen mehr im Vordergrund, raum-zeitliche Abhängigkeiten bestimmter Formen sozialen Ver- haltens vom jeweiligen Kontext zu ermitteln, so mag der Ähn- lichkeitsdesign angebrachter sein, da dann bereits mögliche Alternativerklärungen durch Matching "ausgeschaltet" werden können. Selbstverständlich wird man nur in den seltensten Fällen bei diesen Extremtypen stehen bleiben, die sich, wie

bereits gesagt, schwer realisieren lassen. Es handelt sich
zwar um im Prinzip sinnvolle Strategien, nur sind der Praxis
des interkulturellen Vergleichs normalerweise Beschränkungen
durch Auswahlverzerrungen und mangelnde Kontrollen auferlegt.
Die beiden Designs wurden hier nur diskutiert, um prinzipiel-
le Überlegungen nachzuvollziehen, die bei internationalen
Vergleichen (wenn auch nicht in dieser Schärfe) eine Rolle
spielen. Für zwei weitere Erklärungsinteressen neben den genannten sei auf die Typologie von S c h e u c h   (1967a,
S. 20-23; 1967b, S. 679 ff.; 1968, S. 200-203) sowie die von
M a r s h   (1967, S. 41-42) hingewiesen.

Viele Kontrollprobleme entstehen beim interkulturellen Vergleich nicht nur durch die Schwierigkeit, sprachliche und
funktionale Äquivalenzen zu finden, sondern auch durch die
Schwierigkeit, vergleichbare Zufallssamples zu ziehen. Notwendig wäre bei einem groß angelegten interkulturellen Vergleich ein sogenanntes Mehrstufen-Sample: Zunächst einmal
müßten bestimmte Gesellschaften nach dem Zufall ausgewählt
werden (was natürlich höchst selten geschieht) und dann innerhalb dieser Gesellschaften die jeweiligen Untersuchungs-
einheiten auch nach dem Zufall. Läßt sich diese Art der Kontrolle aus Kostengründen und anderen Schwierigkeiten (z.B.
Verfügbarkeit von Institutionen der Sozialforschung) nicht
durchführen, so ist die Zahl der möglichen Alternativverklä-
rungen von vornherein sehr hoch. Möglicherweise hat man dann
ein umfangreiches Bündel von unabhängigen Variablen, worunter
auch die "eigene" Variable des Forschers ist. Das Forschungs-
modell kann in einem solchen Fall als überbestimmt gelten, da
man nicht weiß, welche Variable aus der Menge der möglichen
unabhängigen Variablen für die Differenz in der beobachteten
abhängigen Variablen verantwortlich ist. Außerdem ist es un-
realistisch anzunehmen (wie z.B. beim Ähnlichkeitsdesign),
daß sich Systeme nur in bestimmten Variablen und nicht in
ganzen (möglicherweise in sich verschiedenen) Variablenkom-
plexen (Syndromen) unterscheiden. Eine Kontrolle über die

paarweise Gleichsetzung verschiedener Systeme kann also ein
Trugschluß sein (Przeworski und Teune, 1970, S. 38). Designs
mit derartigen Kontrollschwierigkeiten verdienen bestenfalls
das Prädikat "quasi-experimentell".

Ein letzter Einwand sei hier nur berührt. K ö b b e n
(1970, S. 23-25) weist darauf hin, daß in vielen, vor allem
ethnologischen, Studien eine dichotome Merkmalsklassifika-
tion vorgenommen wird, wo ein Kontinuum treffender wäre. Eine durch Dichotomien eher ermöglichte theoretische Formulierung mit ceteris-paribus-Klauseln ist aber umso gefährlicher,
je mehr tatsächlich Interaktionseffekte vorliegen. Mit Interaktionseffekten ist u.U. dann zu rechnen, wenn die eingeführten Testfaktoren Unterschiede in den ursprünglichen Populationen hervorgerufen haben. Der jeweilige soziale Kontext kann sowohl additiv als auch interaktiv wirken.

P r z e w o r s k i und T e u n e weisen darauf hin,
die Unterschiede der beiden diskutierten Designs nicht zu
sehr zu betonen. Aus Gründen der Kontrolle empfiehlt es sich,
beide Strategien miteinander zu kombinieren. Entscheidend
ist jeweils, wieweit die zugrundeliegende Fragestellung bestimmte Designs zuläßt.

Die Technik der Analyse läßt sich noch einmal, diesmal in der
Terminologie der Regressionsanalyse, veranschaulichen (Przeworski und Teune, 1970, S. 68): "When regression coefficients
within system equal zero, then differences can be attributed
to a system-level variable, most likely of a setting nature,
operating at the level of systems. When regression coefficients within systems differed from zero, we concluded that
the difference between the within-systems and ecological regressions stems from the differences of the context. In general the ecological relationship is spurious whenever within
systems regressions have the same slope, hence on the basis
of the assumption of similar variances, the same fit. There

is no need to change the level of analysis."   P r z e -
w o r s k i   und   T e u n e   diskutieren selbst einige
Beispiele, in denen sich sogar (scheinbar) gegenläufige Ergebnisse auf unterschiedlichen Ebenen der Analyse ergeben
(vgl. hierzu Przeworski und Teune, 1970, S. 65-73, wo auch
interessante Fälle wie kurvilineare Beziehungen an inhaltlichen Beispielen erläutert werden).

11.3.   Experimentelle Möglichkeiten im Rahmen des inter-
kulturellen Vergleichs?

Wie beim Ex-post-facto-Design so gilt auch beim interkulturellen Vergleich die Aussage, daß experimentelle Designs im
Prinzip möglich sind, nur in der Praxis ziemlich unwahrscheinlich zu realisieren (vgl. einleitend zu diesem Kap.). Der Zufallsfehler darf keine systematischen Verzerrungen aufweisen.
Sind im Laboratorium die Beobachtungen umgebungsfrei (wenn
sich auch aus der spezifischen Laborumgebung andere Verzerrungen ergeben, s. Kap. 13.), so gilt dies nicht beim interkulturellen Vergleich, wo die Beobachtungen sehr stark vom
Kontext geprägt sind. (Vgl. auch die Äußerung von Campbell
und Stanley in Kap. 8.4.2., "zeitliche Einflüsse" seien eine Art Gegenstück zur Isolierung im Labor.)

"A difference between the laboratory situation and the natural observations in the social sciences is that the former is
presumed to minimize system effects in observations; the lat-
ter is presumed to exaggerate them" (Przeworski und Teune,
1970, S. 133).

Die Übertragung experimenteller Ansätze auf den interkulturellen Vergleich steht und fällt mit den jeweils gegebenen
Kontrollmöglichkeiten (abgesehen von der Manipulierbarkeit
der unabhängigen Variablen). Diese sind wiederum abhängig
von der jeweiligen Fragestellung und der getroffenen Aus-

wahl. Die Diskussion über das Verhältnis von interkulturellem Vergleich und Experiment ist insofern etwas überflüssig.

Das Experiment kann mit seinen vielfältigen Anordnungen ein
Paradigma darstellen, das bei der Forschungsplanung und Analyse im interkulturellen Vergleich hilfreich sein kann. Je
expliziter eine These getestet werden soll (dazu gehören auch
Annahmen, auf welcher Ebene Systemeffekte operieren sollen,
vgl. Przeworski und Teune, 1970, S. 36), je genauere Meßinstrumente und je eher Randomisierungsverfahren angewandt
werden, desto eher lassen sich auch experimentelle Kontrollmöglichkeiten in den interkulturellen Vergleich einbringen.

Vor einer unkritischen Ausrichtung am Experiment sollte dennoch gewarnt werden. Wenn S c h e u c h (1967b, S. 679;
1967a, S. 20) den interkulturellen Vergleich als "Beobachtung
unter kontrastierenden Bedingungen" definiert, so trägt das
der bisherigen Erfahrung Rechnung. Aus der Tatsache, daß beim
interkulturellen Vergleich nicht alle Ausprägungsmöglichkei-
ten gegeben sind (Scheuch, 1967b, S. 679), die für das Experiment typisch sein sollen, läßt sich u.E. aber keine prin-
zipielle Ablehnung herleiten. Denn dann ließe sich zumindest
hypothetisch immer noch ein faktorieller Design ermöglichen.
Die Kontrolle, nicht die Zahl der Ausprägungen der unabhängigen Variable, ist in erster Linie wichtig beim Experiment.

Die Gruppe der faktoriellen Designs scheint noch am ehesten
in der interkulturell vergleichenden Forschung anwendbar. Wo
Kontexte "Eigenschaften in unterschiedlicher Stärke repräsentieren" (Scheuch, 1967b, S. 680) und diese "Störungen" zu testende"unabhängige"Variablen darstellen, bietet sich der faktorielle Design mit wechselseitigen Experimental- und Kontrollgruppen geradezu an, falls entsprechende Randomisierungs-
möglichkeiten gegeben sind. Dies scheint auch ein adäquater
Design zu sein für die bei jeder interkulturellen Untersuchung
neu zu stellende Frage, ob die Variation innerhalb eines Lan-

des größer ist als die zwischen Ländern oder umgekehrt.

Nochmals: Es ist jeweils zu prüfen, wieweit bei einer bestimmten Fragestellung irgendeiner der experimentellen Designs geeignet ist, ohne daß dies zu einer starren Ausrichtung auf bestimmte experimentelle Formen führen muß. Auch
auf nicht-experimentelle Art lassen sich für die Sozialwissenschaften sehr bedeutsame Daten gewinnen.

Nachdem bislang experimentelle Möglichkeiten vorwiegend in
der Phase des Forschungsplanes diskutiert wurden, soll im
folgenden noch im Abriß auf experimentelle Möglichkeiten bei
der multivariaten Analyse bzw. auf die Unterschiede zwischen
multivariater Analyse und Experiment hingewiesen werden.

12. Experiment und multivariate Analyse

Die multivariate Analyse (= mehrdimensionale Analyse, Mehrvariablenanalyse), bei der Beziehungen zwischen Variablen
durch Einführung weiterer Variablen überprüft und gegebenen-
falls modifiziert werden, stellt so etwas wie ein Experiment
nach rückwärts dar. Beim Experiment hat der Forscher normalerweise explizit eine Hypothese und die Möglichkeit, die unabhängige Variable zu manipulieren. Bei der multivariaten
Analyse ist höchstens von einer Hypothese auszugehen. Die
"Manipulierung" einer oder mehrerer unabhängiger Variablen
erfolgt wie bei der Ex-post-facto-Analyse ohne den Forscher.
Durch die Möglichkeit des Computereinsatzes ist die multivariate Analyse zu einem der effizientesten Verfahren in der
Sozialforschung geworden. Vorausgesetzt, die Einwände, die
schon gegen Ex-post-facto-Ansätze vorgebracht wurden, also
fehlende Kontrolle im weitesten Sinn, lassen sich durch erfolgreiche Randomisierung einschränken, dann läßt sich in der
multivariaten Analyse eine Beziehung kausaler Art zwischen
Variablen "nachweisen". Natürlich müssen diese Ergebnisse
wiederum kreuzvalidiert werden, d.h. als ex ante Hypothesen
in weiteren Untersuchungen an anderen Populationen getestet
werden.

Überall dort, wo zwei oder drei Variablen gleichzeitig experimentell untersucht werden, handelt es sich ex ante bereits
um eine Art der multivariaten Analyse, nur daß bereits a priori angebbar ist, wie groß die Zahl der in die Analyse mit-
aufgenommenen Variablen ist. Dies wird eben durch die experimentelle Kontrolle ermöglicht.

Die multivariate Analyse ist ein Versuch, durch nachträgliche
Homogenisierung (= Konstanthaltung) des Datenmaterials, also
Aufteilung in Teilgruppen, unabhängige Variablen mit Kausal-
wirkung zu eruieren. Die beiden hauptsächlichen Strategien

sind dabei wie schon bei der Ex-post-facto-Studie der Versuch, aus zwei oder mehreren Gruppen mit unterschiedlichen Ausprägungen in der abhängigen Variablen auf Ursachen zu stoßen oder zu prüfen, wie sich ein bestimmtes Merkmal (oder mehrere Merkmale), das (die) in einem Fall vorhanden, im anderen nicht vorhanden ist (sind), auf die Ausprägung einer oder mehrerer abhängiger Variablen auswirkt (auswirken).

Im Vergleich zum "manipulativen" Kausalnachweis im Experiment (der natürlich auch analytisch ist) ist bei der multivariaten Analyse nur der "analytische" Kausalnachweis möglich (vgl. Schulz, 1970, S. 85). Wichtig bei der multivariaten Analyse ist, "that the multiple variates are considered in combination, as a system of measurement" (Cooley und Lohnes, 1971, S. 3). Bei einer genügend großen Population ist es bei Konstanthaltung anderer Einflußgrößen, denen ein Teil der Variabilität in der oder den abhängigen Variablen zuzuschreiben ist, im Prinzip möglich, durch immer feinere Aufgliederung eine dem Experiment angenäherte Analysemöglichkeit zu erreichen. Nur bietet dieser nachträgliche Versuch der systematischen Kontrolle nicht die Sicherheit einer Randomisierung der anderen Einflußgrößen. Deshalb sagt auch die durch einen Drittfaktor "bewirkte" mögliche Veränderung in der ursprünglichen Beziehung zweier Variablen nicht sehr viel, solange nicht alle anderen ebenfalls potentiellen Einflußgrößen durchgeprüft worden sind. Je mehr an Vorinformation über ein bestimmtes Untersuchungsobjekt vorliegt und je mehr aus einer entwickelten Theorie bekannte Einflußgrößen berücksichtigt werden, desto eher ist anzunehmen, daß eine gefundene Beziehung zwischen Variablen kausalen Charakter und nicht Scheincharakter hat. Im übrigen scheint der Trend der Computerentwicklung dahin zu gehen, daß eine Ex-post-Analyse auch möglich wird ohne Homogenisierung des Datenmaterials, was in vielen Fällen Rechenoperationen zulassen wird, die sonst bei geschrumpfter Fallzahl nicht mehr möglich wären.

Der logischen Struktur nach entspricht die multivariate Analyse z.T. der Millschen Methode der Differenz (vgl. Phillips, 1970, S. 351), zumindest erfüllt diese bei der multivariaten Analyse eine heuristische Funktion, denn jede zusätzliche Variable, die nach Aufgliederung irgendwelche Differenzen "verursacht", kann ein Kausalfaktor sein. Solange noch keine explizite Theorie vorliegt, ist die multivariate Analyse das effizienteste Verfahren, mögliche Einflußgrößen auf die abhängige Variable zu ermitteln. Liegt dagegen eine Theorie vor, dann ist zu verfolgen, wie sie sich im Licht der Daten bewährt oder ob nicht Varianten anzubringen sind, die der Datenstruktur eher gerecht werden. Dieses neue theoretische Modell ist dann aber wieder, um nicht bei einer nachträglichen Anpassung der Theorie an die Daten stehen zu bleiben, in einer neuen Untersuchung zu testen (vgl. hierzu Blalock, 1964, S. 61-94, sowie einleitend Mayntz et al., 1969, S. 197-219).

Auf die möglichen unterschiedlichen Ergebnisse nach Einführung eines Testfaktors und die Kriterien, nach denen erkennbar ist, ob es sich bei dem Drittfaktor um eine Aufhebung einer ursprünglichen Beziehung, um eine Spezifizierung oder Umkehrung usw. handelt, kann hier nicht eingegangen werden (vgl. u.a. Simon, 1957; Blalock, 1964, Kapitel I und III, 1970, Kapitel IV; Mayntz et al., 1969, S. 199-210; Selltiz et al., 1966, S. 422-432; Hyman, 1955, Teil III; Kendall und Lazarsfeld, 1950; Lazarsfeld, 1955).

Es sei lediglich noch betont, daß bei einer Mehrvariablenanalyse einige Komplikationen auftreten können (etwa Multikollinearität der Variablen, d.h. die "unabhängigen" Variablen sind nicht voneinander unabhängig; reziproke Kausalität; alternative Modelle mit zusätzlichen Variablen sowie Meßfehler wie bei allen Anordnungen), die u.U. Alternativerklärungen darstellen und jeweils widerlegt werden müssen, wenn eine Beziehung als kausal gekennzeichnet werden soll (vgl. hierzu

einführend Blalock, 1970, S. 68 ff., sowie 1964, Kapitel II
und III).

Nach den Kapiteln über Ähnlichkeiten und Unterschiede zwischen Experiment und Survey, Experiment und interkulturellem
Vergleich sowie Experiment und multivariater Analyse soll
nun ein Kapitel über einige sozialpsychologische Aspekte des
Experiments folgen, das seiner Bedeutung nach eigentlich an
vorderster Stelle stehen müßte. Die Behandlung der sogenannten "reaktiven Effekte" experimenteller Versuchsanordnungen
wurde bis jetzt aufgespart, um die Diskussion der verschiedenen Versuchsanordnungen nicht durch einen weiteren Exkurs
zu unterbrechen. Viele der bereits erörterten Kontrollstrategien kehren wieder bei dem Versuch, die reaktiven Effekte eines Experiments, auf die im Verlauf der Darstellung immer
wieder hingewiesen wurde, zu kontrollieren. Nachfolgend sollen verschiedene Beispiele für reaktive Effekte angeführt
werden. Die (knappe) Systematisierung einiger inhaltlicher
Befunde wird hier vorgenommen, weil die Forschungen zu diesem Themenkreis im deutschen Sprachraum weitgehend noch nicht
rezipiert sind. Die durch den Versuchsleiter, die Vpn und die
experimentellen Anordnungen verursachten und nicht-kontrol-
lierten Effekte sind manchmal so subtil, daß der Forscher gar
nichts davon weiß und erst sein gewitzter Kollege bei einer
Replikation als experimentelle Artefakte enthüllt, was sonst
vielleicht als experimentell "gesichert" akzeptiert worden
wäre.

13.   Reaktive Effekte experimenteller Versuchsanordnungen

M c G u i r e   (1969c, S. 15-21) hat den Ablauf der Forschungen über die in diesem Kapitel zu behandelnden Verzerrungen (Artefakte) so beschrieben, daß aus anfangs unliebsa-
men Störgrößen, deren Existenz man möglichst leugnen wollte,
ein Forschungsgebiet wird, das mit der Aufdeckung fundamen-
taler Variablen "endet".

Drei Verzerrungsquellen sollen anhand einiger Beispiele kurz
diskutiert werden: der Vl, die Vpn und die Art der experimentellen Anordnung. Gemeinsam ist diesen Verzerrungsquellen,
daß sie sich   w ä h r e n d   des Experimentablaufs auswirken und nur durch zusätzliche Kontrollen ausschalten lassen.

Ein reaktiver Effekt läßt sich - allerdings etwas unscharf
(deshalb in Anführungsstrichen) - auch als der "unabhängige"
Einfluß einer "abhängigen" Variable bezeichnen (vgl. Aronson
und Carlsmith, 1968, S. 60, sowie Campbell, 1967b, S. 262:
"Causing change as well as measuring change."), etwa indem
die Vornermessung einer "abhängigen" Variable die Nachhermessung als zusätzliche "unabhängige" Variable beeinflußt.

Das nachfolgende Kapitel über Versuchsleitereffekte könnte
eigentlich eine größere Eigenständigkeit beanspruchen. Zumindest gehört es nicht so unmittelbar wie die beiden folgenden in das Hauptkapitel "Reaktive Effekte experimenteller
Versuchsanordnungen". Da Vl-Effekte aber so etwas wie das Gegenstück zu den "demand effects" darstellen, wurde hier auf
eine Ausgliederung des Kapitels über Vl-Effekte verzichtet.
Globaler wäre die Überschrift "Zur Sozialpsychologie des Experiments", doch würde dies auf andere Gebiete führen, zusätzlich zu den hier zu behandelnden reaktiven Effekten.

13.1.   Versuchsleiter-Effekte (Experimenter Effects)

13.1.1.   Charakteristische Merkmale

Schien es bislang immer so, als ob ·irgendwelche Variablen
außerhalb der "Reichweite" des Forschers in einem Experiment
kontrolliert werden müßten, so zeigt sich in einer Reihe von
Experimenten (vgl. als Zusammenfassung Rosenthal, 1966b,
1969a), daß der Forscher selbst unbeabsichtigten Einfluß aus-
übt und somit eine zusätzliche Quelle der Varianz darstellen
kann. Dies liegt weniger daran, daß der Forscher unredlich
arbeiten würde, sondern vor allem an dem Umstand, daß seine
Vorgehensweise durch eine bestimmte Hypothese (und durch bestimmte Persönlichkeitsmerkmale) gekennzeichnet ist. Selbst
wenn zunächst einmal die Richtigkeit der Nullhypothese unterstellt wird, läßt sich - so das Ergebnis dieser Experimente
zum Versuchsleitereinfluß - nicht die Kette feinster Stimuli
ausschalten, die der Vl abgibt und die sich üblicherweise in
Richtung auf eine Bestätigung seiner eigenen Hypothese auswirken.

Die eigene Hypothese des Vl wird zu einer self-fulfilling
prophecy, die sich in einer Bestätigung eben dieser Hypothese niederschlägt. Um diesem circulus vitiosus zu entgehen
- denn jeder Vl hat eine Hypothese bei einem Laborexperiment,
die er möglichst "verifizieren" möchte (ungeachtet des von
Popper so propagierten umgekehrten Verfahrens der Falsifika-
tion) - entwickelte vor allem die Forschergruppe um R o -
s e n t h a l ein einfaches Paradigma: zwei oder mehrere Vl
sollen an die gleichen Vpn unterschiedliche Erwartungen stellen. Durch die Schaffung gegensätzlicher oder zumindest unterschiedlicher Erwartungen wird eine an sich relativ homoge-
ne Gruppe von Vpn in verschiedene Teilgruppen zerlegt. Auf
diese Weise läßt sich ermitteln, wie sich die unterschiedlichen Erwartungen zweier oder mehrerer möglichst "gleicher" Vl,
die diese an zufällig ausgewählte und verteilte Vpn stellen,

auswirken.

R o s e n t h a l will - so seine Hauptfragestellung - ermitteln, "how people 'talk' to one another without 'speak-
ing'" (1966b, S. 403). Aus der Vielzahl der Ergebnisse seien
in diesem Zusammenhang nur einige erwähnt.

13.1.2. <u>Untersuchungsbeispiele</u>

Studenten als Vl erzielten bei ihren Vpn, die auf Fotos ab-
gebildete Personen nach ihrem "Erfolg" einschätzen sollten,
Ergebnisse in Richtung der induzierten Erwartung. Wurde den
Vl suggeriert, ihre Vpn würden voraussichtlich überdurch-
schnittliche Erfolgsschätzungen vornehmen und umgekehrt, so
ergab sich ein entsprechendes Resultat. - Erfolgt die Rückmeldung durch die Daten recht frühzeitig, so ergeben sich
Effekte in der gleichen Richtung ("experimenters obtaining
'good' initial data also obtained good subsequent data. Experimenters obtaining 'bad' initial data obtained bad subsequent data", Rosenthal, 1964a, S. 106; "early data effect"). - Akustische Reize (Betonung, Tonfall usw., die sogenannten "paralinguistischen Effekte", s. Duncan et al.,
1969) und optische Reize (z.B. Gesten) des Vl scheinen ebenfalls den Vl-Effekt zu begünstigen (Rosenthal, 1964a, S.
107).

Eine verbale Konditionierung der Vpn (vgl. auch den Green-
spoon-Effekt, die operante Konditionierung bestimmter Wort-
klassen durch den Vl) scheint nur bei bestimmten Persönlichkeitstypen "erfolgreich" zu sein (Rosenthal, 1964a, S. 107). -
Hat der Vl einen höheren akademischen Status, dann kann es
eher zu einem Versuchsleitereffekt kommen. Dies mag zum einen
in dem Prestige des Vl liegen, das die Vp zu einer möglichst
"hypothesenkonformen" Reaktion "verführt" (vgl. auch in Kap.
13.2. die "demand effects"), zum anderen daran, daß die ex-

perimentelle Situation Momente der Unsicherheit für die Vp
mit sich bringt, die in dieser Lage besonders empfänglich
ist für subtile Stimuli des - als Verhaltensmodell wirkenden - Vl (Rosenthal, 1964a, S. 85-109; Wiggins, 1968, S.
399). Außerdem scheint die akademische Umgebung oft "gute"
Resultate im Sinne der Bestätigung einer Hypothese in einem
Experiment zu prämieren. Dies mag den Vl trotz versuchter
Eigenkontrolle zur Emittierung zusätzlicher Stimuli "zwin-
gen", die sich über die Vp als Bestätigung von Vl-Erwartungen auswirken. Für weitere situationale Effekte dieser
Art s. die knappe Zusammenfassung bei R o s e n t h a l
(1970, S. 146). - Lerneinflüsse des Vl, die den Beobach-
tungs- und Erhebungsprozeß abkürzen (oder den Vl zur Lan-
geweile verführen) können, sind ebenfalls unter potentielle
Einflußgrößen beim Vl-Effekt zu rechnen (vgl. die Ergebnisse bei Wiggins, 1968, S. 400). - Von Bedeutung ist auch ge-
schlechtsspezifisches Verhalten; z.B. scheinen sich männli-
che Vl mit ihren weiblichen Probanden mehr Zeit zu lassen
(vgl. die bei Wiggins, 1968, S. 398-399, und Rosenthal,
1970, S. 155-156, referierten weiteren Ergebnisse). Ebenso
scheinen sich weibliche Vl mit männlichen Vpn bei der Durchführung des Experiments mehr Zeit zu lassen. - Unterschiede
in der ethnisch-rassischen Zugehörigkeit von Vl und Vp beeinflussen ebenfalls die Daten (vgl. bei Wiggins, 1968, S.
399). - Gleichartige Persönlichkeitstypen wirken sich eher
in Richtung einer Bestätigung der Vl-Hypothese aus als di-
vergierende Persönlichkeitstypen (Rosenthal, 1970, S. 156).

Erwartungseffekte lassen sich auch bei Tierversuchen demonstrieren (Rosenthal und Fode, 1963c, sowie Rosenthal und
Lawson, 1963d, auch zitiert in Rosenthal, 1964a, S. 95-97).
So erzielten Vl mit Ratten, die vom Vl mit der Erwartung
trainiert worden waren, es handele sich um besonders "in-
telligente" Ratten, wesentlich bessere Ergebnisse als im umgekehrten Fall. Erklärt werden kann diese erhöhte Lernlei-
stung mit der starken taktilen Empfindlichkeit von Ratten.

Vl mit erhöhten Erwartungen berührten ihre Ratten auch wesentlich öfter (Rosenthal, 1964a, S. 97).

Dieser Typus einer self-fulfilling prophecy ließ sich auch an menschlichen Forschungsobjekten demonstrieren. Schulkinder, von denen Lehrer unterschiedliche Leistungen auf Grund von manipulierten Informationen erwarteten, erzielten tatsächlich Leistungen in Richtung der Erwartung (Rosenthal, 1966b, S. 410-413, und Rosenthal und Jacobsen, 1968, "Pygmalion-Effekt"; s. hierzu auch die zahlreichen neueren Studien bei Rosenthal, 1969a, S. 260-269), wodurch einige Kinder in ihren Ausbildungschancen beträchtlich benachteiligt werden.

Ein beinahe klassischer Vl-Irrtum ist der über die Fähigkeiten des "klugen Hans". Dieser angeblich rechenbegabte Hengst reagiert bei seinen Rechenkunststücken auf sehr nuancierte Kopfbewegungen seines - nach eigener Meinung - sich kontrolliert verhaltenden Herrn (Pfungst, 1907). Der kluge Hans ward denn nichts anderes als ein "schlichter Hans" (Timaeus, 1969, S. 26).

Doch ist nicht nur nach den Vl-Erwartungen zu fragen, sondern auch nach den Wünschen des Vl. Ein Experiment ergab z.B., daß Vl, die sowohl ein bestimmtes Resultat erwarteten als auch erwünschten, gleichermaßen mehr "ich-wir-Statements" von ihren Personen erhielten als Vl, die weder diese Erwartung noch den entsprechenden Wunsch hegten (Rosenthal et al., 1966a; vgl. auch dort speziell S. 26). Allerdings fragt sich, wie dieses Experiment zu deuten ist.

Offen scheint auch noch die Frage der wechselseitigen Beeinflussung der "anxiety levels" von Vl und Vpn zu sein (Rosenthal, 1964a, S. 108). - Untersuchungen bei psychisch kranken Personen ergaben auch bei dieser Personengruppe Vl-Effekte (Rosenthal, 1966b, S. 405-407). - Übrigens scheinen Vpn die

Fähigkeiten ihrer Vl durchaus zutreffend einschätzen zu können, etwa die Wahrscheinlichkeit, daß bestimmte Vl Rechenfehler machen (Rosenthal, 1964a, S. 99). Dies muß nicht im Widerspruch mit den sogenannten "demand effects" (s. Kap. 13.2.) stehen.

Der Vl mit den größten Erwartungseffekten - Idealtypus in negativer Hinsicht - müßte folgende Merkmale haben (Rosenthal, 1964a, S. 109): "We would postulate an experimenter with a high need for social approval and with an anxiety level neither very high nor very low. The experimenter would have high status, be gesturally inclined, and behave in a friendly, interested manner vis-a-vis his subjects. Subjects might best be acquainted with their experimenter and be female rather than male" (vgl. auch die Aufzählung weiterer Merkmale ebendort, S. 84).

Trotz dieser Befunde (für weitere Ergebnisse s. die genannten Studien, vor allem Rosenthal, 1966b, 1969a) kann man aber bezweifeln (vgl. Bredenkamp, 1969, S. 337), ob es sich bei dem Vl-Effekt um ein generalisierbares Phänomen handelt. Vielleicht ist der Vl-Effekt nur bestimmten Fragestellungen und Versuchsanordnungen eigen. Außerdem führt man als Test einer Hypothese normalerweise ja nicht nur ein Experiment durch, sondern eine Reihe von Experimenten (Aronson und Carlsmith, 1968, S. 67), die eine Entdeckung und Kontrolle von Vl-Effekten eher erlauben sollten. Im übrigen gibt es während des Ablaufs eines Experiments einen breiten Bereich von Aktivitäten des Vl, bei dem die Wahrscheinlichkeit von Vl-Effekten geringer ist, z.B. bei der reinen Aufzeichnung von Daten bzw. Beobachtung im Gegensatz zur Instruktionsphase (Rosenthal, 1964a, S. 80 ff., sowie S. 102-105; 1970, S. 154-155; 1966a, S. 182 ff.).

13.1.3. Möglichkeiten der Kontrolle

Aus der Vielzahl möglicher Gegenstrategien (vgl. Rosenthal,
1966b) gegen den - dem Interviewer-Einfluß vergleichbaren -
Vl-Effekt, die sich alle unter dem Begriff der "Stimuluskon-
trolle" (vgl. einige der Definitionen in Kap. 3.1. und 3.4.)
fassen lassen, seien hier nur einige erwähnt. So kann man die
Vpn das Verhalten ihres Vl im Anschluß an das Experiment beschreiben lassen (Rosenthal et al., 1966a, S. 27). Oder man
instruiert den Vl vorher, indem man ihn besonders auf die
unbeabsichtigten Vl-Effekte aufmerksam macht. Möglicherweise führt das aber zu einem Fehlertyp der Art II (die Nullhypothese wird akzeptiert, obwohl sie falsch ist).

Eine andere Kontrolltechnik besteht darin, die Vl-Erwartungen gegenüber zwei vergleichbaren Gruppen zu messen, dann
aber nur ein tatsächliches Experiment durchzuführen, in dem
anderen Fall ("expectancy control group") dagegen nur eine
reine Nachhermessung vorzunehmen. Durch einen Vergleich der
beiden Nachhermessungen ist - im additiven Falle - dann der
experimentelle Effekt vom Vl-Effekt zu trennen.

Ein Interaktionseffekt zwischen Vl-Erwartung und experimentellem Stimulus läßt sich mit dieser Kontrollgruppenanordnung
allerdings nicht bestimmen. Nur im Falle eines bloßen X-Effektes reicht diese Anordnung zur Bestimmung aus. Bei Interaktionseffekten gelten die in Kap. 8. mehrfach ausgeführten
Überlegungen entsprechend. Mindestens eine weitere Kontrollgruppe muß dann hinzugefügt werden, und zwar, falls das möglich ist, ohne Vl-Erwartung. Sollen weitere Alternativverklä-
rungen ausgeschaltet werden, so gelten die in Kap. 8.2.3.
und 8.2.4. referierten Überlegungen S o l o m o n s   analog.

Generell gilt: Je weniger direkte Kontaktmöglichkeiten zwischen Vl und Vpn bestehen, desto weniger ist eine Erwartungs-Kontrollgruppe nötig, desto weniger wahrscheinlich sind auch die genannten Interaktionseffekte (Rosenthal, 1966b, S. 398).

Eine weitere Kontrollmöglichkeit ergibt sich durch die Vergrößerung der Zahl der Vl. Allerdings muß dann auch die Vergleichbarkeit der Vl gewährleistet sein. Sie müssen nach dem Randomprinzip aus einer Population gezogen werden, auf die dann nachher die Ergebnisse des Vl-Samples generalisierbar sind. (Tauchen dagegen von Vl zu Vl unterschiedliche Effekte auf, so heißt dies, daß das betreffende Ergebnis nur Vl-spezifisch ist. Ceteris paribus gilt: je mehr Vl eingesetzt werden - Randomisierung vorausgesetzt - bzw. je weniger Vpn pro Vl, desto eher ist eine Generalisierbarkeit der experimentellen Befunde möglich - Rosenthal, 1966b, S. 332.)

Eine andere Kontrolltechnik zielt auf die Manipulierung der Erwartungen der Vl ab. Diese Kontrollen lassen sich nur da anbringen, wo tatsächlich mehrere Vl, sozusagen Projektleiter und Assistenten, an einem Experiment arbeiten. Aus der Vielzahl der von R o s e n t h a l zusammengefaßten Strategien (Rosenthal, 1966b, S. 404) seien hier nur erwähnt: Man spielt die Wahrscheinlichkeit herunter, daß überhaupt bestimmte Effekte zu erwarten sind. - Man teilt bestimmte Vpn-Merkmale oder Experimentalbedingungen zu. - Man suggeriert dem Vl eine Hypothese, die möglichst in keinem Zusammenhang mit der zu testenden Hypothese steht. Denn den Vl ganz ohne Hypothese zu lassen, dürfte diesen gerade dazu anhalten, sich eine (der eigentlichen Hypothese möglicherweise entsprechende) Hypothese auszudenken (vgl. Aronson und Carlsmith, 1968, S. 68). Doch darf diese, Täuschungszwecken dienende, Alternativhypothese nicht total abwegig sein.

Eine weitere bereits genannte Möglichkeit besteht darin, den Vl im Ungewissen darüber zu belassen, welche Vpn welcher Behandlung ausgesetzt sind (sogenannte Placebo-Technik, die in der pharmakologischen Forschung erfolgreich verwandt wird). Noch effizienter wird diese Technik - wie angedeutet -,wenn man auch die Vl total im Ungewissen läßt, um welche Hypothesen es eigentlich geht (also bei erfahrenen Vl Ausweichen auf eine plausible Alternativhypothese, die jedoch mit der ursprünglichen These nicht in systematischem Zusammenhang stehen darf). Dies ist das sogenannte Doppelblindverfahren, das oben (Kap. 8.2.1.) bereits erwähnt wurde. Wird auf die Alternativhypothese verzichtet, dann mögen die Vl gerade im Doppelblindversuch besonders viel Variabilität in den Ergebnissen ihrer Vpn erzielen, wie R o s e n b e r g (zit. bei Rosenthal, 1966b, S. 374) vermutet.

Gegen eine weitere Kontrolltechnik, nämlich die Kontakte zwischen dem "Principal Investigator" und seinen Vl einzuschränken, sprechen sich A r o n s o n und C a r l s m i t h (1968, S. 68) aus, da dies der wissenschaftlichen Entwicklung der jüngeren Kollegen nur schaden würde.

Lediglich dort, wo sich überhaupt keine besseren Alternativen böten, sei auf den Einsatz rein mechanischer Mittel zurückzugreifen (Aronson und Carlsmith, 1968, S. 69). Ein Vl könne immer noch unklare Instruktionen korrigieren und dafür sorgen, daß der experimentelle Stimulus tatsächlich äquivalent bei den einzelnen Vpn ankommt (Aronson und Carlsmith, 1968, S. 52-53). Allerdings ist ceteris paribus zu befürchten, daß die Chance für Vl-Effekte steigt, je mehr der Vl korrigierend bzw. erklärend eingreifen muß. Gerade dann erscheinen "demand effects" (vgl. Kap. 13.2.) besonders wahrscheinlich. Der Einsatz mechanischer Hilfsmittel statt eines Vl ist vor allem von M c G u i g a n (1963) propagiert worden.

Trennt man die "Datensammler" von denjenigen Personen, die die Daten nachher auswerten, so ist ebenfalls mit einer Verringerung des Vl-Effekts zu rechnen (Rosenthal, 1966b) (möglicherweise aber auch mit dem Vl-Effekt analogen Effekten).

Um falschen akademischen Karrierevorstellungen vorzubeugen, empfiehlt es sich weiterhin, den Akzent nicht auf Daten einer bestimmten Richtung zu legen, sondern vor allem auf "ehrliche Daten" (Rosenthal, 1964a, S. 84). Durch die genannten Strategien soll - wie gesagt - der circulus vitiosus der self-fulfilling prophecy von Vl-Erwartungen durchbrochen werden, die die Validität der experimentellen Hypothese gefährden.

Kombiniert man einzelne Strategien, so läßt sich die Kontrolle des Vl-Effekts noch verbessern, z.B. "durch ein Sample von Vl, durch Erhebung von deren Erwartungen, unter Verwendung der Anordnung mit Erwartungs-Kontrollgruppen, wobei blinder und minimisierter Kontakt gewährleistet werden soll" (Rosenthal, 1966b, S. 398). Für eine Übersicht über die genannten und weitere Strategien sei hier auf die Tabellen bei R o s e n t h a l (1966b, S. 402-404) hingewiesen. Die diskutierten Kontrolltechniken wie auch einige andere werden von W i g g i n s (1968) ebenfalls, wenn auch in einer abstrakteren Terminologie, diskutiert. (Dies gilt ebenfalls für die beiden folgenden Kapitel.) Für Ausführungen über mögliche Interaktionseffekte bei den Kontrollbemühungen von Vl-Effekten und über die Leistungsfähigkeit der einzelnen Techniken im Hinblick auf diesen Punkt sei besonders auf die zahlreichen Hypothesen bei W i g g i n s (1968) hingewiesen.

Man mag bezweifeln, daß die Vl-Effekte häufig[1] sind, was angesichts der Befunde doch ein wenig zu kühn wäre. Teilt man
diesen Zweifel nicht, so können die auftretenden Kosten die
hier vorgeschlagenen Strategien vereiteln. R o s e n t h a l
(1966b, S. 399-400) glaubt aber bei einem Vergleich von Vor-
und Nachteilen (Kosten) dieser Strategien, sich eindeutig
für die Anwendung einer dieser Kontrolltechniken entscheiden
zu können.

Neben den Verzerrungen, die durch die Erwartungen des Vl ausgelöst werden, entstehen bei den Vpn durch bestimmte Rollenerwartungen Verzerrungsmöglichkeiten, die die Aussagefähigkeit
experimenteller Ergebnisse erheblich beeinträchtigen können.
Kumulieren beide Verzerrungseffekte, die durch den Vl und die
durch die Vpn, so ist eher eine Summierung der Fehler zu erwarten als eine gegenseitige Neutralisierung. Dies kann daran
liegen, daß durch die sublime Vermittlung der Erwartungen des
Vl an die Vpn diese in eine Situation gedrängt werden, dem Vl
bei der Verifizierung seiner Hypothese zu "helfen".

13.2. Verzerrungen durch die Versuchspersonen (Demand Effects)

13.2.1. Charakteristische Merkmale

Dieses Kapitel ist das Pendant zum vorhergehenden Kapitel und
behandelt die zweite wichtige Faktorengruppe in der "Sozialpsychologie des Experiments". Vpn können in verschiedenster

---

1) Timaeus (1971, S. 55) fragt außerdem, ob die Induzierung
   der Vl-Erwartungen in den Experimenten von Rosenthal typisch sei für den wissenschaftlichen Alltag, zusätzlich
   zur bereits behandelten Frage, wieviel die Vl, mit denen
   diese Experimente durchgeführt wurden, mit den sonstigen
   Forschern gemeinsam haben (Frage der Sample-Repräsentati-
   vität).

Hinsicht motiviert sein, an einem Experiment teilzunehmen.
R i e c k e n (1962) hat unter der Bezeichnung "Deutero-
Probleme" einige dieser Erwartungen der Vpn beschrieben. So
seien die Vpn bestrebt, irgendeine Art von Belohnung durch
das Experiment zu erreichen, die Hypothese des Vl zu erraten
und geneigt, sich selbst im Sinne der "social desirability"
in einem günstigen Licht dem Vl gegenüber zu präsentieren
(zit. bei Rosenthal, 1964a, S. 101). Je neuer und unerwarte-
ter die durch die experimentelle Umgebung geschaffene Situation ist, desto größer ist das Bewußtsein ("awareness"),
Teilnehmer an einem Experiment zu sein, und desto wahrscheinlicher sind reaktive Effekte (Webb et al., 1966, S. 16-17).
Die Vpn entwickeln Vorstellungen über den Sinn des experimentellen Verfahrens, über die zu testende Hypothese. Die von
M c G u i r e und anderen (s. McGuire, 1969c), vor allem
im Zusammenhang mit Forschungen zur Einstellungsänderung der
Vpn, in den Blickpunkt gerückte Variable "Argwohn" ("suspiciousness") der Vpn, welchem Ziele das Experiment dient, berührt möglicherweise generellere Aspekte, so daß die Untersuchungen zum Thema "demand effects" in einem weiteren Rahmen
zu sehen wären. Ob das Faktorenbündel als "awareness" oder
"suspiciousness" bezeichnet wird, erscheint zweitrangig. Entscheidend ist, wie sich diese intervenierende Variable auf die
jeweilige abhängige Variable auswirkt.

Für die Vp stellt sich die Frage, welche Rolle sie angesichts
wenig kristallisierter Erwartungen in der Situation des Experiments übernehmen soll - wiederum parallel zur Situation im
Interview.

Die Vpn können aber auch auf andere Weise vom experimentellen
Stimulus abgelenkt werden, sogar durch Quellen außerhalb
des Versuchsraums (vgl. Wiggins, 1968, S. 403-404, der eine
Systematisierung dieser Einflußgrößen vorschlägt).

In ihrer generellen Unsicherheit in der experimentellen Situation scheinen die Vpn in verstärktem Maße dazu zu neigen, Bewertungen vorzunehmen ("evaluation apprehension" nach Rosenberg, vgl. Rosenberg, 1969) und ihre Situation in anderer Weise als vom Vl beabsichtigt oder erwartet zu definieren. Unter "evaluation apprehension" versteht R o s e n b e r g (1969, S. 281) das Bemühen der Vp, "daß sie eine positive Bewertung vom Vl erfährt oder daß sie zumindest keinen Anlaß gibt, eine negative zu erfahren". Diese Motive können als sehr wichtige Alternativen bei Experimenten zu den Theorien des kognitiven Gleichgewichts wirken.

Alle diejenigen Stimuli, die eine Hypothese an die Vp "übermitteln" und bei dieser eine bestimmte Reaktion auslösen, nennt O r n e "demand characteristics". Gemeint ist die Präformation eines bestimmten Verhaltens der Vp durch die Vielzahl - nicht nur durch den Vl - übermittelter Stimuli, die die Vp zu Überlegungen über die Absicht des Experiments anhalten. Das Verhalten der Vp wird also nicht nur durch die experimentellen Variablen, sondern auch durch die "perceived demand characteristics of the experimental situation" (Orne, 1962, S. 779; 1969) beeinflußt. Die Vp hat - so wird behauptet - ein Bedürfnis, ihre eigene Aktivität im Versuchsraum als in irgendeiner Weise sinnvoll anzusehen.

13.2.2.   Untersuchungsbeispiele

Für O r n e und seine Mitarbeiter war es nahezu unmöglich, eine Prozedur zu erfinden, bei der Vpn ihre Kooperation einstellen würden, in der die Vpn nicht doch noch irgendeinen Sinn sahen (freilich nicht den "Sinn", die Absicht des Vl!). So antworteten Vpn auf die Aufforderung, zunächst einmal einige Liegestütze zu machen, lediglich mit der Frage: "Wo?" In einem anderen Fall addierten die Vpn stundenlang mehrstellige Zahlen. Nachher waren die Zettel mit den

Zahlenkolonnen auf die auf einer Karte übermittelte Aufforderung hin wieder zu zerreißen und in den Papierkorb zu wer-
fen. Gefragt, warum sie dergleichen getan hätten, meinten die
Vpn, es könne sich ja um so etwas wie einen Streßtest handeln.
Aber nicht nur, daß diese Aktivität überhaupt ausgeführt wurde, sie wurde mit einem geradezu beängstigenden Perfektionis-
mus durchgeführt. Bekannte Extrembeispiele von (im Hinblick
auf die Befolgung von Vl-Instruktionen) unterwürfigen Vpn
sind die Experimente von M i l g r a m (1963), in denen
Vpn andere Vpn mit Stromstößen bestrafen sollten. Den Vpn
blieb dabei (weitgehend) unbekannt, daß die Stromstöße nur
simuliert wurden. Wie sich an den physiologischen Reaktionen
der Vpn zeigte, hatte das Experiment einen starken Reali-
tätsgehalt. B l o c k und B l o c k (s. bei French,
1953, S. 100) behaupten gerade bei Vpn aus der Mittelschicht
unterwürfiges Verhalten unter den Vl. Offen bleibt allerdings, wieweit eine solche Beobachtung tatsächlich generalisierbar ist (vgl. auch das Experiment von Pepitone, zit. bei
Aronson und Carlsmith, 1968, S. 62).

Doch sind Vpn nicht immer bemüht, nur "gute" Vpn zu sein, die
dem Vl "helfen" wollen, möglichst "gute" (aber leider untypi-
sche) Ergebnisse zu erzielen. Es kann auch der umgekehrte
Fall eintreten. Vor allem, wenn sich eine größere Versuchs-
reihe z.B. unter Studenten nicht absolut geheimhalten läßt,
ist mit "abweichendem" Rollenverhalten zu rechnen. So mag die
Vp den Vl auf die Probe stellen, ob er merkt, daß die gezeig-
te Reaktion nicht der wirklichen entspricht. Oder er versucht,
den Vl durch besonders raffinierte Verfälschung seiner tatsächlichen Einstellung (und/oder seines Verhaltens) hereinzu-
legen.

Die Verzerrungen durch die "demand characteristics" mögen
sich bei den "guten" Vpn in Richtung einer Bestätigung der
experimentellen Hypothese auswirken, bei den nicht gänzlich

uninformierten in beide Richtungen. Soll der Vl "ausge-
trickst" werden, dann wahrscheinlich eher in die entgegenge-
setzte Richtung als die der experimentellen Hypothese.

Solange es nicht gelingt, die "demand effects" von den X-Ef-
fekten zu trennen, solange stellen sich Replikationsschwie-
rigkeiten und damit ebenfalls Schwierigkeiten, die Ergebnisse zu verallgemeinern, ein (Orne, 1962, S. 779).

Ein breites Spektrum der "demand effects" wurde in Experimenten über Hypnosephänomene nachgewiesen. Ein posthypnotisches
Verhalten war danach weniger dem entsprechenden Auftrag als
vielmehr den Rollenerwartungen der Vpn zuzuschreiben. Doch
fällt die Interpretation dieser Ergebnisse schwer, und ihre
Verallgemeinerung ist besonders problematisch, da Verhalten
unter Hypnoseeinfluß (vgl. hierzu die bei Timaeus, 1971, S.
28 ff., referierten Befunde) kein geeignetes Paradigma für
das Verhalten von Vpn im Labor ist.

Eine mögliche Drittvariable für "demand effects" ist in der
Selbstselektion bestimmter Vpn zu sehen. Selbst wenn man
nicht so weit wie W e b b   e t   a l .   (1966, S. 25)
geht, in "Exhibitionisten" und "succorant people" die Personen zu sehen, die am ehesten an Experimenten teilnehmen, ist
die Vermutung zu überprüfen, daß die sich freiwillig zur Verfügung stellenden Vpn eher "abweichende" Merkmale verkörpern
(vgl. die Zusammenstellung einiger Befunde bei McDavid und
Harari, 1968, S. 405; weitere, z.T. widersprüchliche Ergebnisse zu den "demand characteristics" stellt W i g g i n s ,
1968, S. 406-408, zusammen; s. auch Schulz, 1970, S. 140).

In einer Durchsicht der Literatur bis 1969 stellen   R o -
s e n t h a l   und   R o s n o w   (1969b) folgende hauptsächliche Merkmale heraus: Vpn haben demnach eher mehr Schulbildung (Studenten!), einen höheren beruflichen Status, mehr

"need for approval", erreichen höhere IQ-Werte und scheinen weniger autoritär und besser angepaßt zu sein als Personen, die nicht als Vpn dienen. Dazu zählen auch solche Personen, die nach einer Zusage dann doch nicht erscheinen.

13.2.3. Möglichkeiten der Kontrolle

Führt man einen Hilfsversuchsleiter ein ("stooge"), der sich den Vpn gegenüber wie ein echter Vl verhalten und nicht die zu testende Hypothese kennen sollte, dann lassen sich einige der unerwünschten demand effects ausschalten, wahrscheinlich aber nur nach genügend großer Vorinformation über die demand effects bei dem jeweiligen Versuch. Wie schon bei der Kontrolle von Vl-Erwartungen werden demand effects auf weniger gravierende (= verzerrende) Sachverhalte abgelenkt. Der Stooge soll die Motivation der **Vp** so beeinflussen, daß sie in keinem systematischen Zusammenhang mit dem experimentellen Stimulus steht. W i g g i n s (1968, S. 415) berichtet einige Resultate.

Hat man eine Kontrollgruppe, deren Erwartungen an das Experiment erhoben werden, die aber nicht dem experimentellen Stimulus ausgesetzt wird und eine andere Versuchsgruppe (Randomisierung vorausgesetzt), deren Erwartungen gegenüber X ebenfalls erhoben werden, dann läßt sich feststellen, wieweit demand effects die Differenzen besser erklären als X.[1] Korre-

---

1) Hier wird das gleiche Prinzip wie im Kap. 12.2.3. (und bei allen anderen Kontrollgruppen) angewandt, wo auch eine Kontrollgruppe gebildet wurde, für die die Vl-Erwartungen erhoben und die "Nachher"messungen durchgeführt wurden. Der gemeinsame Nenner von Versuchsgruppe und Kontrollgruppe wird durch Neutralisierung von Störfaktoren vergrößert, wobei im Kap. 12.2.3. genau genommen der Vl die "Kontrollgruppe" darstellt. Die Logik ist im Grunde die von Mill: Gemeinsamkeiten können nicht zur Erklärung von Differenzen herangezogen werden (vgl. Campbell, 1969a, S. 358; 1966, S. 3).

lieren die Vpn-Erwartungen besser mit dem Verhalten ("als-
ob-Verhalten" bei der Kontrollgruppe) der Vpn als der experimentelle Stimulus, dann "ist es wahrscheinlich, daß die
demand Merkmale die hauptsächlichen Determinanten des Verhaltens sind" (Orne, 1962, S. 780). Doch lassen sich hier
wie bei der einfachen Parallelgruppenanordnung zur Kontrolle
des Vl-Effekts keine Interaktionswirkungen bestimmen. Die in
Kap. 12.2.3. beschriebene Vorgehensweise wäre hier analog
anzuwenden.

Darüber hinaus besteht die Schwierigkeit, daß das Verhalten
der Vpn in der Kontrollgruppe ja nur den Charakter von "als-
ob-Verhalten" hat. Auf der Ebene der Kontrolle von demand
effects kann man den gleichen Einwand wiederholen, der gegen ein experimentelles Resultat vorzubringen wäre, das demand effects unberücksichtigt läßt. Denn jede neue Kontrolle
wird gefolgt von neuen Reaktionen der Beteiligten (demand
effects zweiten Grades usw.; vgl. dazu einige Überlegungen
in der Literatur, die Wiggins, 1968, S. 422, zusammenstellt).
In dieser scharfen Formulierung würde keine Möglichkeit bestehen, aus dem Zirkel auszubrechen. Dennoch ist anzunehmen,
daß sich - u.a. mit der Vergrößerung der Zahl der Kontrollgruppen - tendenziell auch demand effects kontrollieren lassen. Verwendet man einen "blinden" Vl, dann verringert sich
zumindest die Wahrscheinlichkeit der Rückwirkungen auf die
Übermittlung der experimentellen Hypothese durch den Vl,
wenn sich auch andere Arten von demand effects nicht gänzlich ausschalten lassen.

Das in der pharmakologischen Forschung erfolgreiche Placebo-
Verfahren ist offenbar je nach Fragestellung durch spezifische Probleme gekennzeichnet, die sich bei sozialwissenschaftlichen Untersuchungen u.U. in noch stärkerem Maße zeigen (s.
bei Orne, 1969, S. 164-173). Deshalb ist eine schematische
Übertragung dieses Verfahrens problematisch.

Die von   O r n e   vorgeschlagenen Kontrolltechniken, zu
denen auch das nachträgliche nicht-experimentelle Interview
der Vpn gehört (1969, S. 153-155) entsprechen nicht den üblichen experimentellen Kontrollverfahren. Deshalb spricht Orne
von Quasi-Kontrollen (1969, S. 159-163), deren Funktion vor
allem in der Aufdeckung möglicher Alternativerklärungen liegt.

Eine weitere Kontrollmöglichkeit liegt darin, die Motivation
der Vpn direkt anzusprechen, indem man besonders auf den
wissenschaftlichen Charakter des Versuchs hinweist, also auf
das Ziel, der Realität und nicht irgendwelchen anderen Kriterien entsprechende Informationen zu erhalten. Aber fraglich
bleibt, ob diese Kontrolle durch "Seelenmassage" effizient
ist (oder ob sich nicht eine neue Quelle künstlicher Effekte
ergibt). Selbstverständlich ist über die Änderung der Motivation der Vpn eine Quelle der Verzerrung auszuschalten, doch
erscheint es vielleicht ein wenig zu optimistisch, wenn Sozialwissenschaftler (!) sich eine Wirkung allein von Appel-
len versprechen.

Dagegen scheint die Methode des Einsatzes eines Hilfsver-
suchsleiters effizienter zu sein. Effizient kann die Appella-
tionsmethode aber dann werden, wenn man mehr als nur einen Vl
verwendet. In diesem Fall, so könnte man vermuten, mögen sich
die demand effects neutralisieren.

A priori erfolgreicher scheint folgendes Vorgehen zu sein.
Man täuscht die Vpn darüber hinweg, worum es eigentlich geht
(vgl. dazu auch Kap. 14.). Da eine falsche Hypothese besser
ist als überhaupt keine, suggeriert man den Vpn eine Hypothese, die in einem orthogonalen (d.h. unabhängigen) Zusammenhang zur experimentellen Hypothese steht (Aronson und Carlsmith, 1968, S. 63).

Die durch demand effects verursachte Varianz kann man zusätzlich noch dadurch einschränken, daß man die Nachhermessung
in einem möglichst unverdächtigen Rahmen durchführt (Aronson
und Carlsmith, 1968, S. 64). Nur darf in der Zwischenzeit
seit der Vorhermessung und dem experimentellen Stimulus nicht
allzu viel passiert sein, da sonst Alternativhypothesen an
Plausibilität gewinnen. Zu vermeiden ist auf jeden Fall - so
A r o n s o n   und   C a r l s m i t h   (1968, S. 65) - eine Einstellungsskala oder dergleichen, die demand effects geradezu provoziert, die sich über die Verzerrungsquellen "res-
ponse set", "social desirability" usw. auswirken können.

Eine andere Kontrolltechnik basiert auf simuliertem Verhalten (s. auch Kap. 9.5.). Dabei sollen die demand characteristics konstant gehalten werden und X eliminiert werden (für
Details vgl. Orne, 1962, S. 781; 1969, S. 158-159). Uns erscheint der erwähnte Zirkeleinwand gerade in diesem Fall eine
besonders scharfe Alternativhypothese zu sein, denn bei der
Simulation noch mehr als bei anderen Kontrollen wird eine ak-
tive, in keinster Weise "destruktive", Mitarbeit der Vpn vorausgesetzt, die ja gerade erst die demand effects virulent
werden lassen kann.

Vielversprechender, wenn auch wahrscheinlich höchst selten
durchzuführen, wäre die folgende Strategie: Man erzählt den
Vpn, sie befänden sich gar nicht oder noch nicht in einem Experiment (Timaeus, 1971, S. 40). Dies läßt sich wohl besser
außerhalb der Laborräume realisieren.

Auf den dritten reaktiven Faktor ist während der gesamten Darstellung eingegangen worden. Deshalb seien die folgenden Ausführungen entsprechend kurz.

13.3. <u>Reaktive Effekte durch die Meßinstrumente</u>

Bereits die Umgebung im Labor oder die Tatsache, daß man eine Vp ist, kann die Einstellungen der Vp verändern, wie sich des öfteren zeigte. Eine Konsequenz wäre deshalb, eine möglichst große ökologische Ähnlichkeit (Brunswik, 1949, 1955, 1956) der experimentellen Situation mit der sozialen Realität zu schaffen. Das schneidet wieder die Frage an, ob Isolierung einzelner Effekte oder möglichst krasser Realismus effizientere Strategien sind.

Bei den Meßinstrumenten ist vor allem auf klare Instruktionen Wert zu legen. Gerade bei der Kontrolle der Verzerrungen durch die Meßinstrumente bieten sich   S o l o m o n - Anordnungen an.

Reaktive Effekte werden durch die frühzeitige Bekanntmachung bestimmter Meßtechniken wahrscheinlicher. Die neuen Vpn sind dann nicht mehr "naiv". Auch dieser Punkt wurde bereits diskutiert. - Für unterschiedliche Kontrolltechniken sei auf die Darstellung der einzelnen Versuchspläne (Kap. 8.) sowie auf W i g g i n s   (1968, S. 420-422) hingewiesen.

Eigentlich müßte in jedem Experimentbericht ein Teilkapitel über (mögliche) reaktive Effekte stehen, auch dann, wenn keine zu beobachten waren oder wenn sie kontrolliert werden konnten. Denn die Ergebnisse aus den letzten drei Teilkapiteln legen es nahe, Laborbefunde nur sehr vorsichtig zu generalisieren. W e b b   e t   a l .   (1966; vgl. auch Albrecht, 1971; Campbell, 1969a, für neuere Literaturverweise, sowie Ross und Smith, 1968, S. 340-343) haben diverse, unaufdringliche ("unobtrusive"), nicht-reaktive oder zumindest wenig reaktive Techniken (wie "physische Spuren", bestehende Datenkarteien, episodische und private Datensammlung, Beobachtungen im Alltag, verborgene Beobachtungsinstrumente) zusammengestellt und befürworten - mangels anderer Methoden - ein entsprechend unorthodoxes Vorgehen, bei dem dann immer noch sukzessive Kontrollen eingeschaltet werden können (s. auch bei Webb et al., 1968, S. 12-34, für einen kurzen Überblick über reaktive Messungen).

Zum Abschluß der Darstellung sei noch eine Fragestellung berührt, die ebenfalls bereits an mehreren Stellen (vgl. Kap. 9.2.) angeschnitten wurde.

14.   Ethische Probleme beim Experiment

Die Manipulation der experimentellen Stimuli kann zugleich
eine Manipulation der Versuchsobjekte bedeuten. Handelt es
sich um Ratten oder ähnliche Versuchsobjekte, so ergeben sich
daraus keine Schwierigkeiten. Bei menschlichen Versuchsobjekten werden jedoch ethische Fragen aufgeworfen. Im weitesten
Sinne ist jede experimentelle "Täuschung" bereits eine "Manipulation" der Vpn. Dabei scheinen sich Sozialwissenschaftler durchweg für die "Zwecktäuschung" (vgl. z.B. McGuire,
1969c, S. 49-53) entschieden zu haben: Täuschung ja, aber nur
soweit sie wissenschaftlichen Zwecken dient, wobei das Problem bei der Bestimmung der Grenze zwischen wissenschaftlichen und nichtwissenschaftlichen Zwecken bzw. Fragestellungen liegt.

Selbst wenn man die Vpn nach einem Experiment über die damit
verfolgte Absicht aufklärt, sie also nur für den Zeitpunkt
des Experiments täuscht, ist das ethische Problem noch nicht
gelöst. Denn die Täuschung im Verlauf des Experiments kann
u.U. Fernwirkungen haben, etwa wenn man den Intelligenzquo-
tienten einer Vp manipuliert und diese trotz nachheriger
Aufklärung das Schockerlebnis nicht verarbeitet.

Auf der anderen Seite kann man einwenden, daß die Vpn ja
nicht gänzlich unvorbereitet in ein sozialwissenschaftliches
Experiment kommen. Von Sozialwissenschaftlern, zumal Psychologen, erwarten sie irgendwelche Scheinmanöver, vor allem
wenn es um Experimente geht.

S c h u l z   (1970, S. 33) versucht gar, aus den Bedenken
gegen die Manipulation menschlicher Vpn (bzw. der Beschrän-
kung der Manipulationsmöglichkeit als nur für die Herrschen-
den legal und legitim), den Entwicklungsrückstand des sozialwissenschaftlichen Experiments gegenüber dem naturwissen-

schaftlichen abzuleiten.

Eine Durchsicht einiger Fachzeitschriften durch S t r i k -
k e r   (1967a, zit. bei Timaeus, 1971, S. 16) ergab, daß im
Schnitt etwa bei der Hälfte aller Experimente mit Täuschungsmanövern gearbeitet wird. Selbstverständlich hängt der Gebrauch von Täuschungsmanövern auch von der jeweiligen Fragestellung und von den möglichen Alternativstrategien ab. Wahrscheinlich ist mit einer viel größeren Zahl nicht berichteter
Täuschungsmanöver zu rechnen.

Die häufige Verwendung von Täuschungsmanövern wird verständlich, wenn man Zahlen berücksichtigt, die S t r i c k e r
e t   a l .   (1967b, zit. bei Timaeus, 1967, S. 17) vorgelegt haben, wonach z.B. bei einem Konformitätsexperiment zwei
Fünftel der Vpn ahnten, worum es ging. Zwar sagt diese Zahl
noch nichts über tatsächliche Verzerrungen durch demand effects aus, doch ist plausiblerweise anzunehmen, daß die Chance
für demand effects steigt, je mehr die Vp weiß, worum es geht.
Wahrscheinlich vermeiden viele Forscher auch in weiser Vor-
aussicht, ihre Vpn nachher zu fragen, ob sie wußten, worum
es ging, da dann die eigene Arbeit "hinfällig" werden könnte.

Die Zahl der Artikel über das Experiment, in denen auf ethische Probleme eingegangen wird, ist im übrigen relativ gering (vgl. die Verweise bei McGuire, 1969a, S. 33). Einige
Verhaltensregeln, die in dem moralischen Dilemma zwischen
wissenschaftlicher Erkenntnis und Schutz der Rechte des Individuums vermitteln können, legen A r o n s o n   und
C a r l s m i t h   (1968, S. 29-36) dar, deren Ausführungen
hier weitgehend zugrundeliegen (s. auch Freedman et al., 1970,
S. 434-438).

Absolut zu vermeiden sind Schädigungen von Gesundheit und
Psyche der Vpn. Man vergleiche dazu nur die sogenannten De-
privationsexperimente, bei denen den Vpn Nahrung, Schlaf oder

Umweltreize entzogen werden. Allerdings handelt es sich bei den Vpn bei diesen Fragestellungen fast ausschließlich um freiwillige Probanden.

"Extreme" Manipulationen sollen nur dann angewandt werden, wenn schwächer dosierte offensichtlich keinen Test der Hypothese erlauben. Diese Verhaltensregel läßt sich aber nur bei insgesamt relativ harmlosen Experimenten akzeptieren.

Dort, wo die Vpn eigene Hypothesen entwickeln, erscheint, wie schon dargelegt wurde, eine "cover story" angebracht. Eine andere Möglichkeit wären projektive Tests.

Unschädlich dürften auch Experimente sein, in denen zum Zwecke einer Erforschung der Bedingungen von Einstellungsänderungen einer Quelle fälschlich eine Äußerung zugeschrieben wird.

Schwierig wird der Fall, wenn die Vp ich-involviert ist. Dies kann je nach Vp erheblich variieren. Als "Konformist" in einem Experiment entlarvt zu werden, kann das Selbstwertgefühl u.U. erheblich beeinträchtigen.

Als Daumenregel empfiehlt sich (Aronson und Carlsmith, 1968, S. 34): Jeweils die Bedingung, die einen Test der experimentellen Hypothese noch gestattet (also die mildeste Dosierung), soll angewandt werden. (Dies setzt freilich Vorinformationen über die Wirkung bestimmter Dosierungen voraus.) Dem kann natürlich die Kostenfrage entgegenstehen; u.U. stehen die Mittel nur für einige Experimente zur Verfügung. Dann läßt sich diese Regel erst ex post und damit zu spät anwenden.

Entscheidend ist das Geschick des Vl. Er kann u.U. nicht ganz harmlose Anordnungen entdramatisieren, wie auch umgekehrt ein ungeschickter Vl harmlose Experimente in äußerst unangenehme Situationen verwandeln kann.

Sollte es sich aber nicht umgehen lassen, eine recht unangenehme Situation (Aronson und Carlsmith, 1968, S. 33, zählen einige weniger erfreuliche experimentelle Aktivitäten auf: Stromstöße, Heuschreckenessen, aggressives Handeln, eintönige Beschäftigungen, Situationen sozialer Angst usw.) zu schaffen (was wahrscheinlich häufig der Fall sein wird, je mehr man Verhalten in der Wirklichkeit mit experimentellen Situationen approximiert), dann sollte sich der Vl zumindest nach dem Experiment ausgiebig Zeit mit der Aufklärung seiner Vpn lassen. Er sollte sein Forschungsinteresse den Vpn mit dem nötigen Ernst klarmachen. Falls eine Kette von Experimenten geplant ist, mag es zweckmäßiger sein, anstatt der Vp allein alle Überlegungen zu überlassen, sie im Falle einer unangenehmen experimentellen Erfahrung aufzuklären und sie nachher um Schweigen zu bitten, damit weitere potentielle Vpn nicht vorinformiert sind.

Der Vl sollte sein eigenes Unbehagen an der Manipulierung deutlich machen, die Situation ausgiebig erklären, damit die Vp sich nicht als einfältig und leicht zu täuschen vorkommt. Wird durch das Experiment das Selbstwertgefühl der Vp angegriffen, so kann man dies wieder stützen, indem man der Vp nachher Gelegenheit gibt, ihre Talente in dem Erraten der Absichten des Forschers zu zeigen bzw. dem Forscher bei der Modifizierung seiner Anordnung Tips zu geben.

Anonymität wird ja normalerweise zugesichert. In anderen Fällen wird die Zustimmung der Vp ausdrücklich eingeholt, z.B. wenn bestimmte Äußerungen der Vp veröffentlicht werden sollen.

A r o n s o n   und   C a r l s m i t h   (1968, S. 70-75) empfehlen eine Aufklärung, soweit die Vp daran interessiert ist (also technische Details nur bei entsprechendem Interesse der Vp), wobei die Vp zunächst ihr Unbehagen artikulieren soll. Sie berichten äußerst gute Erfahrungen mit dieser

Form des nachexperimentellen Interviews.

Die Berufsverbände der Sozialwissenschaftler haben z.T. eigene Verhaltensregeln herausgegeben, wie z.B. die American
Psychological Association (1953; vgl. neuerdings z.B. Baumrind, 1971).

Wenn es wichtig für ein bedeutsames Experiment ist, daß durch
die Manipulation der Variablen ein "experimenteller Realismus" (Aronson und Carlsmith, 1968, S. 22) erreicht wird, wenn
schon nicht eine der sozialen Realität außerhalb des Labors
("mundane realism", Aronson und Carlsmith) entsprechende Situation möglich ist, dann wird man auch die eine oder andere
verdeckende Strategie einbauen müssen. Denn je größer der experimentelle Realismus, desto bedeutungsvoller werden auch
die erhobenen Daten sein. Beispiele dafür bieten die zahlreichen Konformitätsexperimente. Der experimentelle Realismus scheint im Falle der A s c h - Experimente am größten
zu sein (vgl. auch Aronson und Carlsmith, 1968, S. 28). Si-
muliertes Verhalten oder Rollenspiel o.ä. der Vpn stehen dieser Art von sozialer Realität beträchtlich nach.

Eine besonders geeignete Verdeckungsstrategie besteht darin,
die Vpn scheinbar auf das Experiment vorzubereiten, dieses
in Wirklichkeit aber bereits ablaufen zu lassen oder nach
der Einführung des experimentellen Stimulus die Vpn durch einen angeblichen zweiten Test abzulenken, der von einem bislang nicht in Erscheinung getretenen Vl oder einer Schein-Vp
vorgelegt wird und der dann die Messung der abhängigen Variablen darstellt. Für weitere Arten dieser Vorgehensweise sei
auf die einschlägigen sozialpsychologischen Lehrbücher verwiesen (z.B. Jones und Gerard, 1967).

Schlußbemerkungen
____

In dieser Arbeit wurde eine Vielzahl von Strategien dargestellt, die mehr oder weniger erfolgreich die für kausale
Aussagen notwendige Kontrolle störender Faktoren gewährleisten. Allen diesen Strategien liegen Maximierungs- (Vorteile) und Minimierungsüberlegungen (Nachteile) zugrunde. Diese
"Maximin-Strategie" wird je nach Untersuchungsobjekt variieren. Es ist die Aufgabe des Forschers, "den Design zu finden, der die Zahl der erforderlichen Annahmen, der erforderlichen Versuchsgruppen und den Aufwand minimiert"(Ross und
Smith, 1965, S. 80).

In dieser Darstellung sollte vor allem eine Sensibilisierung gegenüber bestimmten Arten der Fragestellung und den
hierfür zur Verfügung stehenden Forschungsdesigns erreicht
werden.

Abschließend ist noch einmal zu betonen: Nicht die starre
Anwendung einer dieser Anordnungen gewährleistet einen sau-
beren Forschungsplan, sondern nur der Vergleich mehrerer in
Frage kommender Strategien, aus denen dann diejenige mit dem
geringsten Fehlerrisiko, also mit der größten Kontrollmöglichkeit, auszuwählen ist, wobei nicht auszuschließen ist,
daß über die hier vorgestellten Grundtypen hinaus mehr oder
weniger ingeniöse Kombinationen dem Untersuchungsobjekt adäquater sind.   A c k o f f   (1962, S. 340) betont zu Recht:
"Because we cannot yet (1) characterize all the possible experimental designs along quantitative scales and (2) gener-
ate cost-of-error functions, comparisons must be made in
specific contexts rather than by use of analytic optimizing
procedures."

Tabellenanhang

<u>Vorbemerkung:</u> Die nachfolgenden Tabellen sind mit leichten
Umstellungen und Kürzungen dem Werk von C a m p b e l l
und S t a n l e y (1966) entnommen. Der American Research
Educational Association danke ich für die Erlaubnis der Wie-
dergabe. Einige der im Text diskutierten Anordnungen sind
hier nicht mit aufgenommen. Für diese Anordnungen wie auch
für eine detailliertere Bewertung aller Anordnungen sei auf
die jeweiligen Kapitel verwiesen. Die Anordnungen (6), (8),
(10) und (11) sind nicht in den Originaltabellen bei Campbell
und Stanley zu finden.

In den Tabellen bedeutet ein Pluszeichen, daß der Störfaktor
kontrolliert werden kann, ein Minuszeichen den umgekehrten
Fall und ein Fragezeichen, daß Kontrollschwierigkeiten bestehen bleiben. Taucht keines der Symbole auf, so ist die
Störgröße im Rahmen der entsprechenden Anordnung nicht relevant. Im konkreten experimentellen Fall mag sich mit Recht
die eine oder andere Abweichung von dieser Tabelle ergeben.

Die hinsichtlich der internen (und möglicherweise auch externen) Validität sehr positiv zu beurteilende faktorielle
Anordnung (17) wurde in den Tabellen nicht berücksichtigt,
in denen von einer Vorhermessung (oder dem Äquivalent einer
Vorhermessung) und einer Nachhermessung ausgegangen wird. De
facto gibt es zwar bei einer faktoriellen Anordnung eine Vorhermessung, um eine unterschiedliche Ausgangslage der Vpn sicherzustellen, doch wird das eigentliche Experiment eher "simultan" durchgeführt, d. h. ohne den zeitlichen Abstand zwischen den Messungen, wie er für die anderen Anordnungen
- vielleicht mit Ausnahme von Anordnung (1) - typisch ist.

Campbell und Stanley haben ihre Überlegungen selbst widerwil-
lig in dieser tabellarischen Form summiert, um nicht zu einer
stereotypen Beurteilung einzelner Anordnungen beizutragen. Die

folgenden Tabellen sind entsprechend nur als synoptische Hilfe, aber nicht unbedingt als Legitimation anzusehen, in einem bestimmten Untersuchungsfall eine Anordnung nur nach der Zahl der Pluszeichen zu realisieren ohne Rücksicht auf andere Gesichtspunkte.

Die beiden Autoren scheinen sich bei der tabellarischen Darstellung der verschiedenen Anordnungen nicht immer an ihre eigenen Definitionen (s. hierzu Kap. 7.1. und Kap. 7.3.) gehalten zu haben. Außerdem erscheinen einige Bewertungen nicht konsistent. Dennoch werden die Tabellen von Campbell und Stanley inhaltlich unverändert übernommen. In Klammern[1] findet sich dann unsere Beurteilung, bei der von den Definitionen in Kap. 7.1. und Kap. 7.3. ausgegangen und eine konsistente Zuordnung der Symbole angestrebt wird. Aber auch dann verbleiben noch zahlreiche Unstimmigkeiten.

---

1) Für den Fall, daß eine Störgröße irrelevant ist, bleibt die Klammer leer.

URSACHEN FÜR MANGELNDE GÜLTIGKEIT DER VERSUCHSANORDNUNGEN (1) - (3)

Vorexperimentelle Versuchsanordnungen	interne Gültigkeit								externe Gültigkeit			
	Zeiteinflüsse	biolog.-psycholog. Veränderungen	Meßeffekte	Veränderungen in den Meßinstrumenten	Regressionseffekte	Auswahlverzerrungen	Ausfälle	Interaktion von Auswahlverzerrungen u. biolog.-psycholog. Veränderungen usw.	Interaktion von Meßeffekten und X	Interaktion von Auswahlverzerrungen und X	Reaktive Effekte experim. Behandlg.	Interferenzen durch mehrfache experim. Behandlungen
1. Einmalige Untersuchung eines Einzelfalls $\quad$ X $\quad$ M	-	-				-()	-()			-		
2. Vorher- und Nachhermessung derselben Gruppe $\quad M_1$ X M_2	-	-	-	-	?(-)	+()	+()	-()	-	-	-	
3. Statischer Gruppenvergleich $\quad$ X $\quad M_1$ $\quad$ ---- $\quad\quad\quad M_2$	+(-)	?(-)	+()	+()	+()	-	-	-		-		

URSACHEN FÜR MANGELNDE GÜLTIGKEIT DER VERSUCHSANORDNUNGEN (4) - (6)

	interne Gültigkeit								externe Gültigkeit			
	Zeiteinflüsse	biolog.-psycholog.Veränderungen	Meßeffekte	Veränderungen in den Meßinstrumenten	Regressionseffekte	Auswahlverzerrungen	Ausfälle	Interaktion von Auswahlverzerrungen u. biolog.-psycholog. Veränderungen usw.	Interaktion von Meßeffekten und X	Interaktion von Auswahlverzerrungen und X	Reaktive Effekte experim. Behandlg.	Interferenzen durch mehrfache experim. Behandlungen
Echte experimentelle Versuchsanordnungen												
4. Vor-Nachher-Messung m.Kontrollgruppe $R \; M_1 \; X \; M_2$ $R \; M_3 \quad M_4$	+	+	+	+	+	+	+	+	-	?	?	
5. Nachher-Messung m.Kontrollgruppe $R \quad X \; M_1$ $R \qquad M_2$	+	+	+()	+()	+()	+	+	+	+()	?	?	
6. Solomon-Drei-Gruppen-Anordnung $R \; M_1 \; X \; M_2$ $R \; M_3 \quad M_4$ $R \qquad X \; M_5$	+	+	+	+	+	+	+	+	+	?	?	

	interne Gültigkeit								externe Gültigkeit			
	Zeitein-flüsse	biolog.-psycholog.Veränderungen	Meß-effekte	Veränderungen in den Meßinstrumenten	Regressions-effekte	Auswahlver-zerrungen	Aus-fälle	Interaktion von Auswahlverzer-rungen u. biolog.-psycholog. Verän-derungen usw.	Interaktion von Meßeffekten und X	Interaktion von Auswahlverzer-rungen und X	Reaktive Effekte experim.Behandlg.	Interferenzen durch mehrfache experim. Behandlungen
Echte experim.Versuchs-anordnungen (Forts.)												
7. Solomon-Vier-Grup-pen-Anordnung	+	+	+	+	+	+	+	+	+	?	?	
Quasi-experim.Varianten d. vier "echten" expe-rim.Versuchsanordnungen												
8. Vorher-Nachher-Messg. m.austauschb.Gruppen	−	−		−	?	?		−		?		

Versuchspläne zu 7.:

$$R \quad M_1 \quad X \quad M_2$$
$$R \quad M_3 \quad \quad M_4$$
$$R \quad \quad X \quad M_5$$
$$R \quad \quad \quad M_6$$

Versuchsplan zu 8.:

$$R \quad \quad X \quad M_2$$
$$R \quad M_1$$

URSACHEN FÜR MANGELNDE GÜLTIGKEIT DER VERSUCHSANORDNUNGEN (9) - (10)

	interne Gültigkeit								externe Gültigkeit			
	Zeitein-flüsse	biolog.-psycholog.Veränderungen	Meß-effekte	Veränderungen in den Meßinstrumenten	Regressions-effekte	Auswahlver-zerrungen	Aus-fälle	Interaktion von Auswahlverzer-rungen u. biolog.-psycholog.Verän-derungen usw.	Interaktion von Meßeffekten und X	Interaktion von Auswahlverzer-rungen und X	Reaktive Effekte experim.Behandlg.	Interferenzen durch mehrfache experim. Behandlungen
Quasi-experim.Varianten d. vier "echten" experim.Versuchsanordnungen (Forts.)												
9. Kontrollgruppenanordnung ohne Randomisierung M_1 X M_2 ------- M_3 M_4	+	+	+	+	?	+(?)	+	−	−	?	?	
10. Komparativ-statische Parallelgruppenanordnung R M_1 X M_2 R M_3 M_4 R M_5 X M_6 R M_7 M_8	+	+	+	+	+	+	+	+	−	?	?	

URSACHEN FÜR MANGELNDE GÜLTIGKEIT DER VERSUCHSANORDNUNGEN (11)-(12)

	interne Gültigkeit								externe Gültigkeit			
	Zeiteinflüsse	biolog.-psycholog.Veränderungen	Meßeffekte	Veränderungen in den Meßinstrumenten	Regressionseffekte	Auswahlverzerrungen	Ausfälle	Interaktion von Auswahlverzerrungen u. biolog.-psycholog. Veränderungen usw.	Interaktion von Meßeffekten und X	Interaktion von Auswahlverzerrungen und X	Reaktive Effekte experim.Behandlg.	Interferenzen durch mehrfache experim. Behandlungen
Quasi-experim.Varianten d. vier "echten" experim. Versuchsanordnungen (Forts.)												
11. Komparativ-statische Solomon-Vier-Gruppen-Anordnung	+	+	+	+	+	+	+	+	?	?	?	
R M$_1$ X M$_2$ R M$_3$ X M$_4$ R X M$_5$ R M$_6$												
Quasi-experim. Versuchsanordnungen												
12. Zeitreihen	-	+(?)	+	?	+	+()	+()	+()	-	?	?	
M$_1$ M$_2$ M$_3$ X M$_4$ M$_5$ M$_6$												

URSACHEN FÜR MANGELNDE GÜLTIGKEIT DER VERSUCHSANORDNUNGEN (13)-(15)

	interne Gültigkeit								externe Gültigkeit			
Quasi-experim.Versuchs-anordnungen (Forts.)	Zeitein-flüsse	biolog.-psycho-log.Veränderungen	Meß-effekte	Veränderungen in den Meßinstrumenten	Regressions-effekte	Auswahlver-zerrungen	Aus-fälle	Interaktion von Auswahlverzer-rungen u. biolog.-psycholog. Veränderungen usw.	Interaktion von Meßeffekten und X	Interaktion von Auswahlverzer-rungen und X	Reaktive Effekte experim.Behandlg.	Interferenzen durch mehrfache experim. Behandlungen
13. Mehrfache Zeitreihen $M_1\ M_2\ M_3\ X\ M_4\ M_5\ M_6$ $M_1\ M_2\ M_3\quad M_4\ M_5\ M_6$	+	+	+	+	+	+	+	+	−	−(?)	?	
14. Anordnung m.äquival. Zeit-Samples $X_1M\ X_0M\ X_1M\ X_0M$	+	+	+	+	+	+()	+()	+()	−	?	−	−
15. Anordnung m.äquival. Materialien $M_aX_1M\ M_bX_0M\ M_cX_1M\ M_dX_0M$	+	+	+	+	+	+()	+()	+()	−	?	?	−

URSACHEN FÜR MANGELNDE GÜLTIGKEIT DER VERSUCHSANORDNUNGEN (16)+(18)

	interne Gültigkeit								externe Gültigkeit			
	Zeiteinflüsse	biolog.-psychol.Veränderungen	Meßeffekte	Veränderungen in den Meßinstrumenten	Regressionseffekte	Auswahlverzerrungen	Ausfälle	Interaktion von Auswahlverzerrungen u. biolog.-psycholog. Veränderungen usw.	Interaktion von Meßeffekten und X	Interaktion von Auswahlverzerrungen und X	Reaktive Effekte experim.Behandlg.	Interferenzen durch mehrfache experim. Behandlungen
Quasi-experim.Versuchs-anordnungen (Forts.)												
16. Vorher-Nachher-Messung mit verschiedenen Samples R M (X) R X M	−	−	+()	?(−)	+(?)	+(?)	−()	−	+()	+()	+()	
18. Lateinisches Quadrat X_1M X_2M X_3M X_4M X_2^1M X_4^2M X_1^3M X_3^4M X_3^2M X_1^4M X_4^1M X_2^3M X_4^3M X_3^1M X_2^4M X_1^2M	+	+	+	+	+	+	+	?	?	?	?	−

URSACHEN FÜR MANGELNDE GÜLTIGKEIT DER VERSUCHSANORDNUNG (19)
(sowie der Regressions-Diskontinuitäts-Anordnung)

	interne Gültigkeit								externe Gültigkeit			
	Zeiteinflüsse	biolog.-psycholog.Veränderungen	Meßeffekte	Veränderungen in den Meßinstrumenten	Regressionseffekte	Auswahlverzerrungen	Ausfälle	Interaktion von Auswahlverzerrungen u. biolog.-psycholog. Veränderungen usw.	Interaktion von Meßeffekten und X	Interaktion von Auswahlverzerrungen und X	Reaktive Effekte experim.Behandlg.	Interferenzen durch mehrfache experim. Behandlungen
<u>Quasi-experim.Versuchsanordnungen</u> (Forts.)												
19. Vorher-Nachher-Kontrollgruppen-Anordnung m. verschiedenen Samples	+	+	+	+	+	+	+	-(?)	+	+	+	
R M (X)												
R_______X___M												
R M												
R M												
Regressions-Diskontinuitäts-Anordnung	+	+	+	?	+	+	?	+	+	-	+	+

Literaturverzeichnis

Abelson, R. P., E. Aronson, W. J. McGuire, Th. M. Newcomb, M. J. Rosenberg und P. H. Tannenbaum (Hrsg.), Theories of Cognitive Consistency: A Sourcebook, Chicago 1968.

Abelson, R. P., Simulation of Social Behavior, in: G. Lindzey und E. Aronson (Hrsg.), Handbook of Social Psychology, Bd. II, 2. Aufl., Reading, Mass., 1968, S. 274-356.

Ackoff, R. L., Scientific Method, Optimizing Applied Research Decisions, New York 1962.

Adorno, Th. W., Zur Logik der Sozialwissenschaften, in: Kölner Zeitschrift für Soziologie und Sozialpsychologie 14 (1962), S. 249-263.

Albert, H., Probleme der Wissenschaftslehre in der Sozialforschung, in: R. König (Hrsg.), Handbuch der empirischen Sozialforschung, Bd. I, Stuttgart 1962, S. 38-63.

Albert, H., Probleme der Theoriebildung, in: H. Albert (Hrsg.), Theorie und Realität, Tübingen 1964, S. 3-70.

Albert, H., Modell-Platonismus. Der neoklassische Stil des ökonomischen Denkens in kritischer Beleuchtung, in: E. Topitsch (Hrsg.), Logik der Sozialwissenschaften, 3. Aufl., Köln 1966, S. 406-434.

Albrecht, G., Nicht-reaktive Messung in der Sozialforschung und Anwendung historischer Methoden, bisher unveröff. Manuskript, Köln 1971.

American Psychological Association, Ethical Standards in Research, in: Ethical Standards of Psychologists, Washington, D.C., 1953, S. 113-124.

Anastasi, A., Psychological Testing, 2. Aufl., New York 1961.

Andreas, B. G., Experimental Psychology, 4. Aufl., New York 1965.

Aronson, E. und J. M. Carlsmith, Experimentation in Social Psychology, in: G. Lindzey und E. Aronson (Hrsg.), Handbook of Social Psychology, Bd. II, S. Aufl., Reading, Mass., 1968, S. 1-79.

Atteslander, P., Methoden der empirischen Sozialforschung, Berlin 1969.

Barber, T. X. und M. J. Silver, Fact, Fiction and the Experimenter Bias Effect, in: Psychological Bulletin Monographs 70 (1968), S. 1-29.

Barber, T. X. und M. J. Silver, Pitfalls in Data Analysis and Interpretation: A Reply to Rosenthal, in: Psychological Bulletin Monographs 70 (1968), S. 48-62.

Bauer, R. A. (Hrsg.), Social Indicators, Cambridge, Mass., 1966.

Baumrind, D., Principles of Ethical Conduct in the Treatment of Subjects: Reaction to the Draft Report of the Committee on Ethical Standards in Psychological Research, in: American Psychologist 26 (1971), S. 887-896.

Beauchamp, K. L., R. L. Bruce und D. W. Matheson (Hrsg.), Current Topics in Experimental Psychology, New York 1970.

Berelson, B. und G. A. Steiner, Menschliches Verhalten, Bd. 1, Weinheim 1969.

Bickman, L. und Th. Henchy (Hrsg.), Beyond the Laboratory: Field Research in Social Psychology, New York 1972.

Bijou, S. W., R. F. Peterson und M. H. Ault, A Method to Integrate Descriptive and Experimental Field Studies at the Level of Data and Empirical Concepts, in: R. L. Burgess und D. Bushell, Jr. (Hrsg.), Behavioral Sociology, The Experimental Analysis of Social Process, New York 1969, S. 175-208.

Blalock, H. M., Jr., Causal Inferences in Nonexperimental Research, Chapel Hill 1964.

Blalock, H. M., Jr., Theory Construction, Englewood Cliffs 1969.

Blalock, H. M., Jr., An Introduction to Social Research, Englewood Cliffs 1970.

Boesch, E. E. und L. H. Eckensberger, Methodische·Probleme des interkulturellen Vergleichs, in: Handbuch der Psychologie, Bd. 7, Göttingen 1969, S. 515-566.

Boring, E. G., The Nature and History of Experimental Control, in: American Journal of Psychology 67 (1954), S. 573-589.

Boring, E. G., A History of Experimental Psychology, 2. Aufl., New York 1957.

Boring, E. G., Perspective: Artifact and Control, in: R. Rosenthal und R. L. Rosnow, Artifact in Behavioral Research, New York 1969, S. 1-11.

Boudon, R., L'analyse mathématique des faits sociaux, Paris 1967.

Bredenkamp, J., Experiment und Feldexperiment, in: Handbuch der Psychologie, Bd. 7, Göttingen 1969, S. 332-374.

Brock, T. und L. A. Becker, Debriefing and Susceptibility to Subsequent Experimental Manipulations, in: Journal of Experimental Social Psychology 2 (1966), S. 314-323.

Brunswik, E., Systematic and Representative Design of Psychological Experiments, Berkeley 1949.

Brunswik, E., Representative Design and Probabilistic Theory in a Functional Psychology, in: Psychological Review 62 (1955), S. 193-217.

Brunswik, E., Perception and the Representative Design of Psychological Experiments, 2. Aufl., Berkeley 1956.

Bryan, J. H. und E. Lichtenstein, Effects of Subject and Experimenter Attitudes in Verbal Conditioning, in: Journal of Personality and Social Psychology 3 (1966), S. 182-189.

Bunge, M., Causality, Cambridge, Mass., 1959.

Burchard, W., A Study of Attitudes towards the Use of Concealed Devices in Social Science Research, in: Social Forces 36 (1957), S. 111-115.

Bushell, D., Jr., und R. L. Burgess, Characteristics of the Experimental Analysis, in: R. L. Burgess und D. Bushell, Jr. (Hrsg.), Behavioral Sociology, The Experimental Analysis of Social Process, New York 1969, S. 145-174.

Campbell, A. A. und G. Katona, The Sample Survey: A Technique for Social Science Research, in: L. Festinger und D. Katz (Hrsg.), Research Methods in the Behavioral Sciences, New York 1953, S. 15-55.

Campbell, D. T., Factors Relevant to the Validity of Experiments in Social Settings, in: Psychological Bulletin 54 (1957), S. 297-312, wiederabgedruckt in: Backman, C. W. (Hrsg.), Problems in Social Psychology, New York 1966, S. 3-12.

Campbell, D. T. und K. N. Clayton, Avoiding Regression Effects in Panel Studies of Communication Impact, Studies in Public Communication, Nr. 3 (1961), S. 99-118.

Campbell, D. T. und J. C. Stanley, Experimental and Quasi-Experimental Designs for Research, Chicago 1963, ursprünglich erschienen in: N. L. Gage (Hrsg.), Handbook of Research on Teaching, Chicago 1966, als deutsche Übersetzung unter dem Namen von Elisabeth Schwarz (!) in: Handbuch der Unterrichtsforschung, Teil I, Weinheim 1970, S. 448-631.

Campbell, D. T., From Description to Experimentation: Interpreting Trends as Quasi-Experiments, in: C. W. Harris (Hrsg.), Problems in Measuring Change, Milwaukee 1967a, S. 212-242.

Campbell, D. T., Administrative Experimentation, Institutional Records, and Nonreactive Measures, in: J. Stanley (Hrsg.), Improving Experimental Design and Statistical Analysis, Chicago 1967b, S. 257-291.

Campbell, D. T., Experimental Design: Quasi-Experimental Design, in: D. L. Sills (Hrsg.), International Encyclopedia of the Social Sciences, Bd. 5, 1968, S. 259-263.

Campbell, D. T., Prospective: Artifact and Control, in: R. Rosenthal und R. L. Rosnow (Hrsg.), Artifact in Behavioral Research, New York 1969a, S. 351-382.

Campbell, D. T., Reforms as Experiments, in: American Psychologist 24 (1969b), S. 409-429.

Campbell, D. T. und H. L. Ross, The Connecticut Crackdown on Speeding: Time-Series Data in Quasi-Experimental Analysis, in: E. R. Tufte (Hrsg.), The Quantitative Analysis of Social Problems, Reading, Mass., 1970, S. 110-125.

Campbell, D. T., H. L. Ross und G. V. Glass, Experimental Methods, Englewood Cliffs

Campbell, D. T., Quasi-experimental designs for use in natural social settings, in: D. T. Campbell, Experimenting, Validating, Knowing: Problems of Method in the Social Sciences, New York

Cattell, R. B. (Hrsg.), Handbook of Multivariate Experimental Psychology, Chicago 1966; s. darin: Cattell, R. B., The Principles of Experimental Design and Analysis in Relation to Theory Building, S. 19-66.

Chapin, F. St., Experimental Designs in Sociological Research, revised edition, New York 1955.

Chapin, F. St., Das Experiment in der soziologischen Forschung, in: R. König (Hrsg.), Beobachtung und Experiment in der empirischen Sozialforschung, 3. Aufl., Köln 1965, S. 221-258.

Churchman, C. W., Theory of Experimental Inference, New York 1948.

Cicourel, A. V., Method and Measurement in Sociology, Glencoe 1964, S. 157-171.

Cochran, W. G. und G. M. Cox, Experimental Designs, 2. Aufl., New York 1957.

Cochran, W. G., Experimental Design: The Design of Experiments, in: D. L. Sills (Hrsg.), International Encyclopedia of the Social Sciences, Bd. 5, 1968, S. 245-254.

Cohen, M. R. und E. Nagel, An Introduction to Logic and the Scientific Method, New York 1934, Neuaufl. London 1963.

Cooley, W. W. und P. R. Lohnes, Multivariate Data Analysis, New York 1971.

Costner, H. L., Utilizing Causal Models to Discover Flaws in Experiments, in: Sociometry 34 (1971), S. 398-410.

Cox, D. R., Planning of Experiments, New York 1958.

Criswell, J. H., The Psychologist as Perceiver, in: R. Tagiuri und L. Petrullo, Person Perception and Interpersonal Behavior, Stanford 1958, S. 95-109.

Cronbach, L. J., Essentials of Psychological Testing, 2.Aufl., London 1964.

Dawson, R. E., Simulation in the Social Sciences, in: H. Guetzkow (Hrsg.), Simulation in Social Science, Englewood Cliffs 1962, S. 1-15.

Dingler, H., Das Experiment - sein Wesen und seine Geschichte, München 1928.

Drenth, P. J. D., Der psychologische Test, München 1969.

Duncan, S., Jr., M. J. Rosenberg und J. Finkelstein, The Paralanguage of Experimenter Bias, in: Sociometry 32 (1969), S. 207-219.

Durkheim, E., Regeln der soziologischen Methode, 2. Aufl., Neuwied 1965.

Edwards, A. L., Experiments: Their Planning and Execution, in: G. Lindzey (Hrsg.), Handbook of Social Psychology, Bd. 1, Reading, Mass., 1954, S. 259-288.

Edwards, A. L., Experimental Design in Psychological Research, Revised Edition, New York 1963; hier zitiert nach der deutschen Ausgabe: Versuchsplanung in der Psychologischen Forschung, Weinheim 1971.

Eggan, F., Social Anthropology and the Method of Controlled Comparison, in: F. W. Moore (Hrsg.), Readings in Cross-Cultural Methodology, New Haven 1961, S. 107-127.

Erbslöh, E., Techniken der Datensammlung I. Interview, Stuttgart 1972.

Festinger, L., Laboratory Experiments, in: L. Festinger und D. Katz (Hrsg.), Research Methods in the Behavioral Sciences, New York 1953, S. 136-172.

Festinger, L., Die Bedeutung der Mathematik für kontrollierte Experimente in der Soziologie, in: E. Topitsch (Hrsg.), Logik der Sozialwissenschaften, 3. Aufl., Köln 1966, S. 337-344.

Fisher, R. A., The Design of Experiments, 7. Aufl., London 1960.

Freedman, J. L., J. M. Carlsmith und D. O. Sears, Social Psychology, Englewood Cliffs, N.J., 1970, S. 419-454.

Freeman, L., Two Problems in Computer Simulation in the Social and Behavioral Sciences, in: Social Science Information 70 (1971), S. 103-109.

French, J. R. P., Experiments in Field Settings, in: L. Festinger und D. Katz (Hrsg.), Research Methods in the Behavioral Sciences, New York 1953, S. 98-135.

French, J. R. P., Feldexperimente: Änderung in der Gruppenproduktion, in: R. König (Hrsg.), Beobachtung und Experiment in der empirischen Sozialforschung, 3. Aufl., Köln 1965, S. 259-273.

Frey, F. W., Cross-Cultural Survey Research in Political Science, in: R. T. Holt und J. E. Turner (Hrsg.), The Methodology of Comparative Research, New York 1970, S. 173-294.

Glock, Ch. Y., Some Applications of the Panel Method to the Study of Change, in: P. F. Lazarsfeld und M. Rosenberg (Hrsg.), The Language of Social Research, New York 1955, S. 242-250.

Greenwood, E., Experimental Sociology: A Study in Method, New York 1945.

Greenwood, E., Das Experiment in der Soziologie, in: R. König (Hrsg.), Beobachtung und Experiment in der empirischen Sozialforschung, 3. Aufl., Köln 1965, S. 171-220.

Guetzkow, H. (Hrsg.), Simulation in Social Science, Englewood Cliffs 1962.

Hammond, K. R., Representative vs. Systematic Design in Clinical Psychology, in: Psychological Bulletin 51 (1954), S. 150-159.

Harris, C. W. (Hrsg.), Problems in Measuring Change, Milwaukee 1967.

Herzog, H., Why Did People Believe in the "Invasion from Mars"?, in: P. F. Lazarsfeld und M. Rosenberg (Hrsg.), The Language of Social Research, New York 1955, S. 420-428.

Hofstätter, P. R., Experiment, in: P. R. Hofstätter, Psychologie, Frankfurt/M. 1957, S. 100-103.

Holding, D. E. (Hrsg.), Experimental Psychology in Industry, Middlesex 1969.

Holt, R. T. und Turner, J. E., The Methodology of Comparative Research, in: R. T. Holt und J. E. Turner (Hrsg.), The Methodology of Comparative Research, New York 1970, S. 1-20.

Holzkamp, K., Theorie und Experiment in der Psychologie, Berlin 1964.

Holzkamp, K. Wissenschaft als Handlung, Berlin 1968.

Hovland, C. I., A. A. Lumsdaine und F. D. Sheffield, Experiments on Mass Communication, Bd. III, Princeton 1949.

Hovland, C. I., I. L. Janis und H. H. Kelley, Communication and Persuasion, New Haven 1953.

Hummell, H. J., Probleme der Mehrebenenanalyse, Stuttgart 1972.

Hunt, E. et al., Experiments in Induction, New York 1966.

Hyman, H., Survey Design and Analysis, Glencoe 1955.

Johnson, H. H. und R. L. Solso, An Introduction to Experimental Design in Psychology: A Case Approach, New York 1971.

Jones, E. E. und H. B. Gerard, Foundations of Social Psychology, New York 1967.

Jung, J., The Experimenter's Dilemma, New York 1971.

Kaplan, A., The Conduct of Inquiry, San Francisco 1964.

Katz, D., Field Studies, in: L. Festinger und D. Katz (Hrsg.), Research Methods in the Behavioral Sciences, New York 1953, S. 56-97.

Kempthorne, O., The Design and Analysis of Experiments, New York 1952.

Kendall, P. L. und P. F. Lazarsfeld, Problems of Survey Analysis, in: Merton, R. K. und P. F. Lazarsfeld (Hrsg.), Continuities in Social Research, Studies in the Scope and Method of "The American Soldier", Glencoe 1950, S. 133-196.

Kerlinger, F. N., Foundations of Behavioral Research, New York 1965.

Kimmel, H. D., Experimental Principles and Design in Psychology, New York 1970.

Kintz, B. L., D. J. Delprato, D. R. Mettee, C. E. Persons und R. H. Schappe, The Experimenter Effect, in: Psychological Bulletin 63 (1965), S. 223-232.

Kish, L., Some Statistical Problems in Research Design, in: American Sociological Review 24 (1959), S. 328-338; wieder abgedruckt in: E. R. Tufte, The Quantitative Analysis of Social Problems, Reading, Mass., 1970, S. 391-406.

Köbben, A. J. F., The Logic of Cross-Cultural Analysis: Why Exceptions?, in: S. Rokkan (Hrsg.), Comparative Research across Cultures and Nations, Paris 1968, S. 17-53.

König, R., Einleitung, in: R. König (Hrsg.), Handbuch der empirischen Sozialforschung, Bd. 1, Stuttgart 1962, S. 3-17.

König, R., Einleitung: Beobachtung und Experiment, in: R. König (Hrsg.), Beobachtung und Experiment in der Sozialforschung, 3. Aufl., Köln 1965, S. 17-47.

Kunz, G., Experiment, in: W. Bernsdorf (Hrsg.), Wörterbuch der Soziologie, Stuttgart 1969, S. 238-245; erweitert in: W. Bernsdorf (Hrsg.), Wörterbuch der Soziologie, Frankfurt/M. 1972, S. 193-206.

Lana, R. E., Pretest Sensitization, in: R. Rosenthal und R. L. Rosnow (Hrsg.), Artifact in Behavioral Research, New York 1969, S. 119-141.

Lazarsfeld, P. F., Interpretation of Statistical Relations as a Research Operation, in: P. F. Lazarsfeld und M. Rosenberg (Hrsg.), The Language of Social Research, New York 1955, S. 115-125.

Lienert, G. A., Verteilungsfreie Methoden in der Biostatistik, Meisenheim am Glan 1962.

Lienert, G. A., Testaufbau und Testanalyse, 2. Aufl., Weinheim 1967.

Linder, A., Planen und Auswerten von Versuchen, 3. Aufl., Basel 1969.

Lindquist, E. F., Design and Analysis of Experiments in Psychology and Education, Boston 1953.

Marsh, R. M., Comparative Sociology, New York 1967.

Matheson, D. W., R. Bruce und K. L. Beauchamp, Introduction to Experimental Psychology, New York 1970.

Mayntz, R., Modellkonstruktion: Ansatz, Typen und Zweck, in: R. Mayntz (Hrsg.), Formalisierte Modelle in der Soziologie, Neuwied 1967, S. 11-31.

Mayntz, R., K. Holm und P. Hübner, Einführung in die Methoden der empirischen Soziologie, Köln 1969.

McClintock, Ch. G., Experimental Social Psychology, New York 1972.

McCollough, C. und L. van Atta, Statistik programmiert. Ein Grundkurs zum Selbstunterricht, 2. Aufl., Weinheim 1971.

McDavid, J. W. und H. Harari, Social Psychology. Individuals, Groups, Societies, New York 1968.

McGuigan, F., The Experimenter: A Neglected Stimulus Object, in: Psychological Bulletin 60 (1963), S. 421-428.

McGuigan, F., Experimental Psychology, A Methodological Approach, 2. Aufl., Englewood Cliffs 1968.

McGuire, W. J., Theoretical and Substantive Biases in Sociological Research, in: M. Sherif und C. W. Sherif (Hrsg.), Interdisciplinary Relationships in the Social Sciences, Chicago 1969a, S. 21-51.

McGuire, W. J., The Nature of Attitudes and Attitude Change, in: G. Lindzey und E. Aronson (Hrsg.), Handbook of Social Psychology, 2. Aufl., Bd. III, Reading, Mass., 1969b, S. 136-314.

McGuire, W. J., Suspiciousness of Experimenter's Intent, in: R. Rosenthal und R. L. Rosnow (Hrsg.), Artifact in Behavioral Research, New York 1969c, S. 13-57.

McLean, L. D., Some Important Principles for the Use of Incomplete Designs in Behavioral Research, in: J. Stanley (Hrsg.), Improving Experimental Design and Statistical Analysis, Chicago 1967, S. 157-179.

McPhee,W.;J.Ferguson und R. B. Smith, Politische Wahlen und sozialer Einfluß, in: R. Mayntz (Hrsg.), Formalisierte Modelle in der Soziologie, Neuwied 1967, S. 191-215.

Meili, R. und H. Rohracher (Hrsg.), Lehrbuch der experimentellen Psychologie, Bern 1963.

Merton, R. K. und P. F. Lazarsfeld (Hrsg.), Continuities in Social Research, Studies in the Scope and Method of "The American Soldier", Glencoe 1950.

Michel, L., Allgemeine Grundlagen psychometrischer Tests, in: Handbuch der Psychologie, Bd. 6, Göttingen 1964, S. 19-70.

Milgram, S., Behavioral Study of Obedience, in: Journal of Abnormal Social Psychology 67 (1963), S. 371-378.

Mill, J. St., On the Logic of the Moral Sciences, A System of Logic, Book VI, Indianapolis 1965.

Miller, A. D., Logic of Causal Analysis: From Experimental to Nonexperimental Designs, in: H. M. Blalock, Jr. (Hrsg.), Causal Models in the Social Sciences, Chicago 1971, S. 273-294.

Mittenecker, E., Planung und statistische Auswertung von Experimenten, 6. Aufl., Wien 1966.

Nagel, E., The Structure of Science, London 1961.

Namboodiri, N. K., A Statistical Exposition of the "Before-After" and "After-Only" Designs and Their Combinations, in: American Journal of Sociology 76 (1970-71), S. 83-102.

Naroll, R., Some Thoughts on Comparative Method in Cultural Anthropology, in: H. M. Blalock und A. B. Blalock (Hrsg.), Methodology in Social Research, New York 1968, S. 236-277.

Neurath, P., Statistik für Sozialwissenschaftler, Stuttgart 1966.

Noelle, E., Umfragen in der Massengesellschaft, Reinbek 1963.

Opp, K. D., The Experimental Method in the Social Sciences. Some Problems and Proposals for its More Effective Use, in: Quantity and Quality 4 (1970), S. 39-54.

Orne, M. T., On the Social Psychology of the Psychological Experiment: With Particular Reference to Demand Characteristics and Their Implications, in: Psychological Bulletin 17 (1962), S. 776-783.

Orne, M. T., Demand Characteristics and the Concept of Quasi-Controls, in: R. Rosenthal und R. L. Rosnow (Hrsg.), Artifact in Behavioral Research, New York 1969, S. 143-179.

O'Rourke, J. F., Field and Laboratory: The Decision-Making
Behavior of Family Groups on Two Experimental Conditions,
in: Sociometry 26 (1963), S. 422-435.

Osgood, Ch. E., Method and Theory in Experimental Psychology,
New York 1953.

Osgood, Ch. E., On the Strategy of Cross-National Research
into Subjective Culture, in: Social Science Information 6
(1967), S. 5-38.

Pagès, R., Experiment, in: R. König (Hrsg.), Handbuch der empirischen Sozialforschung, Bd. I, 2. Aufl., Stuttgart 1967,
S. 415-450 und S. 740-752 (Anhang).

Parthey, H. und D. Wahl, Die experimentelle Methode in Natur-
und Gesellschaftswissenschaften, Berlin (Ost) 1966.

Pawlik, K., Statistische Methoden der Planung und Auswertung
psychologischer Experimente, in: R. Meili und H. Rohracher,
Lehrbuch der experimentellen Psychologie, 2. Aufl., Bern
1968, S. 423-462.

Payne, S. L., The Ideal Model for Controlled Experiments, in:
Public Opinion Quarterly 15 (1951), S. 557-562.

Pfungst, O., Das Pferd des Herrn von Osten, Leipzig 1907.

Phillips, B. S., Empirische Sozialforschung, Strategie und
Taktik, Wien 1970.

Popper, K. R., The Logic of Scientific Discovery, London 1959.

Popper, K. R., Conjectures and Refutations. The Growth of
Scientific Knowledge, London 1963.

Przeworski, A. und H. Teune, The Logic of Comparative Social
Inquiry, New York 1970.

Quenouille, M. H., The Design and Analysis of Experiment, New
York 1953.

Ray, W. S., An Introduction to Experimental Design, New York
1960.

Riecken, H. W., A Program for Research on Experiments in Social Psychology, in: N. F. Washburne (Hrsg.), Decision, Val-
ues, and Groups, Bd. 2, New York 1962, S. 25-41.

Riley, M. W., Sociological Research. A Case Approach, New
York 1963.

Rosenberg, M. J., The Conditions and Consequences of Evaluation Apprehension, in: R. Rosenthal und R. L. Rosnow (Hrsg.), Artifact in Behavioral Research, New York 1969, S. 279-349.

Rosenthal, R., The Effect of Early Data Returns on Data Subsequently Obtained by Outcome-Biased Experimenters, in: Sociometry 26 (1963a), S. 487-498.

Rosenthal, R., G. W. Persinger, L. L. Vikan-Kline und K. L. Fode, The Effect of Experiment Outcome-Bias and Subject Set on Awareness in Verbal Conditioning Experiments, in: Journal of Verbal Learning and Verbal Behavior 2 (1963b), S. 175-283.

Rosenthal, R. und K. L. Fode, The Effect of Experimenter Bias on the Performance of the Albino Rat, in: Behavioral Science 8 (1963c), S. 183-189.

Rosenthal, R. und R. Lawson, A Longitudinal Study of the Effects of Experimenter Bias on the Operant Learning of Laboratory Rats, in: American Psychologist 18 (1963d), 345 (Abstr.).

Rosenthal, R., The Effect of the Experimenter on the Results of Psychological Research, in: B. A. Maher (Hrsg.), Progress in Experimental Personality Research, Bd. 1, New York 1964a, S. 79-114.

Rosenthal, R., Experimenter Outcome-Orientation and the Results of Psychological Experiment, in: Psychological Bulletin 61 (1964b), S. 405-412.

Rosenthal, R., P. Kohn, P. M. Greenfield und N. Carota, Data Desirability, Experimenter Expectancy, and the Results of Psychological Research, in: Journal of Personality and Social Psychology 3 (1966a), S. 20-27.

Rosenthal, R., Experimenter Effects in Behavioral Research, New York 1966b.

Rosenthal, R. und L. Jacobsen, Pygmalion in the Classroom: Teacher Expectation and Pupils' Intellectual Development, New York 1968.

Rosenthal, R., Interpersonal Expectations: Effects of the Experimenter's Hypothesis, in: R. Rosenthal und R. L. Rosnow (Hrsg.), Artifact in Behavioral Research, New York 1969a, S. 181-277.

Rosenthal, R. und R. L. Rosnow, The Volunteer Subject, in: R. Rosenthal und R. L. Rosnow (Hrsg.), Artifact in Behavioral Research, New York 1969b, S. 59-118.

Rosenthal, R., The Social Psychology of the Behavioral Scientist: On Self-Fulfilling Prophecies in Behavioral Research and Everyday Life, in: E. R. Tufte (Hrsg.), The Quantitative Analysis of Social Problems, Reading, Mass., 1970, S. 153-167.

Ross, J. A. und P. Smith, Experimental Designs of the Single-Stimulus, All-or-nothing Type, in: American Sociological Review 30 (1965), S. 68-80.

Ross, J. und P. Smtih, Orthodox Experimental Designs, in: H. M. Blalock, Jr., und A. B. Blalock (Hrsg.), Methodology in Social Research, New York 1968, S. 333-389.

Sahner, H., Schließende Statistik, Stuttgart 1971.

Sauermann, H., Experimentelle Wirtschaftsforschung, in: Jahrbücher für Nationalökonomie und Statistik CLXXX (1967), S. 299-312.

Scheuch, E. K., Society as a Context in Cross-Cultural Comparisons, in: Social Science Information 6 (1967a), S. 7-23.

Scheuch, E. K., Entwicklungsrichtungen bei der Analyse sozialwissenschaftlicher Daten, in: R. König (Hrsg.), Handbuch der empirischen Sozialforschung, 2. Aufl., 1. Bd., Stuttgart 1967b, S. 655-685.

Scheuch, E. K., Cross-Cultural Use of Sample Surveys: Problems of Comparability, in: S. Rokkan (Hrsg.), Comparative Research across Cultures and Nations, Paris 1968, S. 176-209.

Schmidt, W., Anlage und statistische Auswertung von Untersuchungen für Biologen, Mediziner, Psychologen und Volkswirte, Hannover 1961.

Schulz, W., Kausalität und Experiment in den Sozialwissenschaften, Mainz 1970.

Seashore, St. E., Field Experiments with Formal Organizations, in: Human Organization 23 (1964), S. 164-170.

Selg, H., Einführung in die experimentelle Psychologie, Stuttgart 1966.

Selltiz, C., M. Jahoda, M. Deutsch und St. W. Cook, Research Methods in Social Relations, rev. Aufl., New York 1966.

Sheldon, E. B. und W. E. Moore (Hrsg.), Indicators of Social Change, New York 1968.

Sheldon, E. B. und H. E. Freeman, Notes on Social Indicators: Promises and Potential, in: Policy Sciences 1 (1970), S. 97-111.

Sheridan, Ch. L., Fundamentals of Experimental Psychology, New York 1971.

Sheridan, Ch. L. (Hrsg.), Readings for Experimental Psychology, New York 1972.

Sherif, M.,O. J. Harvey, B. J. White und C. W. Sherif, Experimental Study of Positive and Negative Intergroup Attitudes Between Experimentally Produced Groups. Robbers Cave Study, Norman, University of Oklahoma 1954.

Sherif, M. und C. W. Sherif, Interdiciplinary Coordination as a Validity Check: Retrospect and Prospects, in: M. Sherif und C. W. Sherif (Hrsg.), Interdisciplinary Relationships in the Social Sciences, Chicago 1969, S. 3-20.

Siebel, W., Die Logik des Experiments in den Sozialwissenschaften, Berlin 1965.

Simon, H. A., Models of Man, New York 1957.

Solomon, R., An Extension of Control Group Design, in: Psychological Bulletin 46 (1949), S. 137-150.

Sorokin, P. A., Fads and Foibles in Modern Sociology, Chicago 1956.

Stanley, J. (Hrsg.), Improving Experimental Design and Statistical Analysis, Chicago 1967a.

Stanley, J. C., On Improving Certain Aspects of Educational Experimentation, in: J. Stanley (Hrsg.), Improving Experimental Design and Statistical Analysis, Chicago 1967b, S. 1-27.

Stouffer, S. A., Some Observations on Study Design, in: American Journal of Sociology 55 (1950), S. 355-361, teilweise wieder abgedruckt in: D. C. Miller (Hrsg.), Handbook of Research Design and Social Measurement, 2. Aufl., New York 1970.

Stouffer, S., Social Research to Test Ideas, New York 1962.

Stricker, L. J., The True Deceiver, in: Psychological Bulletin 68 (1967a), S. 13-20.

Stricker, L. J., S. Messick und D. N. Jackson, Suspection of Deception: Implications for Conformity Research, in: Journal of Personality and Social Psychology 5 (1967b), S. 379-389.

Thorndike, E. L. und R. S. Woodworth, The Influence of Improvement in One Mental Function Upon the Efficiency of Other Functions, in: Psychological Review 8 (1901), S. 247-261, S. 384-395 und S. 553-564.

Timaeus, E., Untersuchungen im Laboratorium, bislang unveröff. Manuskript, Köln 1971.

Townsend, J. C., Introduction to Experimental Method, New York 1953.

Triplett, N., The Dynamogenic Factors in Pacemaking and Competition, in: American Journal of Psychology 9 (1897), S. 507-533.

Underwood, B. J., Psychological Research, New York 1957.

Underwood, B. J., Experimental Psychology, New York 1966a.

Underwood, B. J., Problems in Experimental Design and Inference, New York 1966b.

Verba, S., Small Groups and Political Behavior, Princeton 1961.

Verba, S., The Use of Survey Research in the Study of Comparative Politics: Issues and Strategies, in: S. Rokkan, S. Verba, J. Viet und E. Almasy, Comparative Survey Analysis, The Hague 1969, S. 56-106.

Verplanck, W., The Control of the Content of Conversation: Reinforcement of Statements of Opinion, in: Journal of Abnormal and Social Psychology 60 (1955), S. 668-676.

Webb, E. J., D. T. Campbell, R. D. Schwartz und L. Sechrest, Unobtrusive Measures: Nonreactive Research in the Social Sciences, Chicago 1966.

Weber, M., Wirtschaft und Gesellschaft, Köln 1964.

Wiggins, J. A., Hypothesis Validity and Experimental Laboratory Methods, in: H. M. Blalock, Jr., und A. B. Blalock (Hrsg.), Methodology in Social Research, New York 1968, S. 390-427.

Winer, B. J., Statistical Principles in Experimental Design, 2. Aufl., New York 1971.

Woodworth, R. S. und H. Schlosberg, Experimental Psychology, New York 1955.

Wuebben, P. L., Experimental Design, Measurement, and Human Subjects: A Neglected Problem of Control, in: Sociometry 31 (1968), S. 89-101.

Wundt, W., Grundriß der Psychologie, Leipzig 1913.

Zajonc, R. B., Social Psychology: An Experimental Approach, Belmont 1966.

Zapf, W. und P. Flora, Some Problems of Time-Series Analysis in Research on Modernization, in: Social Science Information 10 (1971), S. 53-102.

Zapf, W., Social Indicators, Prospects for Social Accounting Systems?, als Manuskript vorgelegt auf dem International Social Science Council Symposium on Comparative Analysis of Highly Industrialized Societies, Bellagio 1971.

Zelditch, M., Jr. und T. K. Hopkins, Laboratory Experiments with Organizations, in: A. Etzioni (Hrsg.), Complex Organizations, New York 1965, S. 464-478.

Zimmermann, E., Fragen zur Theorie der Statusinkonsistenz, bislang unveröffentl. Manuskript, Köln 1971.

Sachregister